高等职业院校精品教材系列

无线电调试工实训教程

主　编　阴家龙　贾艳丽
主　审　庄海军
参　编　林咏海　张洪明　王海燕
　　　　周友兵　沙　祥　马　勇

電子工業出版社
Publishing House of Electronics Industry
北京 · BEIJING

内 容 简 介

本书根据国家人力资源和社会保障部制定的《无线电调试工》国家职业标准，以无线电调试工的应知、应会内容为核心，结合职业技能鉴定考核要求进行编写。全书分为 8 章：电路、模拟电子技术、数字电子技术、高频电子技术、电子测量原理、无线电整机调试原理、单片机技术、安全文明生产等知识。每个章节包含基本知识、技能训练、调试实例、单元测试题及答案，知识内容与技能训练紧密结合，方便读者学习与应试。在编写过程中，注重基础技能到复杂整机调试的过渡，由浅入深，尽量结合电子行业企业最新的工作岗位需求及职业发展要求，与现有高职教学现状相融合，突出新知识、新技术、新工艺，注重职业能力培养，提高学生的学习兴趣和探索能力。

本书为高等职业院校电子信息类专业职业技能资格认证培训教材，也可作为开放大学、成人教育、自学考试、中职学校和电子产品生产、调试与维修岗位的培训教材，以及广大电子爱好者的参考书。

本书配有电子教学课件等，详见前言。

图书在版编目（CIP）数据

无线电调试工实训教程/阴家龙，贾艳丽主编. —北京：电子工业出版社，2016.2（2023.01 重印）
全国高等职业院校规划教材·精品与示范系列
ISBN 978-7-121-27356-8

Ⅰ. ①无… Ⅱ. ①阴… ②贾… Ⅲ. ①无线电技术－高等职业教育－教材 Ⅳ. ①TN014

中国版本图书馆 CIP 数据核字（2015）第 233971 号

策划编辑：陈健德（E-mail：chenjd@phei.com.cn）
责任编辑：刘真平
印　　刷：北京七彩京通数码快印有限公司
装　　订：北京七彩京通数码快印有限公司
出版发行：电子工业出版社
　　　　　北京市海淀区万寿路 173 信箱　邮编 100036
开　　本：787×1 092　1/16　印张：13.5　字数：345.6 千字
版　　次：2016 年 2 月第 1 版
印　　次：2023 年 2 月第 2 次印刷
定　　价：45.00 元

凡所购买电子工业出版社图书有缺损问题，请向购买书店调换。若书店售缺，请与本社发行部联系，联系及邮购电话：（010）88254888，88258888。

质量投诉请发邮件至 zlts@phei.com.cn，盗版侵权举报请发邮件至 dbqq@phei.com.cn。

本书咨询联系方式：chenjd@phei.com.cn。

前　言

本书以国家人力资源和社会保障部制定的《无线电调试工》国家职业标准为依据，在多年从事无线电调试工教学培训的基础上，结合职业技能鉴定考核要求和高职高专学校课程实际需要进行编写。无线电调试工是高职高专院校电子信息类专业学生一项重要的职业资格认证项目，技术性和实践性都很强。随着无线电电子技术的飞速发展，新知识、新技术、新工艺层出不穷，电子行业企业对岗位从业人员提出了更高要求，为了指导学生更好地掌握无线电调试工知识与技能，结合行业领域最新的工作岗位需求及职业发展要求，与现有高职教学现状相融合，组织院校骨干教师和行业工程师共同编写了本书。

全书以无线电调试工的应知、应会内容为核心，共分为 8 章：电路、模拟电子技术、数字电子技术、高频电子技术、电子测量原理、无线电整机调试原理、单片机技术、安全文明生产等知识。通过典型的实例对不同部分的调试方法进行细致的介绍，力求让读者循序渐进地掌握调试的方法和技能。教材编写贯穿“以职业标准为依据，以企业需求为导向，以职业能力为核心”的理念，依据国家职业标准，结合企业实际，反映岗位需求，突出新知识、新技术、新工艺、新方法，注重职业能力培养。本书具有如下特点：

(1) 教材编写中充分与南京熊猫数字机顶盒有限公司、南京夏普电子有限公司等骨干企业合作，以职业岗位技能培养为核心，以国家人力资源和社会保障部制定的《无线电调试工》国家职业标准为依据，将企业最新工作流程引入到教学过程中，突出新知识、新技术、新工艺，注重学生职业能力的培养；

(2) 将无线电调试工的应知、应会内容嵌入到相应课程载体中，让学生通过具体的训练来掌握相关的基本理论与实践技能，采用“教、学、做一体化”教学方式，实现教学目标与职业资格认证的融合；

(3) 内容按照电子信息类技术专业学生的知识结构，从基础理论知识与基础技能训练入手，到专业理论与技能，层层递进、由浅入深，突出职业技能培训特色，是对高职学生职业技能培训与鉴定考核的有益探索。

本书由淮安信息职业技术学院阴家龙、贾艳丽主编和统稿。具体编写分工为：林咏海编写第 1 章，张洪明编写第 2 章，王海燕编写第 3 章，贾艳丽编写第 4 章，周友兵编写第 5 章，阴家龙编写第 6 章，沙祥编写第 7 章，马勇编写第 8 章。全书由庄海军主审。

在编写过程中，参考了大量国内文献，得到了南京夏普电子有限公司、南京熊猫信息产业有限公司等企业技术人员的大力支持，在此一并表示感谢。

由于编者水平有限，书中难免存在错误与不妥之处，恳请广大读者批评指正。

为方便教学，本书配有免费的电子教学课件，请有需要的教师登录华信教育资源网（http://www.hxedu.com.cn）免费注册后进行下载，如有问题请在网站留言或与电子工业出版社联系（E-mail：hxedu@phei.com.cn）。

编　者

目　录

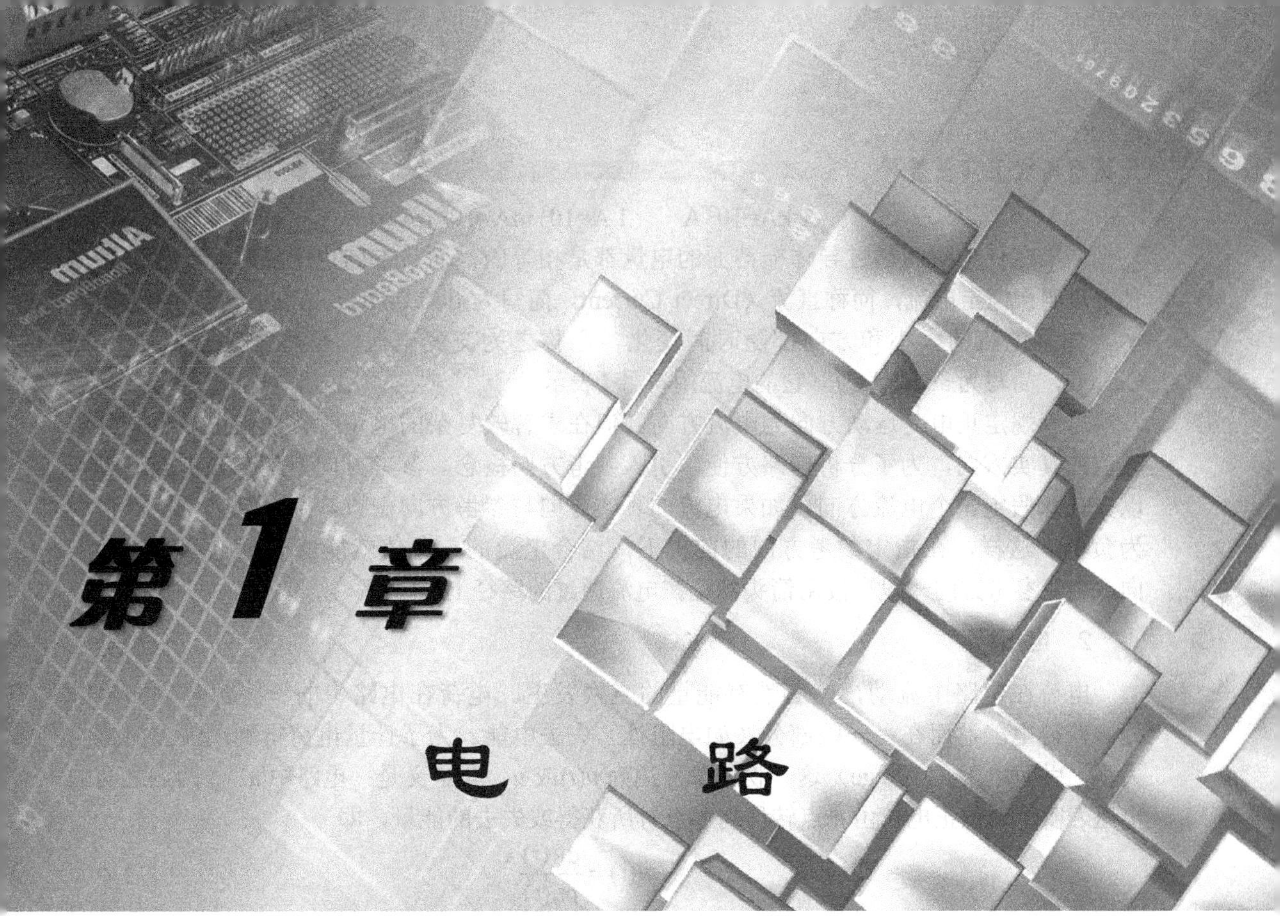

第1章 电路

电路是为了实现某种预期的目的而将电气设备和元件按一定方式连接起来的总体。一个基本的电路通常由电源、负载、中间环节等组成。电源是产生电能和电信号的装置，如各种发电机、稳压电源、信号源等。负载是取用电能并将其转换为其他形式能量的装置，如电灯、电动机、电炉、扬声器等。中间环节是传输、控制电能或信号的部分，如连接导线、控制电器、保护电器、放大器等。

1.1 电路基本知识

1.1.1 电路分析的基本变量

电路的变量是描述电路特性的物理量，常用的电路变量有电流、电压和功率。

1. 电流

在物理中我们已经知道，电子和质子都是带电粒子，电子带负电荷，质子带正电荷。电荷的有规则移动形成电流（Current）。计量电流大小的物理量是电流，电流的定义是：单位时间内通过导体路径中某一横截面的电荷量，即

$$i(t)=\frac{\mathrm{d}q(t)}{\mathrm{d}t} \tag{1-1-1}$$

习惯上把正电荷运动的方向规定为电流的方向。上式中电荷 q 的单位是库[仑]（C），时间的单位是秒（s）时，电流 i 的单位为安[培]（A）。电流的单位还有千安（kA）、毫安（mA）、微安（μA）。它们之间的关系是

$$1\ \mathrm{kA}=10^3\ \mathrm{A} \qquad 1\ \mathrm{A}=10^3\ \mathrm{mA}=10^6\ \mu\mathrm{A}$$

如果在任一瞬间通过导体横截面的电量都是相等的，而且方向也不随时间变化，则这种电流叫作恒定电流，简称直流（Direct Current，简写为 dc 或 DC）。它的电流用符号 I 表示。如果电流的大小和方向都随时间变化，则称之为交变电流，简称交流（Alternating Current，简写为 ac 或 AC），它的电流用符号 i 表示。

尽管规定正电荷运动方向为电流方向，但在求解较复杂的电路时，往往很难事先判断电流的真实方向，为了分析电路方便，引入参考方向概念。参考方向就是在分析电路时可以先任意假定一个电流方向，如果电流的真实方向与参考方向一致，则电流为正值，否则为负值。这样，在指定参考方向的前提下，结合电流的正负值就能够确定电流的实际方向。电流参考方向一般直接用箭头标记在电流通过的路径上。

2. 电压

电荷在电路中流动，就必然有能量的交换发生。电荷在电路中的一些部分（如电源处）获得电能，而在另一些部分（如电阻处）失去电能。为了计量电荷得到或失去能量的大小，引入电压（Voltage）这一物理量，记为 $u(t)$或 u。其定义是：电路中 a、b 两点之间的电压表明了单位正电荷由 a 点转移到 b 点时所获得或失去的能量，即

$$u(t)=\frac{\mathrm{d}w(t)}{\mathrm{d}q(t)} \tag{1-1-2}$$

式中，$\mathrm{d}q(t)$为由 a 点转移到 b 点的电荷量，单位为库仑；$\mathrm{d}w(t)$为转移过程中，电荷 $\mathrm{d}q(t)$所获得或失去的能量，单位为焦耳；电压的单位为伏特。电压的单位还有千伏（kV）、毫伏（mV）。

电压也可用电位差表示，即

$$u=u_\mathrm{a}-u_\mathrm{b} \tag{1-1-3}$$

式中：u_a 和 u_b 分别为 a、b 两点的电位。电位是描述电路中电位能分布的物理量。如果正电荷由 a 点转移到 b 点时获得能量，则 a 点为低电位，即负极；b 点为高电位，即正极。反之亦然。正电荷在电路中转移时电能的得到或失去体现为电位的升高或降低。

根据电压随时间变化的情况，电压可分为恒定电压与交变电压。如果电压的大小和极性都不随时间而变动，这样的电压称之为恒定电压或直流电压，用符号 U 表示。

根据定义，电压也是代数量。与电流类似，分析计算时，需要指定一个参考方向（也称参考极性）。当参考方向与实际方向一致时，记电压为正值；否则，记电压为负值。这样，在指定电压参考方向以后，在对电路进行分析计算后，依据电压的正负，就可以确定电压的实际方向。

在进行电路分析时，既要为通过元件的电流指定参考方向，也要为该元件两端的电压指定参考方向，彼此是完全独立的。但为了方便起见，常采用关联的参考方向：对于某一电路元件而言，电流的参考方向与电压的参考方向的“+”极到“−”极的方向一致，换句话说，电流与电压的参考方向一致。否则称为非关联参考方向。实际使用时，常采用关联参考方向。

3. 功率

如图 1-1-1 所示的简单电路中，正电荷从高电位端 a，经过电阻 R 移至低电位端 b，是电场力对电荷做功的结果，电场力做功所消耗电能被电阻吸收。正电荷由 b 端经电压源移至

a 端，是外力对电荷做功，通过做功将其他形式的能量转换为电能，从而使电源具有向外电路提供电能的特性。

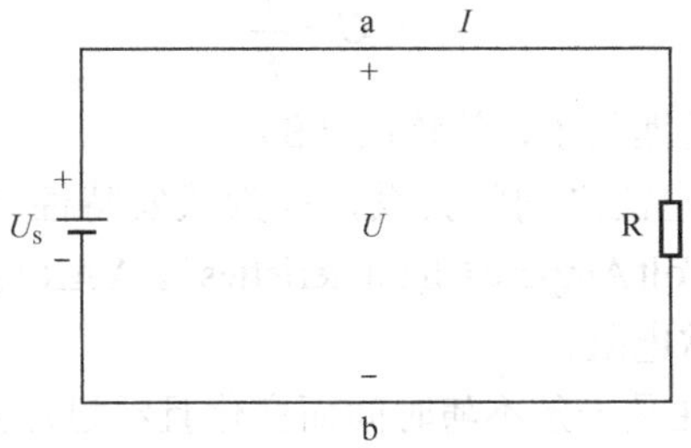

图 1-1-1　简单电路

单位时间内消耗的电能即为电功率，记为 $p(t)$或 p，表示式为

$$p(t)=\frac{\mathrm{d}w(t)}{\mathrm{d}t} \tag{1-1-4}$$

又 $\mathrm{d}w(t)=u(t)\mathrm{d}q(t)$，$i(t)=\dfrac{\mathrm{d}q(t)}{\mathrm{d}t}$，则有

$$p(t)=u(t)i(t) \tag{1-1-5}$$

在直流的情况下，有 $P=UI$。

若元件的电压、电流不一致，只需在上述公式中冠以负号，即

$$p=-ui \quad 或 \quad P=-UI$$

综合以上两种情况，将元件吸收功率的计算公式统一表示为

$$P=\pm UI$$

当 $p>0$ 时，表示在 dz 时间内电场力对电荷 dq 做功为 dw，这部分能量被元件吸收，所以 p 是元件的吸收功率；在 $p<0$ 时，表示元件吸收负功率，换句话说，就是元件向外部电路提供功率。

1.1.2　电路元件

电路元件是实际电路器件的理想化模型，是构成电路的基本单元。实际的电路器件是为达到某种目的而制造的，电路设计就是利用这些器件的主要物理特性实现规定的要求。用来构成集中参数电路常用的实际元件有电阻器、电源、晶体管、电容器、电感器、变压器等。从元件对能量的表现划分为：耗能元件、供能元件、储能元件和能量控制元件几大类。

1. 电阻

电阻元件是一种对电流呈现阻力的元件，有阻碍电流流动的特性，如电阻器、白炽灯、电炉等。如果电阻元件的电阻为 R，则电阻元件中电压与通过其中的电流关系为

$$U=RI \tag{1-1-6}$$

式中，R 为电阻，单位为Ω；I 为流过该电阻的电流，单位为 A；U 为该电阻元件两端的电压，单位为 V。这就是人们所熟知的欧姆定律（Ohm's Law）。它表明了电阻元件的特性，即电流流过电阻，就会沿着电流的方向出现电压降，其值为电流与电阻的乘积。

电压与电流是电路的变量，从欧姆定律可知，电阻元件可以用它的电阻 R 来表征它的特

性，因此，R 是一种“电路参数”（Parameter）。习惯上，常把电阻元件叫作电阻。电阻元件也可以用另一个参数——电导（Conductance）来表征，电导用符号 G 表示，其定义为

$$G=\frac{1}{R} \tag{1-1-7}$$

在国际单位制中电导的单位是西门子，简称西（S）。

元件端电压与流经它的电流之间的关系，称为伏安特性（简记为 VAR，Volt Ampere Relationship，或称为VAC，Volt Ampere Characteristics）。VAR可以用来表征元件的外特性，电路中经常遇到的是线性定常电阻。

线性定常电阻的伏安特性是一条不随时间而变化且经过原点的直线，如图 1-1-2（a）所示。该直线的斜率倒数是电阻值 R。严格地讲，没有绝对的线性定常电阻，因为电阻器中流过电流不同、通电时间长短不同，电阻器的温度会不同，电阻器的电阻值将随温度变化而变化。只要电阻值随温度的变化很小，就可以认为是线性定常电阻。

线性定常电阻的两种特殊情况是开路和短路。所谓开路就是不管支路电压值是多少，支路的电流值恒等于零；而短路则意味着不管支路的电流值为多少，该支路的电压值恒为零。这两种情况的伏安特性如图 1-1-2（b）、（c）所示。

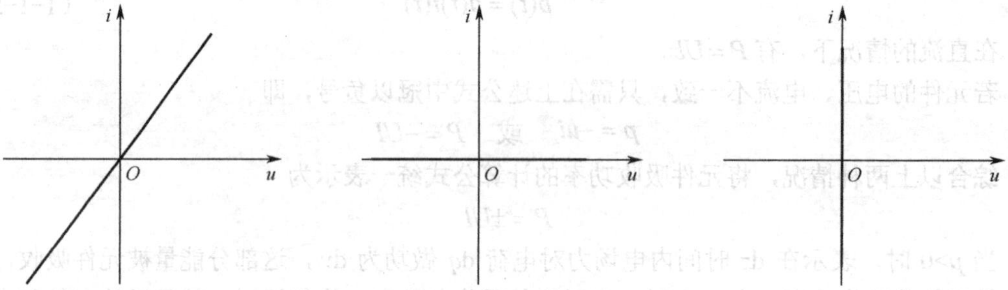

（a）线性定常电阻　　（b）开路状态　　（c）短路状态

图 1-1-2　线性电阻的伏安特性

2. 电容

电容器通常由两导体（极板）及两个导体中间隔以介质组成。电容器加上电源后，极板上分别带上等量异号电荷。带正电荷的极板称为正极板，带负电荷的极板称为负极板。接上电源后，在电容器两极板之间的介质中建立起电场，并储存了电场能量。当切断电源后，电容器两极板上仍然有电荷的积累，内部电场仍然存在，所以电容器是一种储存电场能量的元件。

电容器的电容：若电容器极板上所带的电量为 q，电容器两端的电压为 u，且参考方向规定由正极板指向负极板，则 q 与 u 的比值称为电容器的电容，即

$$C=\frac{q}{u} \tag{1-1-8}$$

当 C 为一常数，与电压无关时，这种电容称为线性电容，否则称为非线性电容。在国际单位制中，电容的单位是法拉，用字母 F 表示。实际应用中电容的单位还有微法（μF）、皮法（pF）等。其换算关系为

1 F（法拉）=10^6 μF（微法）=10^{12} pF（皮法）

当电容两端电压发生变化时，电容极板上的电荷也相应地发生变化，此时，电容所在电路中就有电荷的定向移动，形成了电流。

当电容两端的电压不变时，电容极板上的电荷也不变化，因此电路中便没有电流。电容上电压 u_C 与电路中电流 i 的关系如下式所示：

$$i=\frac{\mathrm{d}q}{\mathrm{d}t}=C\frac{\mathrm{d}u_C}{\mathrm{d}t} \tag{1-1-9}$$

3. 电感

凡能产生自感、互感作用的器件均称为电感器。电感器一般分为电感线圈和变压器两类。

电感器都由线圈构成，所以又称电感线圈。电感线圈由导线绕制而成，除具有电感外还有电阻。由于电感线圈的电阻很小，常可忽略不计，它就成为一种只有电感而没有电阻的理想线圈，即纯电感线圈，简称电感。电感既可以表示电路中的一个组件，又可以表示电路中的一个参数。在电路中用字母 L 表示，单位是亨利（H）。

电感线圈的用途极为广泛，在交流电路中线圈有阻碍电流通过的能力，常在电路中做阻流、变压、交流耦合器负载等。当线圈和电容配合时可用作调谐、滤波、选频、分频等。电感器的主要性能参数如表 1-1-1 所示。

表 1-1-1　电感器的参数及意义

代　号	参数名称	意义说明
L	电感量及误差	电感量是表示电感线圈的电感数值大小的量。其表面所标的电感量为线圈的额定电感量
I	额定电流	电感器正常工作时，允许通过的最大电流
Q	质量因数	线圈中储存能量与消耗能量的比值称为质量因数，又称 Q 值，是表示线圈质量的一个物理量，线圈的 Q 值越高，回路的损耗越小
C	固有电容	电感器线圈的匝与匝之间通过空气、导线的绝缘层、骨架等存在着寄生电容；绕组与地之间、与屏蔽罩之间也存在着电容，这些电容是电感器固有的

4. 欧姆定律

在同一电路中，导体中的电流跟导体两端的电压成正比，跟导体的电阻阻值成反比，这就是欧姆定律，基本公式是 $I=U/R$。欧姆定律由德国科学家乔治·西蒙·欧姆提出，为了纪念他对电磁学的贡献，物理学界将电阻的单位命名为欧姆，以符号Ω表示。

$$R=U/I \tag{1-1-10}$$

1.1.3 电压源

电源可分为独立（Independent）电源和非独立（Dependent）电源。独立电源的电压或电流是时间的函数。而非独立电源的电压或电流却是电路中其他部分的电压或电流的函数，因此，又称作受控源（Controlled Source）。为方便起见，将“独立电压源”和“独立电流源”分别称为“电压源”和“电流源”，而对于非独立的电压源或电流源，用受控源来说明。这里只讨论独立电源。

电流在纯电阻电路中流动时就会不断地消耗能量，电路中必须要有能量的来源——电源，由它不断提供能量。没有电源，在一个纯电阻电路中是不可能存在电流和电压的。

如果一个二端元件接到任一电路后，该元件的两端能保持规定的电压$u_S(t)$，则此二端元件就称为理想电压源（Ideal Voltage Source）。

与电阻元件不同，理想电压源的电压与电流并无一定关系。它有两个基本性质：

（1）它的端电压是定值U_S或是一定的时间函数$u_S(t)$，与流过的电流无关；

（2）流过它的电流不是由电压源本身就能确定的，而是由与之相连接的外部电路来决定的。

理想电压源的符号及其直流情况的伏安特性如图 1-1-3 所示。其中图 1-1-3（a）所示的符号常用来表示直流理想电压源，特别是电池，长线段代表高电位端，即正极，短线段代表低电位端，即负极。电压源的端电压，也代表电压源的电动势。这就是说，从电源的正极到负极有一电压降，其值为U_S，或从电源的负极到正极有一电压升，其值为$-U_S$。图 1-1-3（b）表示理想电压源的一般符号。图 1-1-3（c）表示其直流伏安特性。

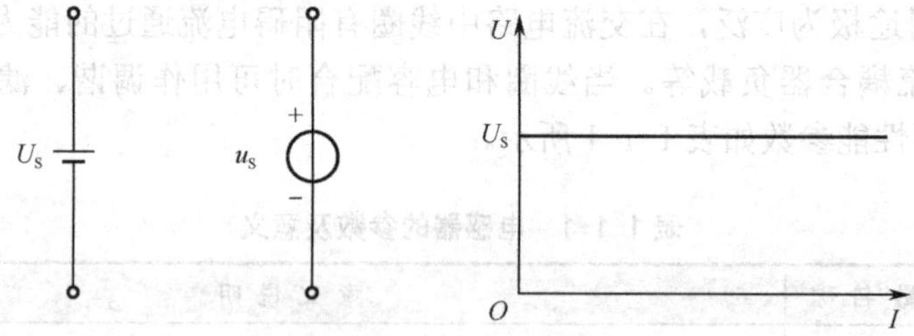

（a）直流符号　（b）一般符号　（c）直流伏安特性

图 1-1-3　理想电压源

理想的电压源实际上是不存在的。比如常用的电池，它总是有内阻，当每库仑的正电荷由电池的负极转移到正极后，所获得的能量是化学反应所给予的定值能量与内阻损耗的能量的差额，因此，这时电池的端电压将低于定值电压（电动势）U_S。由于内阻损耗与电流有关，电流越大，损耗也越大，端电压就越低，这就不再具有端电压为定值的特点。在这种情况下，可以用一个理想电压源U_S和内阻 R_S 相串联的模型来表征实际的电压源，如图 1-1-4 所示。

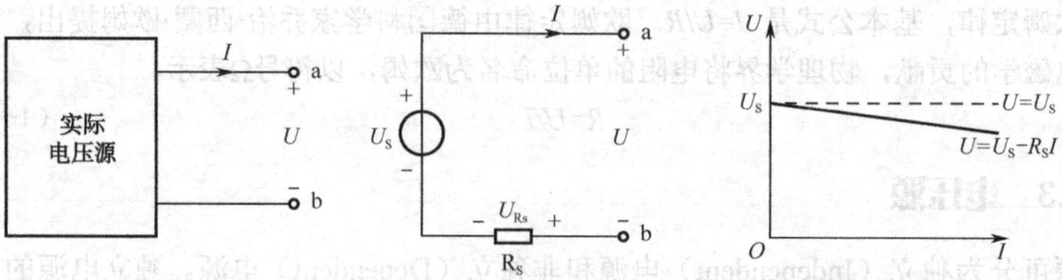

（a）实际电压源　（b）电压源模型　（c）实际电压源的伏安特性（实线）

图 1-1-4　实际电压源

电压源使用的特殊情况是：当电压源短路时，电压源的端电压为零；当电压源同外部电路不连接（开路）时，$U=U_S$。

1.1.4 基尔霍夫定律

一般把含元件较多的电路称为网络。在电路中经常用的是基尔霍夫定律。

基尔霍夫定律有两条：一是电流定律，二是电压定律。

基尔霍夫电流定律（KCL）：在任一时刻，流入一个节点的电流总和等于从这个节点流出电流的总和。这个定律是电流连续性的表现。

对于图 1-1-5，根据基尔霍夫定律可得出

$$I_1+I_2+I_3=I_4+I_5$$

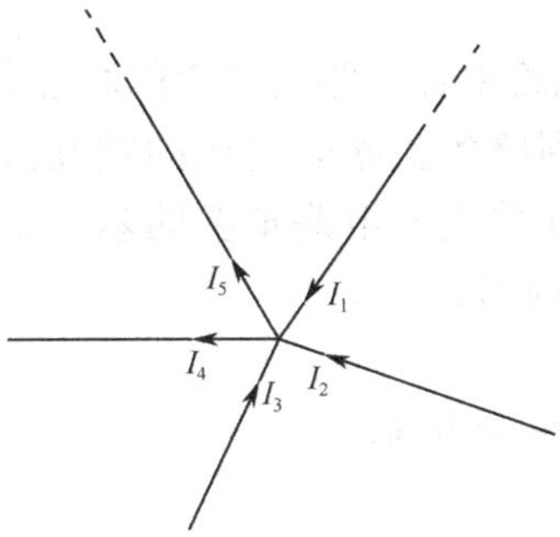

图 1-1-5　电路中的一个节点

这个定律也可换另一种说法：流出节点电流的代数和为零。如果我们将流出电流定义为正，则流入电流为负。上式就可以写为

$$-I_1-I_2-I_3+I_4+I_5=0$$

用电流的代数形式表示，可把这个定律写成一般形式，得

$$\sum I=0$$

即在电路中任一节点上，各支路电流的代数和总等于零。这一结论与各支路上接的是什么样的元件无关，不论是线性电路还是非线性电路，它都是普遍适用的。

图 1-1-6 是电路的 Proteus 仿真图，从图中可以看出流经 R_1 的电流为 0.045 A，是流经 R_2、R_3、R_4 的电流总和。且 R_1 中的电流为流入 A 点，其余三条支路则为流出。

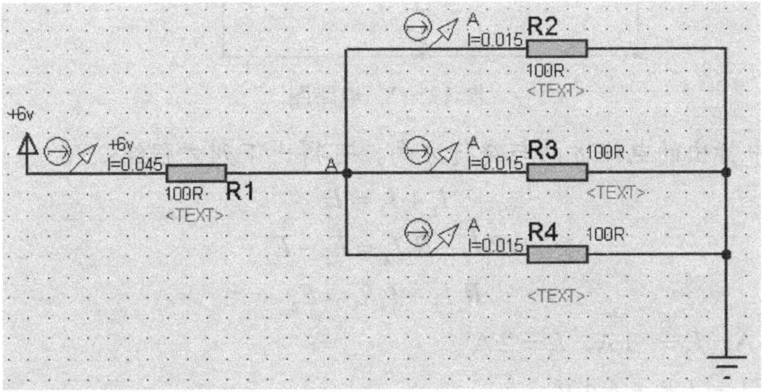

图 1-1-6　基尔霍夫电流定律的仿真图

KCL 是运用于电路中节点的，也可以将其推广运用到电路中的一个封闭面。流入的电流之和必须等于流出的电流之和。

基尔霍夫电流定律表明了电路中各支路电流之间必须遵守的规律，这个规律体现在电路中各个节点上。基尔霍夫电压定律则表明电路中各元件电压之间必须遵守的规律，这个规律体现在电路中的各个回路中。

基尔霍夫电压定律（KVL）：在任一时刻，沿闭合电路的电压降的代数和总等于零。

电压定律是电路中两点间电压与所选择路径无关这一性质的表现。

把这一定律写成一般形式，即在一闭合回路中有

$$\sum U = 0$$

显然，这一定律也是和沿闭合回路会遇到什么样的元件无关，定律表明的只是这些元件电压降的代数和应为零。

基尔霍夫第一定律揭示了电路中各支路间电流的相互关系，并可列出各节点的电流方程；基尔霍夫第二定律揭示了回路各支路间电压的相互关系，并可列出各回路的电压方程。因此上述两个定律是分析计算电子电路重要的基本定律，而支路电流法、节点电位法、叠加原理等则是定律的具体应用。

一般过程如下：

（1）首先选定各支路电流的参考方向。

（2）任意选定回路绕行方向。

（3）确定电压符号。凡与绕行方向一致的则电压取正，反之取负。

（4）确定电动势的符号。凡电动势实际方向与绕行方向一致的取正号，反之取负号。

例 1-1-1 在图 1-1-7 所示电路中，已知 E_1=7 V，E_2=6.2 V，R_1=0.2 Ω，R_2=0.2 Ω，R_3=3.2 Ω，求各支路电流和 R_3 两端电压。

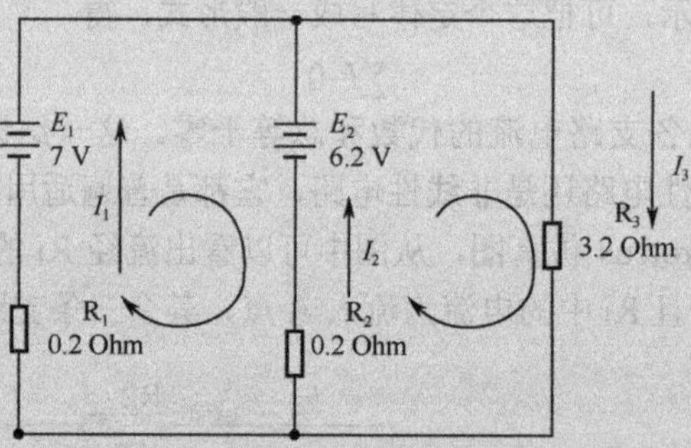

图 1-1-7　电路图

解：根据图中标出的电流方向与绕行方向，可得出下列方程组：

$$I_1 + I_2 = I_3$$

$$R_1 I_1 - R_2 I_2 = E_1 - E_2$$

$$R_2 I_2 + I_3 R_3 = E_3$$

解得：$I_1 = 3\ \text{A}$，$I_2 = -1\ \text{A}$，$I_3 = 2\ \text{A}$。

R_3 两端电压 $U_3 = I_3 R_3 = 6.4\ \text{V}$。

电流 I_2 为负值，说明实际电流方向与图中标注的电流方向相反。

1.1.5　正弦交流电的基本概念

所谓正弦交流电路，是指含有正弦交流电源的电路。交流发电机产生的电动势、低频信号发生器输出的信号电压、许多测量仪表中的自校信号等，都是按正弦规律变化的，其周期性变化的规律如图 1-1-8（a）所示。

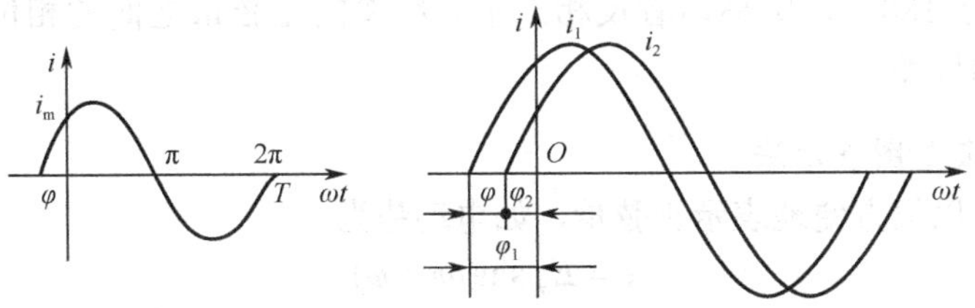

（a）单一正弦交流电　　（b）初相位不相等的正弦电流

图 1-1-8　正弦交流电

1. 交流电的表示

正弦交流电的电压、电流、电动势都可以用正弦曲线表示，也可以用正弦函数式来表示，如：$i = I_m \sin(\omega t + \varphi)$。其中，$I_m$（最大值）、$\omega$（角频率）、$\varphi$（初相角）称为正弦量的三要素。

1）周期、频率、角频率

正弦电量是周期性变化的，每变化一次所需的时间称为周期，用符号 T 表示，单位是秒（s）；每秒时间内正弦量周期性变化的次数称为频率，用符号 f 表示，单位是赫兹（Hz）；正弦量变化的快慢还可以用角频率（ω）表示，单位是弧度/秒（rad/s）。它们三者之间的关系是

$$T = 1/f \quad 或 \quad f = 1/T \tag{1-1-11}$$

$$\omega = 2\pi / T = 2\pi f \tag{1-1-12}$$

2）瞬时值、最大值、有效值

交流电在交变过程中，任一瞬时的数值称为瞬时值，用小写字母表示，u、i 和 e 分别表示电压、电流和电动势的瞬时值。

交流电的有效值是根据它的热效应与相应的直流电量比较而确定的，可用 I、U、E 分别表示交流电流、电压、电动势的有效值。正弦交流电量的最大值等于有效值的 $\sqrt{2}$ 倍。

$$U_m = \sqrt{2}U \tag{1-1-13}$$

$$I_m = \sqrt{2}I \tag{1-1-14}$$

$$E_m = \sqrt{2}E \tag{1-1-15}$$

有效值是我们今后分析、计算电路时经常用到的，无论是交流电压表、电流表测得的数值，还是各种交流用电设备铭牌上所标注的额定电压、电流，都是指交流电的有效值。

3）相位、初相位、相位差

交流电周期性变化的情况可以从三个方面来说明：一是交变的快慢，用频率、角频率或周期表示；二是交变的幅度，用最大值表示；三是交变的起始状态，用初相位来表示。如：

$$i_1 = I_m \sin(\omega t + \varphi_1)$$

$$i_2 = I_m \sin(\omega t + \varphi_2)$$

其波形如图 1-1-8（b）所示。我们将（$\omega t + \varphi$）称为正弦量的相位或相位角，将 t=0 时的 φ_1、φ_2 称为初相位或初相位角，而同频率两个正弦量初相位角之差称为相位差。在图 1-1-8（b）中，$\varphi = (\omega t + \varphi_1) - (\omega t + \varphi_2) = \varphi_1 - \varphi_2$。对于两个同频率正弦量来说，先达到最大值或零值的叫超前，显然 i_1 超前于 i_2 一个角度；如果两个正弦量之间相位差为零，则两者同相；若相位差为 180°，则称两者反相。不同频率的正弦量之间的相位差是随时间变化的，没有固定的相位差。

4）正弦量的矢量图表示法

用旋转矢量可以很方便地表示正弦量，如电动势为

$$e = E_m \sin(\omega t + \varphi)$$

用旋转矢量表示的方法是：用一个在直角坐标中绕原点不断旋转的矢量，以正弦量的最大值 E_m 作为旋转矢量的长度，以它的初相位角 φ 作为旋转矢量的初始位置，令此矢量沿逆时针方向以 ω 角频率旋转，把旋转矢量每一瞬间在 y 轴上的投影用曲线描绘出来，得到一个正弦波形，如图 1-1-9 所示。正弦交流电是时间的函数，旋转矢量的三个特征（长度、转速及与 z 轴的夹角）可以分别表示正弦交流电的三个要素（最大值、角频率、初相位角），所以可以借助旋转矢量表示正弦交流电。不过旋转矢量与空间矢量是有区别的，用它表示的正弦交流电是代数量，而用矢量法表示后它们的和差运算就可以用矢量加减法进行了。如果在一个图上将同频率的几个电量用矢量表示，它们之间的相位关系是十分清楚的，如图 1-1-10 所示。

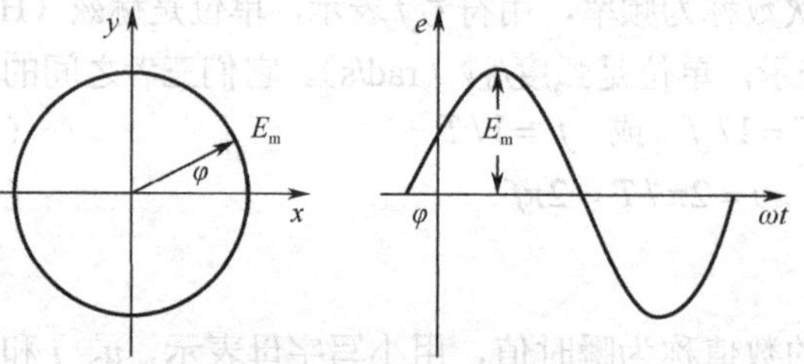

图 1-1-9　正弦量的矢量图表示

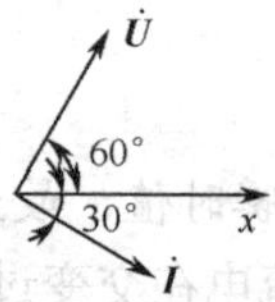

图 1-1-10　矢量图表示法

2. 单一参数的交流电路

1）纯电阻电路

没有电感也没有电容而只包含有线性电阻的电路叫纯电阻电路。在实际生活中，由白炽灯、电烙铁、电阻炉或电阻器组成的交流电路可以近似地看成纯电阻电路。在纯电阻电路中，电流、电压是同相位的。

2）纯电感电路

由电阻很小的电感线圈组成的交流电路，可以近似地看成纯电感电路。在纯电感电路中，正弦电流要比它两端的电压滞后 90°。或者说，电压总是超前电流 90°。纯电感电路及其电流和电压的波形图、相量图如图 1-1-11（a）、（b）、（c）所示。

该电路的仿真图如图 1-1-12（a）所示：示波器中 C 通道的电压是电感上的电压，示波器 A 通道的电压为电阻上的电压，该点的电压和电感的电流方向是完全一致的，经测量的

仿真图如图 1-1-12（b）所示，可以看出电感上电压超前于电流 90°。

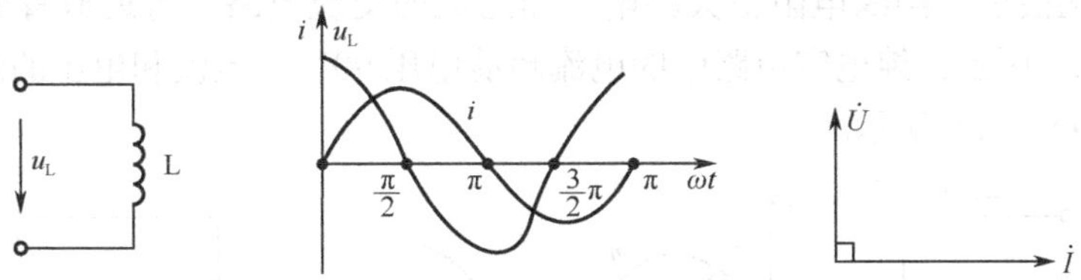

（a）纯电感电路　　（b）电流和电压波形图　　（c）相量图

图 1-1-11　纯电感电路中的电流和电压

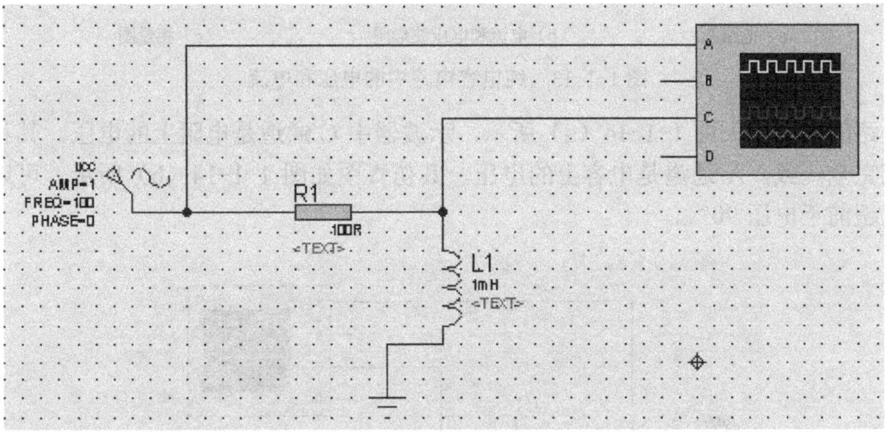

（a）电感的仿真图

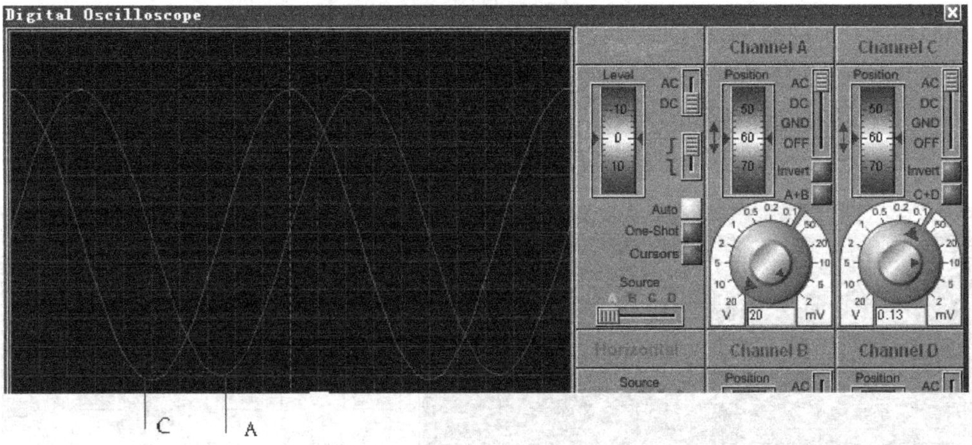

（b）电感上电压和电流的关系

图 1-1-12　仿真图

表示电感线圈对交流电流阻碍作用的物理量叫感抗，单位是欧（Ω）。感抗的大小可表示为

$$X_L = \omega L = 2\pi f L \tag{1-1-16}$$

式中，ω 为角频率，L 为电感量（单位是亨，H）。感抗的大小取决于线圈的电感量 L 和电流频率 f。在直流电路中，由于一般线圈的电阻很小，故电感线圈可视为短路。

3）纯电容电路

由介质损耗很小、绝缘电阻很大的电容器组成的交流电路，可近似看成纯电容电路，如图 1-1-13（a）所示。纯电容电路中的电流超前电压 90°。电流和电压的波形图、相量图如图 1-1-13（b）、（c）所示。

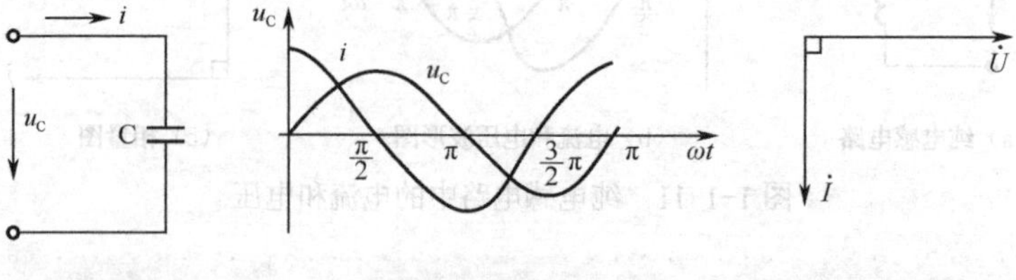

（a）电路图　　（b）电流和电压波形图　　（c）相量图

图 1-1-13　纯电容电路中的电压和电流

该电路的仿真图如图 1-1-14（a）所示，示波器中 C 通道是电阻上的电压，其相位和电容的电流完全一致，A 通道是电容上的电压，其仿真图如图 1-1-14（b）所示，可以看出电容上电流超前于电压 90°。

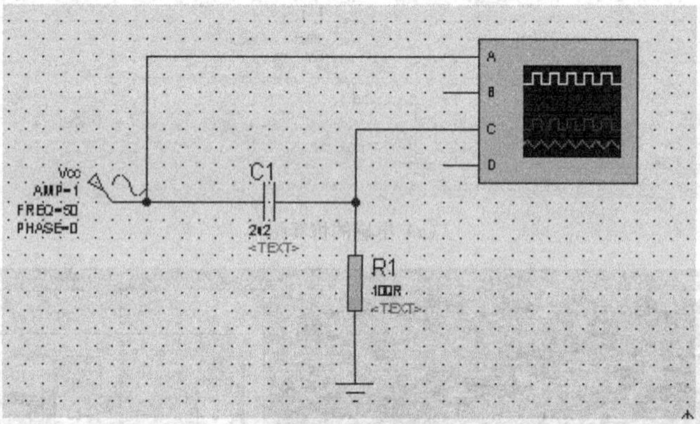

（a）电容的仿真图

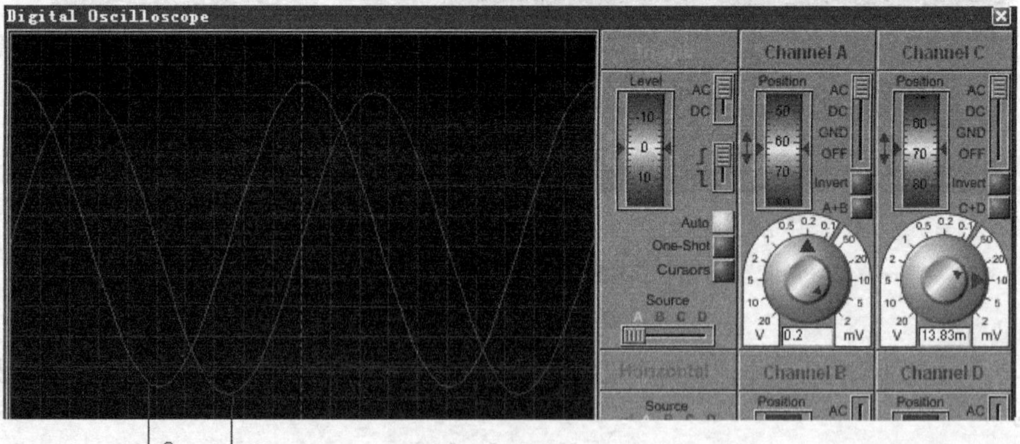

（b）电容上电压和电流的关系

图 1-1-14　仿真图

表示电容对交流电流阻碍作用大小的物理量叫容抗，单位是欧，计算公式是

$$X_C = \frac{1}{\omega C} = \frac{1}{2\pi f} \tag{1-1-17}$$

单一参数交流电路中，各量的关系列于表 1-1-2 中。

表 1-1-2 单一参数交流电路各量关系表

电　路	纯电阻电路	纯电感电路	纯电容电路
电阻或电抗	$R = \frac{U}{I}$	$X_L = \omega L = 2\pi f L$	$X_C = \frac{1}{\omega C} = \frac{1}{2\pi f}$
瞬时值	$u = iR$	$u_L = L\frac{di}{dt}$	$i = C\frac{du_C}{dt}$
最大值	$U = I_m R$	$U_m = I_m X_L$	$U_m = I_m X_C$
有效值	$U_R = IR$	$U_L = IX_L$	$U_C = IX_C$
相位差	I 与 U_R 同相	I 比 U_L 滞后 90° 相位差角	I 比 U_C 超前 90° 相位差角

容抗的大小与频率及电容量成反比。频率 f 越高则 X_C 越小。电容器接入直流电路，在稳态下处于断路状态。

3. 谐振电路

当含有电感和电容的无源二端网络的等效阻抗或导纳的虚部为零时，就会出现端口电压与电流同相的现象，这种现象称为谐振。在电子和无线电工程中，经常要从许多电信号中选取出我们所需要的电信号，而同时把我们不需要的电信号加以抑制或滤出，为此就需要有一个选择电路，即谐振电路。

谐振电路可以分为串联谐振电路和并联谐振电路两大类。

1）串联谐振

串联谐振电路如图 1-1-15 所示，电路由电阻、电感、电容组成。电阻的阻抗如下：

$$Z = R + jX = R + j(X_L - X_C)$$

当发生谐振时，必须满足如下条件：

$$X_L - X_C = 0 \quad 或 \quad X_L = X_C$$

$$\omega L = \frac{1}{\omega C} \tag{1-1-18}$$

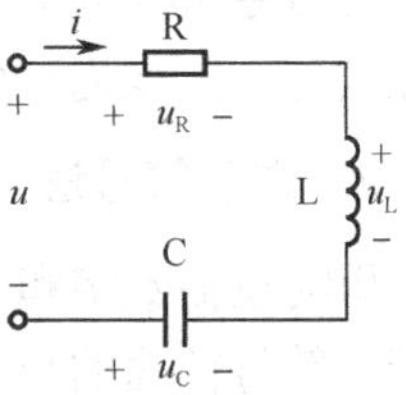

图 1-1-15 串联谐振电路

电路就发生谐振。发生谐振时：角频率 $\omega_0 = \frac{1}{\sqrt{LC}}$ 称为谐振频率。

在电路参数（L 或 C）固定时，可调节电源的频率；在电源频率固定时，可调节电路参数 R 或 C。

当电路发生谐振时，有如下特点：

（1）阻抗模$|Z|=R$ 最小；

（2）电流 $I = \frac{U}{|Z|} = \frac{U}{R}$ 最大；

（3）LC 等效短路：$\dot{U}_L + \dot{U}_C = 0$。

所以串联谐振又称为电压谐振。

2）并联谐振

并联谐振电路如图 1-1-16 所示：电阻 R 一般为电感本身的电阻。电路的导纳 Y 为

$$Y = Y_1 + Y_2 = \frac{R}{R^2 + (\omega L)^2} + \mathrm{j}\left[\omega C - \frac{\omega L}{R^2 + (\omega L)^2}\right]$$

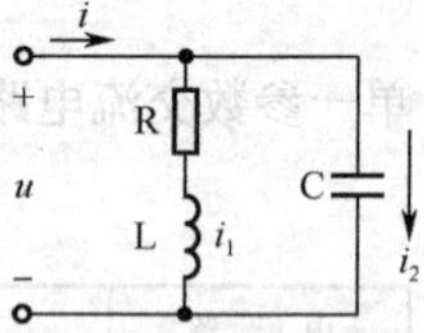

图 1-1-16　并联谐振电路

只要虚部为零，即

$$\omega C = \frac{\omega L}{R^2 + (\omega L)^2} \approx \frac{1}{\omega L}$$

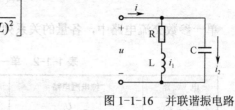

电路就发生谐振。谐振角频率的大小为

$$\omega_0 = \frac{1}{\sqrt{LC}}\sqrt{1 - \frac{CR^2}{L}} \approx \frac{1}{\sqrt{LC}} \tag{1-1-19}$$

当电路发生谐振时，有如下特点：

（1）导纳模 $|Y| = \dfrac{R}{R^2 + (\omega_0 L)^2}$ 最小（或接近最小）；

（2）阻抗模 $|Z| = \dfrac{1}{|Y|} = \dfrac{R^2 + (\omega_0 L)^2}{R} = \dfrac{L}{RC} = \dfrac{\rho}{R}\rho = Q\rho$ 最大（或接近最大）；

（3）特性阻抗：$\rho = \sqrt{\dfrac{L}{C}}$。

即两条支路电流的大小近似相等，都为总电流的 Q 倍。所以，并联谐振又称为电流谐振。

1.2　电工基本技能

1.2.1　电阻器的识别与测量

1. 直标法

用数字和单位符号在电阻器表面标出阻值，其允许误差直接用百分数表示，若电阻上未注偏差，则均为±20%。

2. 文字符号法

用阿拉伯数字和文字符号两者有规律的组合来表示标称阻值，其允许误差也用文字符号表示。符号前面的数字表示整数阻值，后面的数字依次表示第一位小数阻值和第二位小数阻值。如5Ω6 为5.6Ω，5k6 为5.6kΩ，5M6 为5.6MΩ。表示允许误差的文字符号为B、C、D、F、G、J、K、M，其中 B（±0.1%）、C（±0.25%）、D（±0.5%）、F（±1%）、G（±2%）、J（±5%）、K（±10%）、M（±20%）。这种标示法一般常见于线绕电阻和水泥电阻中。

3. 数码法

在电阻器上用三位数码表示标称值的标示方法。数码从左到右，第一、二位为有效值，第三位为指数，即零的个数，单位为欧姆。允许误差通常采用文字符号表示。例如，电阻体上印的数字为 10，其阻值为 10 Ω，若数字为 563，则应为 56 000 Ω，即 56 kΩ。电阻体上印有 560，并非是 560 Ω，而是 56×10^0=56 Ω（个位数上的数值是多少就是多少个 0），以此类推，这种标示法仅见于贴片式电阻。

4. 色标法

色标法也叫色环法，用不同颜色的带或点在电阻器表面标出标称阻值和允许误差。

国际上大部分都采用色标法。色标法也是目前最常见的电阻表示方法。色环电阻色标参数对应表如表 1-2-1 所示。通常使用的电阻一般分为四色环或者五色环。

表 1-2-1　色环电阻色标参数识别表

颜　色	第 一 环	第 二 环	第 三 环	倍 乘 数	误　差	
黑色	0	0	0	1		
棕色	1	1	1	10	±1%	F
红色	2	2	2	100	±2%	G
橙色	3	3	3	1 k		
黄色	4	4	4	10 k		
绿色	5	5	5	100 k	±0.5%	D
蓝色	6	6	6	1 M	±0.25%	C
紫色	7	7	7	10 M	±0.1%	B
灰色	8	8	8		±0.05%	A
白色	9	9	9			
金色				0.1	±5%	J
银色				0.01	±10%	K
无					±20%	M

1）四色环标志

如图 1-2-1 所示，第一色环对应的有效值是十位数，第二色环对应的有效值是个位数，第三色环对应的是倍乘数，单位是欧姆，第四环是误差。对于四色环电阻，最后一环必是金色或银色。图 1-2-1 所示四色环电阻的颜色排列为红、紫、黄、金，根据每种颜色对应的有效值，则这只电阻阻值为 27×10⁴=270 kΩ，误差为±5%。

2）五色环标志

如图 1-2-2 所示，第一色环对应的有效值是百位数，第二色环对应的有效值是十位数，

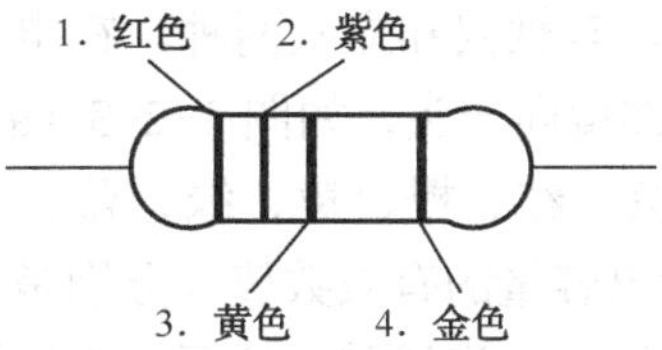

图 1-2-1　四色环电阻标志

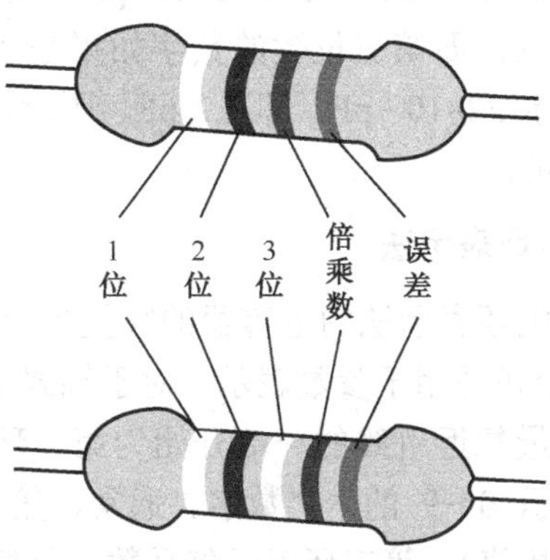

图 1-2-2　五色环电阻标志

第三色环对应的有效值是个位数，第四色环对应的是倍乘数，第五色环是误差。例如，五色环电阻的颜色排列为红、红、黑、黑、棕，则其阻值是220×10^0=220 Ω，误差为±1%。五色环电阻通常都是误差为±1%的金属膜电阻。

1.2.2 常用电容的识别方法

1. 容量和单位的直接表示法

在电容器的外壳上直接标明电容器的容量大小和单位。若是零点零几，常把整数位的 0 省去以增加直观感。例如，“220MFD”表示 220 μF；“01 μF”表示 0.01 μF。另外，有些电容器也采用“R”表示小数点。例如，“R47 μF”表示 0.47 μF，而不是 47 μF。

2. 只标数值不标单位的数值表示法

用这种表示法的容量单位有 pF 和μF 两种。通常，对普通电容器，省略不标出的单位是pF，对于电解电容器，省略不标出的单位则是μF。例如，普通电容器上标有“3”表示 3 pF，“4 700”表示 4 700 pF，而电解电容器标有“47”，则表示 47 μF。

3. 数值加字母的表示法

数字表示有效值，常为 2～4 位数字；字母表示数值的量级，有 P、n、M、μ、G、m 几种。另外标注数值时不用小数点，而把整数部分写在字母之前，小数部分跟在字母后面。各字母的含义分别为：

P——10^{-12} F（皮法），例如，“1P5”表示 1.5 pF；

n——10^{-9} F（纳法），例如，“330n”表示 0.33 μF；

M 或μ——10^{-6} F（微法），例如，“4μ7”表示 4.7 μF，M1 表示 0.1 μF；

G 或 m——10^{-3} F（毫法），例如，“lm5”表示 1 500 μF，“G5”表示 500 μF。

4. 数码表示法

常见的独石电容器和瓷介电容器多采用数码表示电容器的容量。一般由三位数字或三位数字加一个字母组成，其中第一位、第二位分别代表十位和个位的有效数值，第三位表示倍乘数，即表示有效数值后有几个“0”，单位为 pF，第三位后面有一个后缀英文字母表示误差。例如，电容器上标有“103 k”，则该电容的容量为 10×10^3 pF±10%，即 0.01 μF±10%；“224”表示 22×10^4 pF。此外，采用数码表示法的电容器，有一个特殊的数字需特别注意，即第三位数的数字如果是“9”，则表示倍乘数为 10^{-1}，而不是 10^9。例如，“229”表示 22×10^{-1} pF，即 2.2 pF。因此，凡第三位数字为“9”的电容器，其容量必在 1～9.9 pF 之间。

5. 色环表示法

采用色环表示法的电容器的容量单位为 pF，电容器有轴式和立式两种，在电容器上标有 3～5 个色环用于参数表示。对于轴式电容器，色环都偏向一头，如图 1-2-3（a）所示。其顺序从最靠近引线的一端开始为第一环。颜色黑、棕、红、橙、黄、绿、蓝、紫、灰、白分别表示 0～9 的十个数字。通常，第一、二环表示电容量的有效数值（分别是十位和个位的有效数值），第三环表示倍乘数，单位为 pF，第四环为允许误差，第五环为电压等级。

对于立式电容器，色环顺序从上而下，沿引线方向排列，如图 1-2-3（b）所示。例如，标有黄、紫、橙三色环的立式电容器，表示其容量为 47×10^3 pF。不同颜色对应的有效值如表 1-2-2 所示。

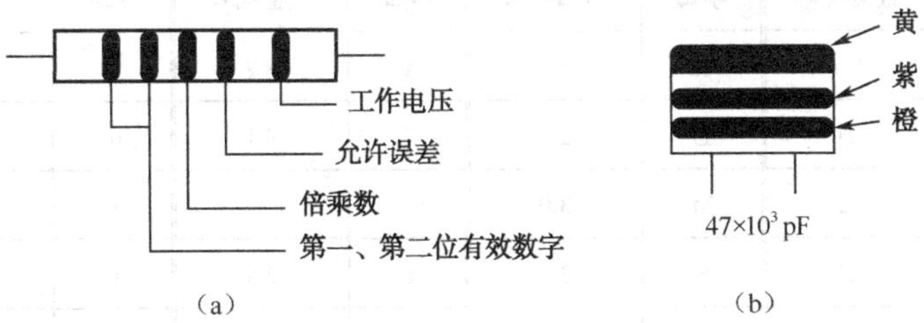

图 1-2-3　轴式、立式电容器

表 1-2-2　不同颜色对应的有效值

颜色	第一环十位数	第二环个位数	第三环倍乘数	颜色	第一环十位数	第二环个位数	第三环倍乘数
黑	0	0	10^0	蓝	6	6	10^6
棕	1	1	10^1	紫	7	7	10^7
红	2	2	10^2	灰	8	8	10^8
橙	3	3	10^3	白	9	9	10^9
黄	4	4	10^4	金			10^{-1}
绿	5	5	10^5	银			10^{-2}

特别指出，有些色环没有三环，只有一道宽和一道窄的两环，或者只有一宽色环。若是一道宽和一道窄的，则宽的一环表示颜色相同的两道合并在一起；若只有一道宽色环，则表示三环颜色相同，仍按三色环读数。例如，绿色环宽度为标准色环宽度的 2 倍，下一环为橙色环，则表示 55×10^3 pF，如图 1-2-4（a）所示。有些轴式电容器第一环较宽，且与以下的环有间隔，表示该环代表温度系数，如图 1-2-4（b）所示。

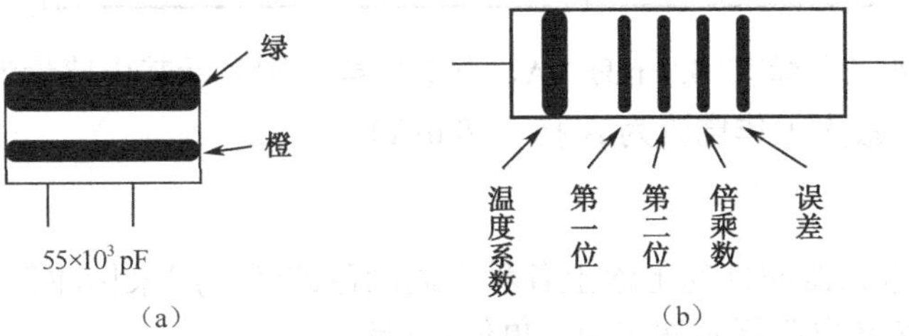

图 1-2-4　相同宽度的电容器

6. 贴片式电容器的容量表示法

贴片式电容器是无引线电容器，属于微小器件，端面为电极，外形整齐，不占空间，广泛应用于超小型电器中。其容量的标法与其他有引线的电容有所不同，标注基本单位为 pF，由大、小写英文字母及 0～9 数字组合而成。其中大、小写英文字母表示电容容量的前两位数，后面数字表示前两位数字后“0”的个数。具体英文字母代表的数值如表 1-2-3 所示。例如，电容器表面标有“A5”的电容器，“A”表示数值代号为 1.0，“5”表示 10^5，因此，该电容的容量为 1.0×10^5=100 000 pF=0.1 μF。

表 1-2-3　英文字母代表的数值

字母	数值代号	字母	数值代号	字母	数值代号	字母	数值代号
A	1.0	K	2.4	Y	8.2	u	5.6
B	1.1	L	2.7	Z	9.1	m	6.0
C	1.2	M	3.0			v	6.2
D	1.3	N	3.3	a	2.5	n	7.0
E	1.5	Q	3.9	b	3.5	x	7.5
F	1.6	R	4.3	p	3.6	t	8.0
G	1.8	S	4.7	d	4.0	y	9.0
H	2.0	T	5.1	e	4.5		
J	2.2	W	6.8	f	5.0		

1.2.3　电感器的识别方法

1. 直标法

直标法是指在小型固定电感器的外壳上直接用文字标出电感器的主要参数，如电感量、误差值、最大直流工作电流等。其中，最大工作电流常用字母 A、B、C、D、E 等标注，字母和电流的对应关系如表 1-2-4 所示。

表 1-2-4　电感器上字母和电流的对应关系

字　母	A	B	C	D	E
最大工作电流/mA	50	150	300	700	1 600

例如，电感器外壳上标有 3.9 mH、A、Ⅱ等字样，则表示其电感量为 3.9 mH，误差等级为Ⅱ级（±10%），最大工作电流为 A 挡（50 mA）。

2. 色标法

色标法是指在电感器的外壳上涂上各种不同颜色的环，用来标注其主要参数。数字与颜色的对应关系和色环电阻标示法相同，单位是 μH 。

例如，某电感器的色环标注分别为“红、红、银、银”，则表示电感器电感量为 0.22 μH ±10%。

3. 电感值数码表示法

标称电感器采用三位数字表示，前两位数字表示电感量的有效数字，第三位数字表示倍乘数，小数点用 R 表示，单位为 μH 。

例如，222 表示 2 200 μH，1R8 表示 1.8 μH，R68 表示 0.68 μH 。

1.3　万用表调试实例

1. 万用表测量电路的基本原理

万用表是一种多功能、多量程的便携式电工仪表，一般的万用表可以测量直流电流、交直流电压和电阻，有些万用表还可测量电容、功率、晶体管共发射极直流放大系数 h_{FE} 等。天宇 MF47 型万用表具有 26 个基本量程和电平、电容、电感、晶体管直流参数等 7 个附加参考量程，是一种量程多、分挡细、灵敏度高、体形轻巧、性能稳定、过载保护可靠、读数清晰、使用方便的新型万用表，属于指针式万用表。

1）指针式万用表最基本的工作原理

万用表由表头、电阻测量挡、电流测量挡、直流电压测量挡和交流电压测量挡几个部分组成，图中“-”为黑表笔插孔，“+”为红表笔插孔，如图 1-3-1 所示。

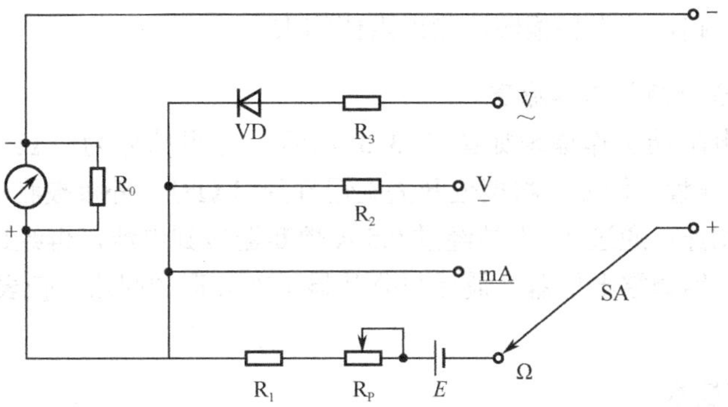

图 1-3-1　指针式万用表的测量原理图

测电压和电流时，外部有电流通入表头，因此无须内接电池。

当我们把挡位开关旋钮 SA 打到交流电压挡时，通过二极管 VD 整流，电阻 R_3 限流，由表头显示出来。

当打到直流电压挡时无须二极管整流，仅须电阻 R_2 限流，表头即可显示。

打到直流电流挡时既无须二极管整流，也无须电阻 R_2 限流，表头即可显示。

测电阻时将转换开关 SA 拨到“Ω”挡，这时外部没有电流通入，因此必须使用内部电池作为电源，设外接的被测电阻为 R_x，表内的总电阻为 R，形成的电流为 I，由 R_x、电池 E、可调电位器 R_P、固定电阻 R_1 和表头部分组成闭合电路，形成的电流 I 使表头的指针偏转。红表笔与电池的负极相连，通过电池的正极与电位器 R_P 及固定电阻 R_1 相连，经过表头接到黑表笔与被测电阻 R_x 形成回路产生电流使表头显示。回路中的电流为

$$I=\frac{E}{R_x+R}$$

从上式可知：I 和被测电阻 R_x 不成线性关系，所以表盘上电阻标度尺的刻度是不均匀的。电阻越小，回路中的电流越大，指针的摆动越大，因此电阻挡的标度尺刻度是反向分度。

当万用表红黑两表棒直接连接时，相当于外接电阻最小 $R_x=0$，则

$$I = \frac{E}{R_x + R} = \frac{E}{R}$$

此时通过表头的电流最大，表头摆动最大，因此指针指向满刻度处，向右偏转最大，显示阻值为 0 Ω。

反之，当万用表红、黑两表笔开路时 $Rx \to \infty$，R 可以忽略不计，则

$$I = \frac{E}{R_x + R} \approx \frac{E}{R_x} \to 0$$

此时通过表头的电流最小，因此指针指向 0 刻度处，显示阻值为∞。

2）天宇 MF47 型万用表的工作原理

MF47 型万用表的原理图如图 1-3-2 所示。它的显示表头是一个直流μA 表，W_{H2} 是电位器，用于调节表头回路中的电流大小，VD_3、VD_4 两个二极管反向并联并与电容并联，用于保护限制表头两端的电压起保护表头的作用，使表头不致因电压、电流过大而烧坏。电阻挡分为×1 Ω、×10 Ω、×100 Ω、×1 kΩ、×10 kΩ几个量程，当转换开关打到某一个量程时，与某一个电阻形成回路，使表头偏转，测出阻值的大小。

3）MF47 万用表电阻挡工作原理

MF47 万用表电阻挡工作原理如图 1-3-3 所示，电阻挡分为×1 Ω、×10 Ω、×100 Ω、×1 kΩ、×10 kΩ五个量程。例如，将挡位开关旋钮打到×1 Ω时，外接被测电阻通过“-COM”端与公共显示部分相连；通过“+”端经过 0.5 A 熔断器接到电池，再经过电刷旋钮与 R_{18} 相连，W_{H1} 为电阻挡公用调零电位器，最后与公共显示部分形成回路，使表头偏转，测出阻值的大小。

2. 万用表调校技术

装配成功后的万用表，就可以进行校试了。只有校试完成后的万用表才可以准确测量使用。工厂中一般均用专业仪表校准仪校试，这样便于大规模生产。产品参数也比较统一。自己组装后的万用表如何校试呢？在业余情况下进行准确校试是每一个工作者完成装配后的第一心愿。下面介绍在没有专业仪器的情况下，准确校试万用表的几种方法。业余校试万用表需准备下列设备：

（1）$3\frac{1}{2}$ 以上数字万用表 1 块。

（2）直流稳压电源 1 台（也可选用直流电源，也可以直接用 9 V、1.5 A 电池替代）。

（3）交流调压器 1 台（功率无要求）。如没有，也可选用多抽头交流变压器 220 V/5 V、10 V、36 V……1 只（变压器功率无要求，如用户没有多抽头电流变压器，可选用任何一种初级 220 V，次级最好在 10 V 以下的电源变压器）。

（4）普通电阻若干（5%精度就可以）。

1）基准挡位校试

首先将基本装配完成的万用表挡位旋转至直流电流挡（DCmA）最小挡，47、47-A、960、TY360 为 50 μA；TY-360TRX 为 100 μA，调试设备连接见图 1-3-4。将数字万用表旋至直流电流挡，如 200 μA 挡。被测万用表水平放置，未测试前应检查万用表指针是否在机

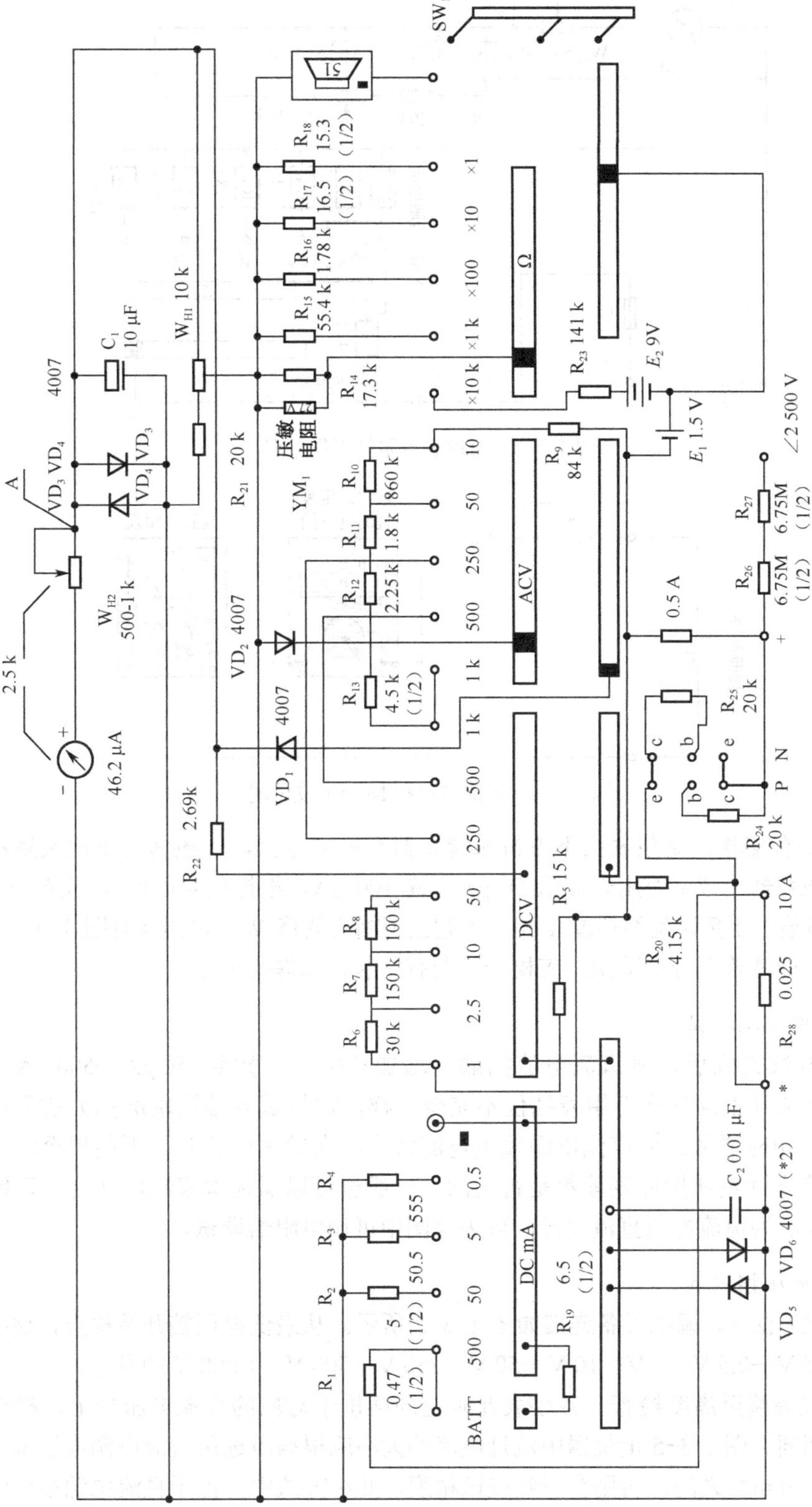

图 1-3-2　MF47 万用表工作原理

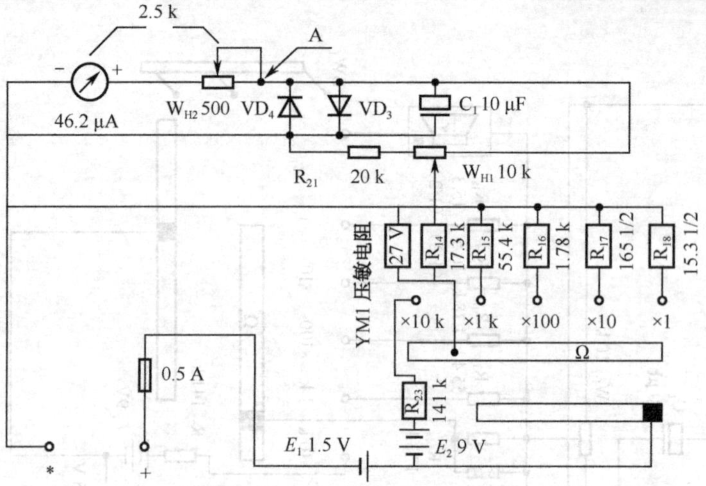

图 1-3-3　万用表电阻挡工作原理

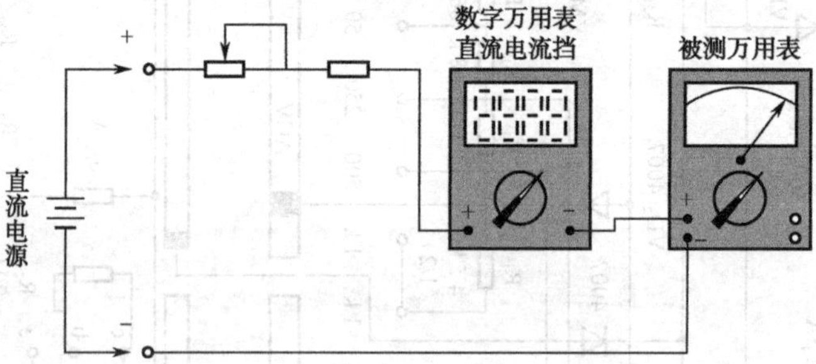

图 1-3-4　直流电流挡 DCmA 校试图

械零位上。如有偏移，调整表头下方机械调零器至机械零位，一般情况下此装置不需经常调整。调整电位器使数字万用表显示 50 μA（或 100 μA，根据型号而定），检查被测万用表是否指示满度值。正负误差不超过 1 格。如超出范围应调整 W_{H2} 电阻（见图 1-3-2）直至合格为止。如不能调整至合格范围，应检查是否有错装、漏焊等现象。

2）直流电流挡校试

基准挡校试完成后，将直流电流挡顺序增加挡位，如按照 50 μA—500 μA—5 mA—50 mA—500 mA（不同规格万用表挡位不完全一样，但校试方法同基准挡）的顺序，此时数字表挡位也相应增加。如直流电源输出电流较小，在较大电流时，不能校至满度。此时通过观察数字表读数和指针表读数是否相同，一般也可以保证本表精度在合格范围之内。如所用直流电流为恒流恒压直流电源，可去除图中可调电阻器调试。

3）直流电压挡校试

（1）校试方法 1。调试设备连接如图 1-3-5 所示。从最低电压挡开始检查，逐挡向上调整，按照 0.25 V—0.5 V—1 V—10 V—50 V—250 V—500 V—1 000 V 的顺序。

最低挡应调整至满度检查。数字表此时也同样位于对应的直流电压挡上，检查方法与直流电流挡相同。图 1-3-5 电位器中流过电流的大小应根据所选用直流电源电压来调整，电流范围在 1～10 mA 之间，否则会影响校试精度。此种方法中，由于直流电源电压较低，在测量高电压时指针偏转角度较小，会影响校试精度，可以采用方法 2 来校试。如采用直流电源校检，可去除图中的可调电阻器，直接调整稳压电源电压。

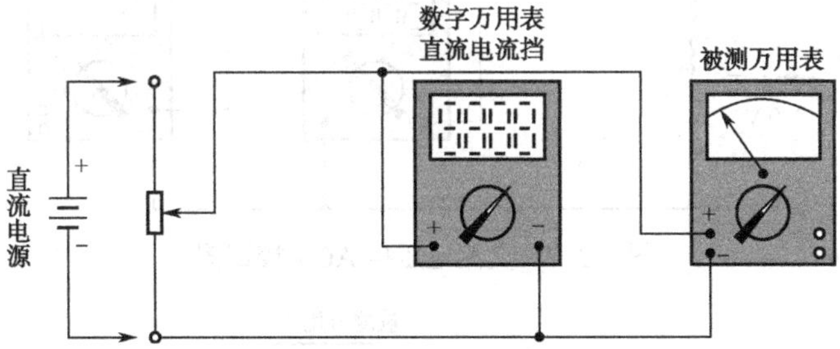

图 1-3-5　直流电压挡 DCV 校试方法 1

（2）校试方法 2。在用户缺少高电压直流电源的情况下，可用测量内阻法校试直流电压挡，电路连接如图 1-3-6 所示。每种万用表在表盘上均标有不同的灵敏度，如 DCV20 k/V 或 DCV10 k/V 等。首先从最小电压挡校试，如 0.25 V，表盘标示灵敏度为 20 k/V。那么此挡内阻一定为：20 k/V×0.25 V=5 k。在此挡位时用数字万用表Ω挡，再测量被测指针表"+"、"-"端子两端，内阻一定为 5 k 左右；相应地如果在 50 V 挡，被测万用表内阻值为 1 MΩ，依次类推。注意：大于 250 V 时的灵敏度应根据标示值计算，如 1 000 V 表盘灵敏度标示值为 9 k/V，那么此时内阻为 1 000 V×9 k/V=9 M。用此法测量只要数字万用表测出的阻值误差不超出±2.5%，校试精度均可保证。

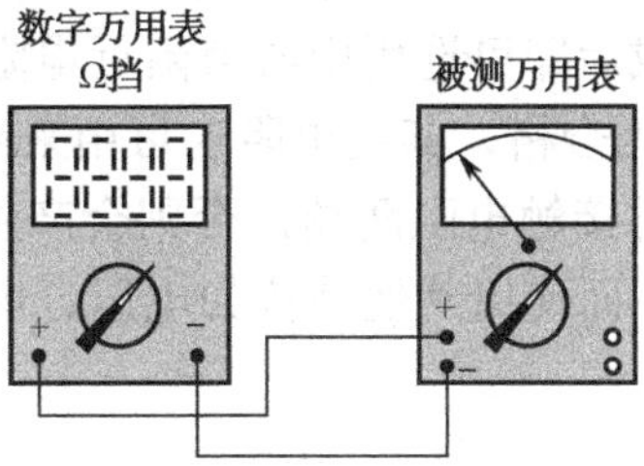

图 1-3-6　直流电压挡 DCV 校试方法 2

4）交流电压挡校试

数字表挡位应覆盖被测万用表挡位。如被测表校试 10 V 交流电压挡，数字表此时应选用 20 V 挡。从最小挡位开始。按 10 V—50 V—250 V—500 V—1 000 V 的顺序递进校试。最小挡位应做满度校试。校试开始时，调压器一定要位于最小电压处，以免烧毁万用表。因调压器无隔离装置，测试时有触电危险，校试时必须有专业人员指导操作。如手中一时没有调压器可选用普通电源变压器（次级电压小于 10 V）。校试方法同上，但在校试较高电压时，指针偏转角度过小，准确读数会有一定困难。交流电压挡 ACV 校试图如图 1-3-7 所示。

5）Ω挡校试

首先准备一些普通电阻，阻值尽可能靠近被测表的中心值。电路连接如图 1-3-8 所示。如 MF47 型中心值为 16.5，就可分别选用 16 Ω（R×1 挡用）、160 Ω（R×10 挡用）、1.6 k（R×100 挡用）、16 k（R×1 k 挡用）、160 k（R×10 k 挡用）。其他不同型号万用表应根据其中心值（Ω挡）选用相应的电阻，然后按照顺序校试即可。

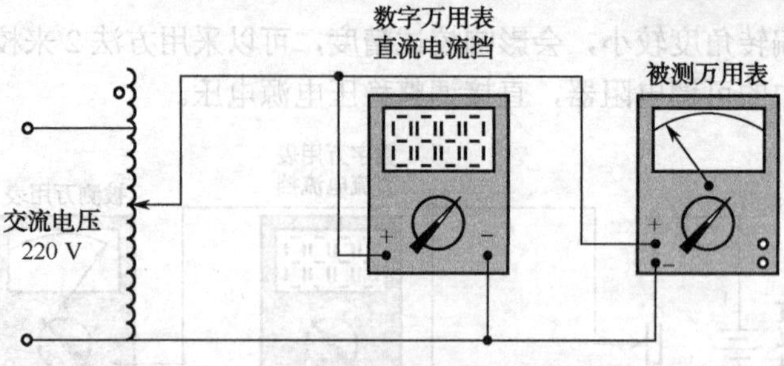

图 1-3-7 交流电压挡 ACV 校试图

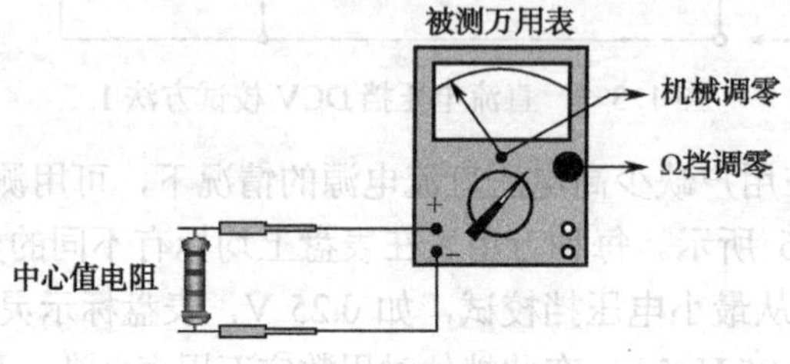

图 1-3-8 Ω挡校试图

将电池装入万用表，同样先从最小挡位开始校试，按照 R×1 挡—R×10 挡—R×100 挡—R×1 k 挡—R×10 k 挡—R×100 k 挡的顺序递进校试。不同万用表Ω挡位的设置可能不同，指针万用表每更换一次挡位后，必须重新调零（0 Ω ADJ 电位器）。注意：指针型万用表一般均设有两处调零，一处为Ω调零，另一处为机械调零。机械零点首次校试完毕后，没有特殊情况一般不需要调整。调零完成后即可选用中心值附近电阻校验。万用表测量电阻时数值的精度一般误差在±10%以内即为合格，其他电阻也可用来测量，了解该表Ω挡线性情况。测量大电阻时，应避免人体同时接触电阻两端，否则会产生附加误差。使用指针表Ω挡测量时，必须装入电池方可使用。而使用其他挡位如电压、电流挡，没有电池时也可以正常工作。

7）其他挡校试

经过上述校试检查后，该表一般即可达到基本精度。表盘上除上述挡位之外的其他挡位基本上都附属于上述各挡。如 dB 挡附属于交流电压挡，交流电压挡校准后此挡一定在标准范围之内；晶体管 h_{FE}挡、直流电容测量挡、蜂鸣器挡、LV/LI 挡均附属于Ω挡。校试完毕后，仅需检查是否有此功能，即可保证测量精度（使用方法见说明书）。经过上述校试检查，万用表就可以正常使用了。

单元测试题 1

一、选择题

1．额定值为 220 V、100 W 和 220 V、25 W 白炽灯两盏，将其串联后接入 220 V 工频交流电源上，其亮度情况是（　　）。

A．100 W 的灯泡较亮　　B．25 W 的灯泡较亮　　C．两只灯泡一样亮

2．电感元件在正弦交流电路中消耗的平均功率为（　　）。

A．$P=0$　　B．$P=UI$　　C．$P=ui$

3．常用的理想电路元件中，耗能元件是（　　）。

A．开关　　B．电阻器　　C．电感器

4．已知正弦量为 $i=10\sin(314t+90^\circ)$ A，有效值为（　　）。

A．14 A　　B．10 A　　C．7.07 A

5．交流电压表、电流表测量的是交流电的（　　）。

A．最大值　　B．有效值　　C．瞬时值

6．一个电热器，接在 10 V 的直流电上，产生的功率为 P，若接在交流电上，使之产生的功率为 $P/2$，则交流电的最大值为（　　）。

A．7.07 V　　B．5 V　　C．10 V

7．电容元件的交流电路中，电压的有效值不变，当频率增加时，电路中的电流（　　）。

A．增大　　B．减小　　C．不变

8．下列说法中，（　　）是正确的。

A．串联谐振时阻抗最小　　B．并联谐振时阻抗最小　　C．电路谐振时阻抗最小

9．已知 $u_1=10\sin(314t+30^\circ)$，$u_2=20\sin(628t+90^\circ)$，则（　　）。

A．u_1 滞后 u_2 60°　　B．u_1 超前 u_2 60°　　C．无法判断

10．R、L 串联的电路中，复阻抗为（　　）。

A．$R+\mathrm{j}L$　　B．$R+\omega L$　　C．$R+\mathrm{j}X_L$

11．如图所示，三个完全相等的灯泡，分别与 R、L、C 串联后，接到交流电源两端。如果 $X_L=X_C=R$，则灯泡（　　）。

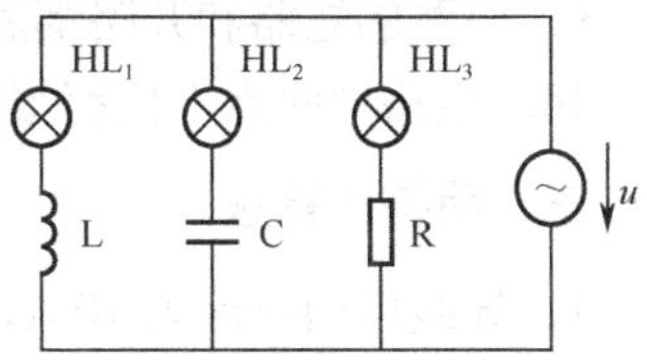

第 11 题

A．HL_1、HL_2、HL_3 一样亮

B．HL_3 最亮，HL_1、HL_2 暗

C．HL_1、HL_2 最亮，HL_3 暗

12．电容器中储存的能量是（　　）。

A．电场能　　B．机械能　　C．磁场能

13．负载从电源获得最大功率的条件是（　　）。

A．阻抗匹配　　B．阻抗相等　　C．阻抗接近 0

14．某变压器的初级电压为 220 V，次级电压为 36 V，初级匝数为 2 200 匝，次级匝数为（　　）。

A．3.6 匝　　B．360 匝　　C．3600 匝

15．一电阻 R 上 u、i 参考方向一致，令 u=10 V，消耗功率为 0.5 W，则电阻 R 的阻值为（　　）。

A．200 Ω　　B．400 Ω　　C．500 Ω

16．两个电阻串联，若 $R_1:R_2=1:2$，总电压为 60 V，则 U_1 为（　　）。

A．10 V　　B．20 V　　C．30 V

17．某电阻两端的电压为100 V时，电流为2 A，当电压为50 V时，该电阻为（　　）。

A．100 Ω　　B．25 Ω　　C．50 Ω

18．R、L、C串联谐振电路的频率为（　　）。

A．$2\pi\sqrt{LC}$　　B．$\frac{1}{2\pi\sqrt{LC}}$　　C．$\frac{1}{2\pi LC}$

19．纯电感电路的感抗为（　　）。

A．L　　B．ωL　　C．$\frac{1}{\omega L}$

20．产生串联谐振的条件为（　　）。

A．$X_L > X_C$　　B．$X_L < X_C$　　C．$X_L = X_C$

二、判断题

1．正弦量的三要素是指最大值、角频率和相位。（　）

2．用万用表测电阻时，不允许带电或在线测量。（　）

3．在含有L和C的交流电路中出现 *ui* 同相位的现象称为谐振。（　）

4．额定电压相同、额定功率不同的两个电灯不可以并联使用。（　）

5．交流功率表测量的是有功功率。（　）

6．正弦交流电路中的阻抗总是随着频率的增大而增大。（　）

7．基尔霍夫定律只是用来分析和计算复杂电路的，对简单电路不适用。（　）

8．任何理想电路元件，其阻抗值都是不随频率变化的。（　）

9．电路的短路和开路都属于故障状态。（　）

10．电路中两点电位都很高时，其两点间电压也一定很大。（　）

三、简答计算题

1．导线中的电流为10 A，20 s内有多少电子通过导线的某一横截面？

2．一个1 000 W的电炉，接在220 V电源使用时，流过的电流有多大？

3．感抗、阻抗和电阻有何不同？有何相同？

4．一直流有源二端网络测得其开路电压 U_O=100 V，短路电流 I_C=10 A，问当接 R_L=10 Ω的负载电阻时，负载电流为多少？负载吸收的功率为多少？

5．如图所示，已知 E_1=48 V，E_2=12 V，E_3=25 V，R_1=R_2=R_3=4 Ω，求图中各支路电流。

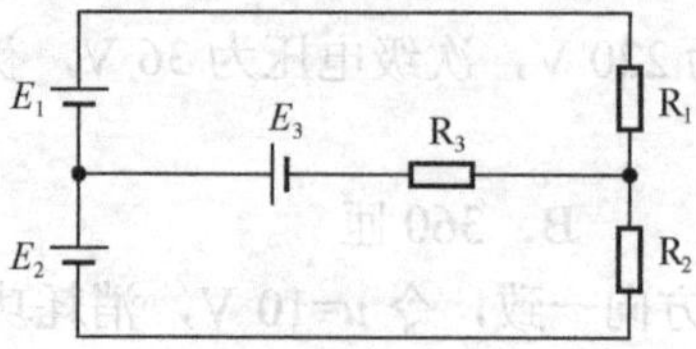

第5题

第2章 模拟电子技术

模拟电子技术是以半导体二极管、半导体三极管和场效应管为关键电子器件，包括功率放大电路、运算放大电路、反馈放大电路、信号运算与处理电路、信号产生电路、电源稳压电路等。

2.1 模拟电子技术基本知识

2.1.1 常用半导体器件

1. 二极管

二极管（Diode）是一种具有单向导电性的二端器件，由于二极管最重要的特性是单向导电性，几乎在所有的电子电路中，都要用到半导体二极管，它在许多的电路中起着重要的作用。图 2-1-1 所示为二极管的符号。由 P 端引出的电极是正极，由 N 端引出的电极是负极，箭头的方向表示正向电流的方向，VD 是二极管的文字符号。

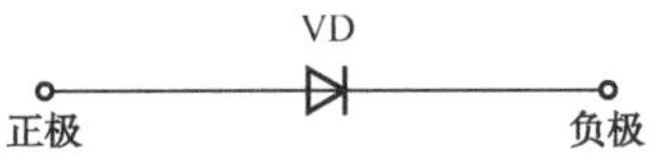

图 2-1-1　二极管的符号

二极管的伏安特性：二极管两端的电压 U 及流过二极管的电流 I 之间的关系曲线，称为二极管的伏安特性。典型的二极管伏安特性曲线如图 2-1-2 所示。

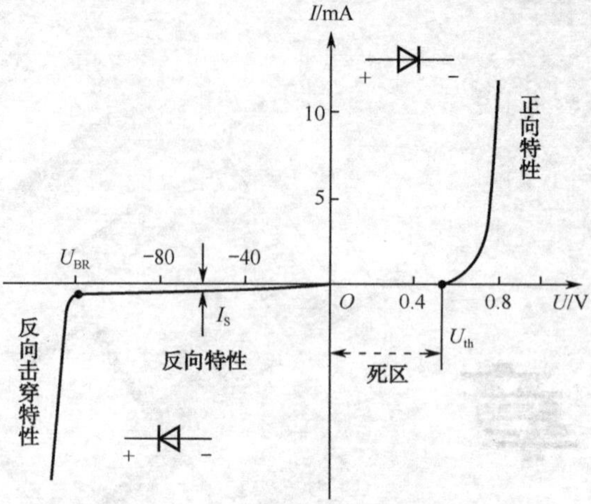

图 2-1-2　二极管的伏安特性曲线

2. 稳压二极管

稳压二极管又名齐纳二极管（Zener Diode），简称稳压管，稳压管工作于反向击穿区。稳压二极管的伏安特性曲线和符号如图 2-1-3 所示。

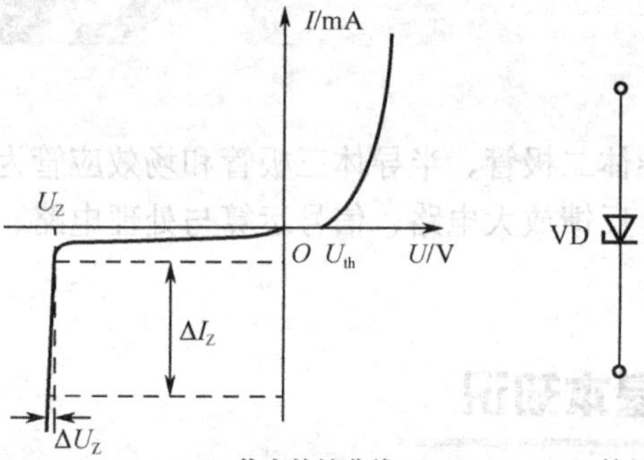

（a）伏安特性曲线　　（b）符号

图 2-1-3　稳压二极管的伏安特性曲线和符号

在使用稳压管时应注意：

稳压管稳压时，一定要外加反向电压，保证管子工作在反向击穿区。当外加的反向电压值大于或等于 U_Z 时，才能起到稳压作用；若外加的电压值小于 U_Z，稳压二极管相当于普通的二极管使用。

在稳压管稳压电路中，一定要配合限流电阻使用，保证稳压管中流过的电流在规定的范围之内。

3. 发光二极管

目前发光二极管（Light-Emittig Diode）的颜色有红、黄、橙、绿、白和蓝六种，所发光的颜色主要取决于制作管子的材料。发光二极管工作时导通电压比普通二极管大，其工作电压随材料的不同而不同，一般为 1.7～3.4 V。普通绿、黄、红、橙色发光二极管工作电压约为 2 V；白色发光二极管的工作电压通常高于 2.4 V；蓝色发光二极管的工作电压一般高于 3.3 V。发光二极管的工作电流一般在 2～25 mA 的范围内。

普通发光二极管的外形和符号如图 2-1-4 所示。

图 2-1-4　普通发光二极管的外形和符号

4. 变容二极管

图 2-1-5 所示为变容二极管的符号。此种管子是利用 PN 结的电容效应进行工作的，它工作在反向偏置状态，当外加的反偏电压变化时，其电容量也随着改变。

5. 光电二极管

光电二极管又称为光敏二极管，它是一种光接收器件，其 PN 结工作在反偏状态，可以将光能转换为电能，实现光电转换。图 2-1-6 所示为光电二极管的基本电路和符号。

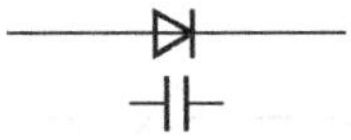

图 2-1-5　变容二极管的符号

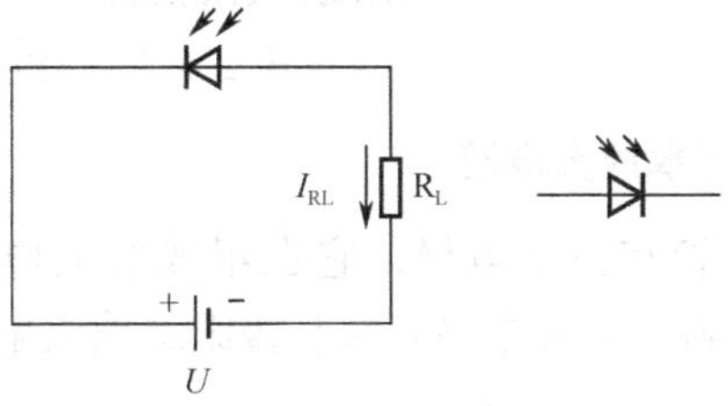

（a）基本电路　（b）符号

图 2-1-6　光电二极管的基本电路和符号

2.1.2　放大器基础知识

由分立元器件构成的放大电路以半导体三极管为核心器件，对微弱的缓慢变化的交流信号进行放大处理。

晶体管是通过一定的制作工艺，将两个 PN 结结合在一起的器件，两个 PN 结相互作用，使三极管成为一个具有控制电流作用的半导体器件。三极管从结构上来讲分为两类：NPN 型三极管和 PNP 型三极管。三极管可以由半导体硅材料制成，称为硅三极管；也可以由锗材料制成，称为锗三极管。

图 2-1-7 所示为三极管的结构示意图和符号。

符号中发射极上的箭头方向，表示发射结正偏时电流的流向。

1. 三极管的电流分配原则及放大作用

要实现三极管的电流放大作用，首先要给三极管各电极加上正确的电压。三极管实现放大的外部条件是：其发射结必须加正向电压（正偏），而集电结必须加反向电压（反偏）。

三极管的电流分配原则：

$$I_E=I_C+I_B \tag{2-1-1}$$

$$I_C=\beta I_B \tag{2-1-2}$$

式中，β为电流放大倍数，是由三极管本身所决定的，在常温下，有唯一固定值。

三极管可以工作在三个状态：截止区、放大区、饱和区。在放大电路中，三极管通常工作在放大区，而截止区和饱和区则相当于电子开关的打开和闭合，多应用在数字电路中。

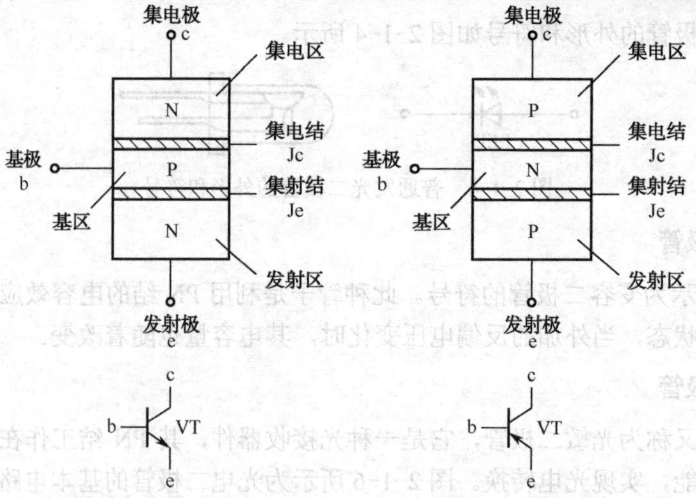

（a）NPN型三极管的结构与符号　　（b）PNP型三极管的结构与符号

图 2-1-7　三极管的结构示意图和符号

2. 基本放大电路

三极管有三个电极，它在组成放大电路时便有三种连接方式，即放大电路的三种组态：共射极、共集电极和共基极组态放大电路，如图 2-1-8 所示。

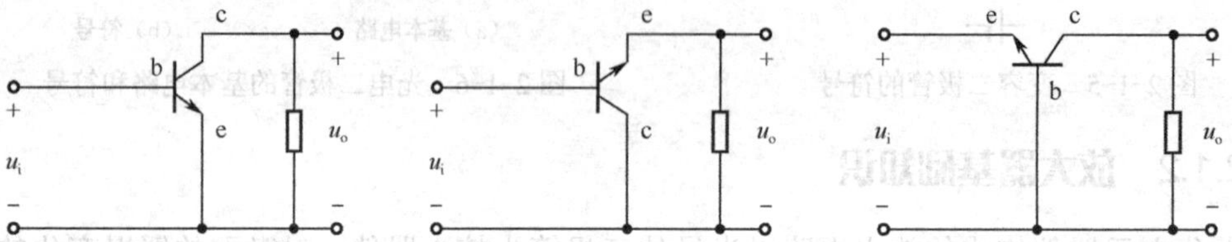

（a）共射极组态　　（b）共集电极组态　　（c）共基极组态

图 2-1-8　三极管的三种连接方式

3. 共射极放大电路的分析

NPN 型共射极放大电路如图 2-1-9 所示。

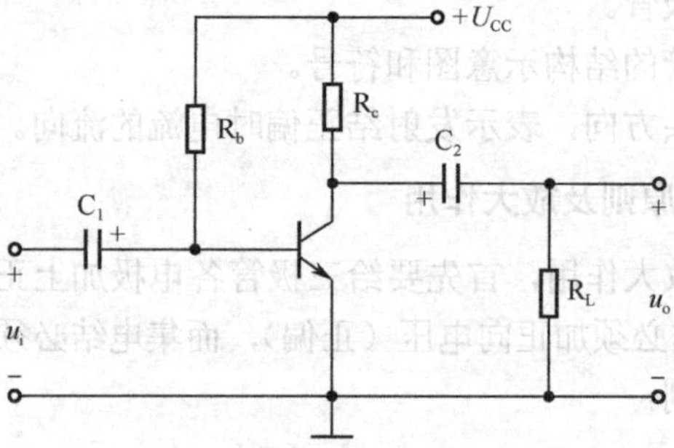

图 2-1-9　NPN 型共射极放大电路

静态工作点 Q 估算：在基本放大电路中，只有在信号的任意时刻半导体器件都工作在线性放大区，输出波形才不会失真。因此，放大电路必须设置静态工作点 Q。对于三极管，Q 点包括基极电流 I_{BQ}、集电极（或发射极）电流 I_{CQ}（或 I_{EQ}）、be 间电压 U_{BEQ} 和管压降 U_{CEQ}。

1）直流通路

直流通路是指静态（u_i=0）时，电路中只有直流量流过的通路。

画直流通路有两个要点：电容视为开路；电感视为短路。

图 2-1-10 所示为共射极放大电路的直流通路。

2）公式估算法确定 Q 点

根据图 2-1-10，可以利用下述方法求出 Q 点。

$$I_{BQ} = (U_{CC} - U_{BEQ}) / R_b \tag{2-1-3}$$

$$I_{CQ} = \beta I_{BQ} \tag{2-1-4}$$

$$U_{CEQ} = U_{CC} - R_c I_{CQ} \tag{2-1-5}$$

3）动态分析

交流通路：它是指动态（$u_i \neq 0$）时，电路中交流分量流过的通路。

画交流通路时有两个要点：耦合电容视为短路；直流电压源（内阻很小，忽略不计）视为短路。

图 2-1-11 所示为共射极放大电路的交流通路。

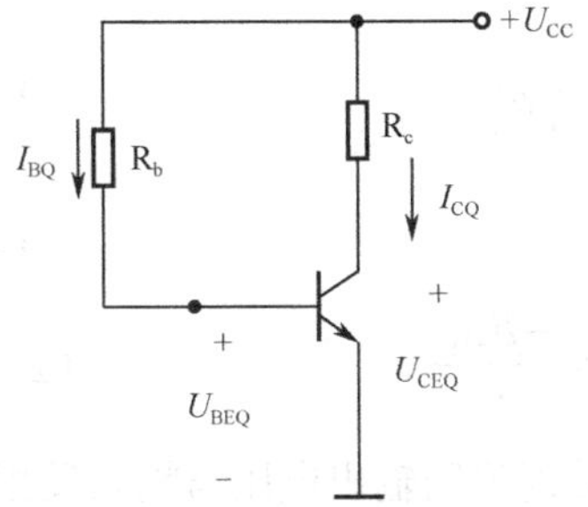

图 2-1-10　共射极放大电路的直流通路

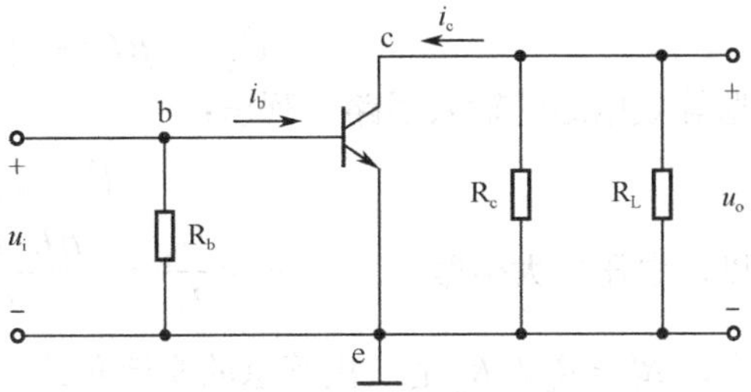

图 2-1-11　共射极放大电路的交流通路

计算动态参数 A_u、R_i、R_o 时必须依据交流通路。

三极管的微变等效电路：当输入为微变信号时，对于交流微变信号，三极管可用如图 2-1-12（b）所示的微变等效电路来代替。图 2-1-12（a）所示的三极管是一个非线性器件，但图 2-1-12（b）所示的是一个线性电路。这样就把三极管的非线性问题转化为了线性问题。

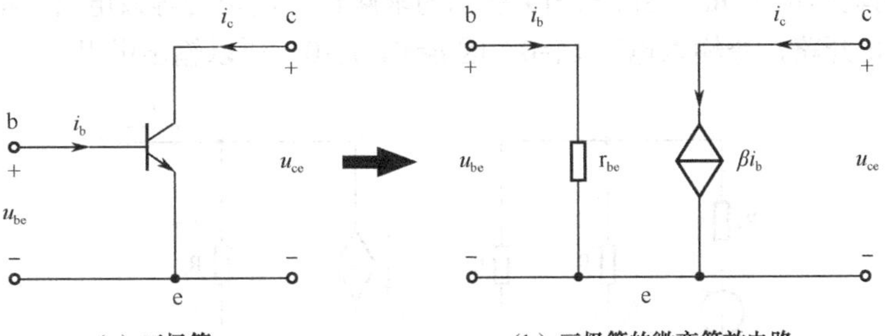

（a）三极管　　（b）三极管的微变等效电路

图 2-1-12　三极管的微变等效电路模型

低频小功率三极管的输入电阻常用下式进行估算：

$$r_{be} = r_{bb} + (1+\beta)\frac{26(\text{mV})}{I_E(\text{mA})} \tag{2-1-6}$$

式中，r_{bb}表示晶体管基区的体电阻，对一般小功率管为300 Ω左右（计算时，若未给出，可取为300 Ω），I_E是发射极的静态电流。r_{be}通常为几百欧到几千欧。

对于共射极放大电路，从其交流通路图可得电路的微变等效电路，如图 2-1-13 所示。u_S为外接的信号源，R_S是信号源内阻。

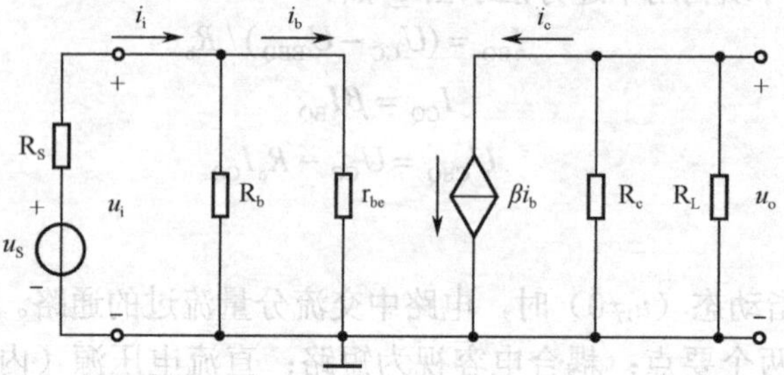

图 2-1-13　共射极放大电路的微变等效电路

将交流通路中的三极管用微变等效电路替换，就得到了放大电路的微变等效电路。

求解电压放大倍数A_u：列出输出回路表达式

$$\dot{U}_o = -\beta \dot{I}_b (R_c \mathbin{/\!/} R_L) = -\beta \dot{I}_b R'_L \tag{2-1-7}$$

根据等效电路的输入回路可列出：

$$\dot{U}_i = \dot{I}_b \times r_{be} \tag{2-1-8}$$

所以，电压放大倍数

$$\dot{A}_u = \frac{\dot{U}_o}{\dot{U}_i} = \frac{-\beta \dot{I}_b (R_c \mathbin{/\!/} R_L)}{\dot{I}_b r_{be}} = \frac{-\beta R'_L}{r_{be}} \tag{2-1-9}$$

其中，$R'_L = R_c \mathbin{/\!/} R_L$是三极管总的交流负载，式中负号则说明输出电压与输入反相。

求解电路的输入电阻R_i：输入电阻从等效电路可以看出，输入电流$\dot{I}_i$是R_b和r_{be}并联后的总电流，所以

$$R_i = R_b \mathbin{/\!/} r_{be} \tag{2-1-10}$$

当$R_b >> r_{be}$时，可近似为　$R_i \approx r_{be}$

$$R_i = R_b \mathbin{/\!/} r_{be} \tag{2-1-11}$$

一般基极偏置电阻R_b>>r_{be}，R_i≈r_{be}。

求解电路的输出电阻R_o：图 2-1-14 所示为求解输出电阻的等效电路。根据输出电阻定义将负载电阻R_L开路，令输入电压U_i=0，因i_b=0，i_c=0，所以输出电阻

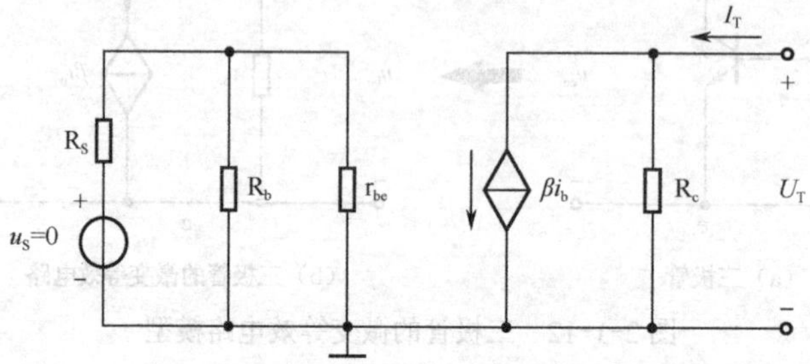

图 2-1-14　求解输出电阻的等效电路

$$R_o=R_c \quad (2\text{-}1\text{-}12)$$

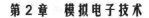

输出电阻 R_o 越小，放大电路的带负载能力越强。输出电阻 R_o 中不应包含负载电阻 R_L。

求解输出电压 u_o 对信号源电压 u_S 的放大倍数 A_{uS}：由于信号源内阻的存在，$A_{uS}<A_u$，电路的输入电阻越大，输入电压 u_i 越接近于 u_S。

2.1.3 负反馈电路

1. 反馈的基本概念及方框图

反馈定义：将放大电路输出信号（电压或电流）的部分或全部通过一定的电路（反馈电路）回送到输入回路的反送过程。一个反馈放大器的框图如图 2-1-15 所示。

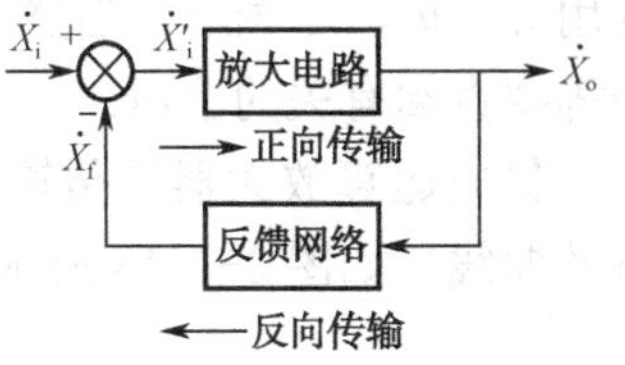

图 2-1-15 反馈电路的方框图

图中 $\dot{X}_i$ 是输入信号，$\dot{X}_f$ 是反馈信号，$\dot{X}_i'$ 称为净输入信号。所以有

$$\dot{X}_i'=\dot{X}_i-\dot{X}_f \quad (2\text{-}1\text{-}13)$$

加入反馈后，净输入信号$|\dot{X}_i'|<|\dot{X}_i|$，输出幅度下降，此为负反馈；若加入反馈后，净输入信号$|\dot{X}_i'|>|\dot{X}_i|$，输出幅度增加，则为正反馈。在放大电路中，多引入负反馈增加放大电路的稳定性或减小非线性失真，提高放大电路的工作性能。

正反馈和负反馈的判断法之一：瞬时极性法。

在放大电路的输入端，假设一个输入信号的电压极性，可用“+”、“-”或“↑”、“↓”表示。按信号传输方向依次判断相关点的瞬时极性，直至判断出反馈信号的瞬时电压极性。如果反馈信号的瞬时极性使净输入减小，则为负反馈；反之为正反馈。

2. 负反馈放大器的几种类型

负反馈放大电路根据从输出端取出反馈信号的形式及反馈信号在输入端连接方式，可分为四种类型。从输出端看，若反馈信号取自输出电压，为电压反馈；若取自输出电流，为电流反馈。从反馈节点看，若反馈信号与原输入信号串联或并联，则分别称为串联反馈或并联反馈。由此可知负反馈的四种类型是：电压串联负反馈、电压并联负反馈、电流串联负反馈、电流并联负反馈。

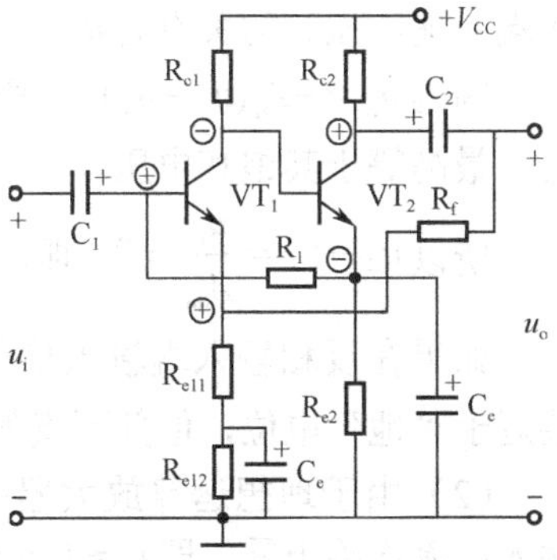

图 2-1-16 例图

从图 2-1-16 中可知，R_{e11} 能够将第一级电路的输出信号（交直流信号）反送回输入端，故这是一条第一级的反馈支路。由于反送回来的电压使输入电压 U_{be} 比原来减小，故是负反馈，由于是和输入端串联所以是串联反馈，由于取自输出电流的一部分，所以是电流反馈，因而 R_{e11} 组成的反馈支路为交直流电流串联负反馈。利用同样的分析方法可知电阻 R_f 组成的反馈支路为电压串联负反馈。

2.1.4 运算放大器

运算放大器是具有高开环放大倍数并带有深度负反馈的多级直接耦合放大电路。目前运算放大器主要以集成电路的形式出现。

1. 集成运放的基本分析方法

在分析运算放大器时，为便于分析和计算，将它视作理想运算放大器，即：

由于运算放大开环放大倍数 A_{uo} 相当高，可视为无穷大（$A_{uo}\to\infty$）；

输入电阻 r_i 相当大，可视为无穷大（$r_i\to\infty$）；

输出电阻 r_o 很低，可视为趋于零（$r_o\to 0$）；

共模抑制比 K_{CMR} 视为无穷大（$K_{CMR}\to\infty$）。

理想集成运放在电路中的符号如图 2-1-17 所示，它有两个输入端和一个输出端，反相输入端标上“-”号，同相输入端标上“+”号。它们对“地”的电压（即各端的电位）分别用 u_-、u_+、u_o 表示。当然在实际连接时必须加上电源电压，具体引脚定义和电源电压的范围等要查阅有关的手册。

集成运算放大器的传输特性曲线（表示输出电压与输入电压之间关系的曲线称为传输特性曲线）如图 2-1-18 所示。由图可见，传输特性曲线分为线性区和饱和区。

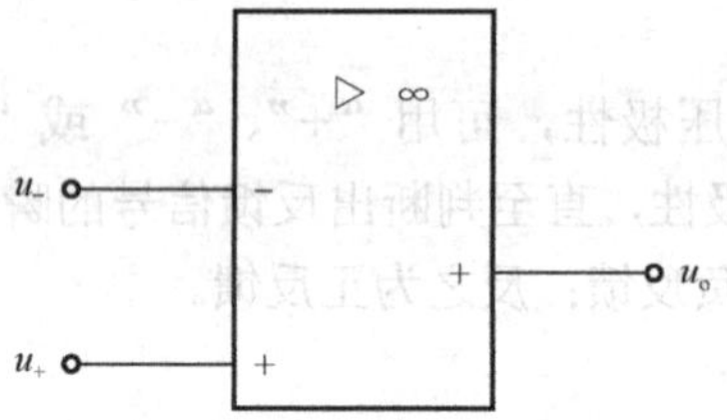

图 2-1-17　集成运放符号

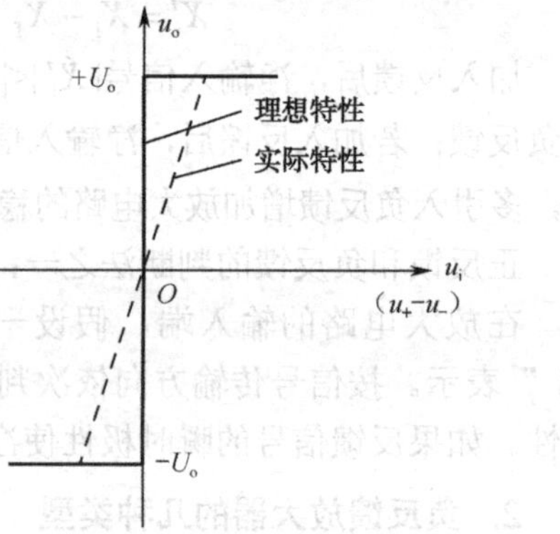

图 2-1-18　集成运算放大器传输特性曲线

对于工作在线性区的理想运算放大器分析时有两条简化原则：

（1）运算放大器的输出电压与两个输入端电压（u_-为反相输入端对地电压；u_+为同相输入端对地电压）的关系为$u_o=-A_u(u_- - u_+)$。

因为$u_o=-A_u(u_- - u_+)$，理想运算放大器的开环电压放大倍数：$A_{uo}\to\infty$，而 u_o 为一定值，最高等于其饱和电压。

所以$u_- - u_+ = \dfrac{u_o}{A_{uo}} \approx 0$，即$u_- \approx u_+$（虚短）。

如果在反相输入端输入信号，同相输入端接地，根据$u_- \approx u_+$得出：反相输入端的电位接近于“地”电位，但并不真的接地，即电流不能流入“地”，通常称为“虚地”。

（2）由于理想运算放大器的输入电阻趋于无穷大，故认为反相输入端与同相输入端的输入电流均趋于零，即$i_+ \approx i_- \approx 0$（虚断）。

2. 同相比例运算电路

同相比例运算电路（又称同相输入放大器）的基本形式如图 2-1-19 所示。它实际上是一个深度的电压串联负反馈放大器。输入信号 u_i 经电阻 R_2 加至集成运放同相端，支路 R_f 将输出电压 u_o 反馈至反相输入端。输出电压通过反馈电阻 R_F 及 R_1 组成的分压电路，取 R_1 上的分压作为反馈信号加到反相输入端。R_2 为平衡电阻，要求 $R_2=R_1//R_F$。

根据运算放大器工作在线性区时的两条分析依据：反相输入端与同相输入端电压相等，$u_- \approx u_+ = u_i$；流入放大器的电流趋近于零，$i_+ \approx i_- \approx 0$，得

$$i_i = i_f + i_- \approx i_f \qquad (2\text{-}1\text{-}14)$$

由图可列出 $\dfrac{0-u_-}{R_1}=\dfrac{u_- - u_o}{R_F}$，即

$$\frac{-u_i}{R_1}=\frac{u_- - u_o}{R_F} \qquad (2\text{-}1\text{-}15)$$

解之得

$$u_o = \left(1+\frac{R_F}{R_1}\right)u_i \qquad (2\text{-}1\text{-}16)$$

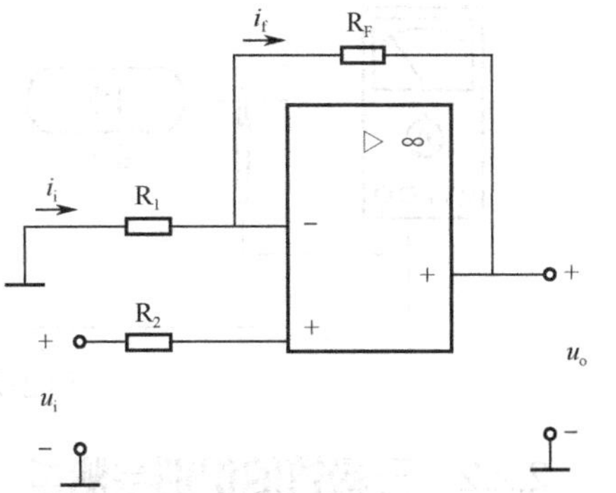

图 2-1-19 同相比例运算电路原理图

闭环电压放大倍数为

$$A_{uf}=\frac{u_o}{u_i}=1+\frac{R_F}{R_1} \qquad (2\text{-}1\text{-}17)$$

可见 u_o 与 u_i 间的比例关系也可认为与运算放大器本身无关，只取决于电阻，其精度和稳定性非常高。注意到 A_{uf} 为正值，这表示 u_o 与 u_i 同相，且 A_{uf} 总是大于或等于 1，即只能放大信号，这点与反相比例运算电路不同。另外，在同相比例运算电路中，信号源提供的信号电流为 0，即输入电阻无穷大，这也是同相比例运算电路特有的优点。

2.2 模拟电子技术基本技能

常用的半导体器件如二极管、三极管、晶闸管等，在实践应用中需要掌握它们的识别和检测方法。

2.2.1 二极管的识别与测量

二极管的识别很简单，可以通过观察的方式来识别。小功率二极管的 N 极（负极），在二极管表面大多采用一种色圈标出来，有些二极管也用二极管专用符号标志为“P”、“N”来确定二极管极性，发光二极管的正负极可从引脚长短来识别，长脚为正，短脚为负。

当然，也可以通过万用表识别二极管的引脚，并判断其性能。

将万用表的红、黑表笔分别接二极管的两个电极，若测得的电阻值很小（几千欧以下），则黑表笔所接电极为二极管正极，红表笔所接电极为二极管的负极；若测得的阻值很大（几百千欧以上），则黑表笔所接电极为二极管负极，红表笔所接电极为二极管正极，如图 2-2-1 所示。

二极管好坏的判定：

若测得的反向电阻很大（几百千欧以上），正向电阻很小（几千欧以下），表明二极管性能良好；

若测得的反向电阻和正向电阻都很小，表明二极管短路，已损坏；

若测得的反向电阻和正向电阻都很大，表明二极管断路，已损坏。

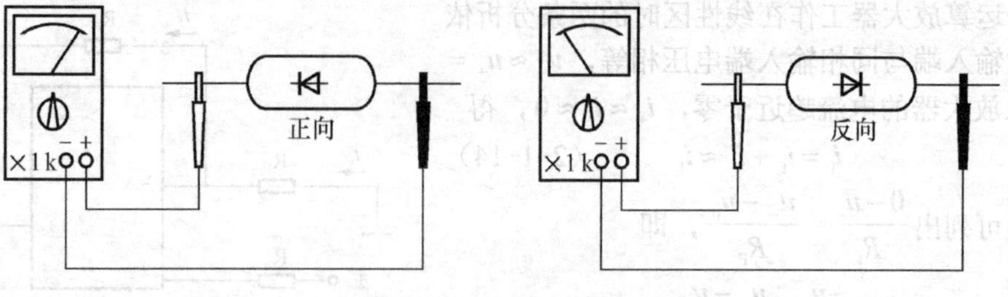

图 2-2-1　二极管极性的测试

2.2.2　三极管的识别与测量

小功率的三极管，如常见的 9012、9013 等，可以通过观察的方式，得知三个电极的名称，方法如图 2-2-2 所示。

图 2-2-2　常用小功率三极管

也可以通过万用表测试的方式，通过测量得知三个引脚，并判断出三极管性能的好坏。

三极管一般有三个电极，也有大功率的三极管不是三个电极，如 3DD15，外观只有两个电极，其实它的第三个电极就是这个元器件的外壳，起到散热作用。而无论几个引脚，都可以通过下述的方法测试三极管。

如果手头上有模拟式万用表，将万用表挡位打到 R×1 k 挡，用红黑表笔去测三极管三个引脚之间的电阻，例如用红表笔接图 2-2-2 中的 1 脚，黑表笔接 2 脚，测得一个阻值，然后将红黑表笔对调，再测得 1 和 2 脚之间的电阻，利用这种方法，可测得 6 个阻值，其中有两个阻值相差很小，几乎一致，这是有一支表笔接在一个引脚未动，而另一支表笔分别接触其余的两个引脚测得的两个阻值。如果不动的表笔是黑表笔，则此三极管是 NPN 型三极管，同时黑表笔接触的引脚是基极；如果不动的表笔是红表笔，则此三极管是 PNP 型三极管，红表笔接触的引脚是基极，实际上就先确定 2 号引脚是基极。如果是 NPN 型三极管，假设 3 号引脚是集电极，用湿润的食指和拇指捏住 3 和 2 脚，用黑表笔接触 3 号引脚，红表笔接触悬空的 1 号引脚，测得阻值 R_1，接下来用湿润的食指和拇指捏住 1 和 2 脚，用黑表笔接触 1 号引脚，红表笔接触悬空的 3 号引脚，测得阻值 R_2，如果 $R_1<R_2$，则说明假设 3 脚为集电极是正确的，否则假设不成立，那 3 脚就是发射极。如果是 PNP 型的三极管，还可利用上述的方法，只不过要将红表笔和黑表笔对调，其他的都不变。

2.2.3　晶闸管的识别与测量

晶闸管导通条件：一是晶闸管阳极与阴极间必须加正向电压，二是控制极也要加正向电压。以上两个条件必须同时具备，晶闸管才会处于导通状态。另外，晶闸管一旦导通后，即使降低控制极电压或去掉控制极电压，晶闸管仍然导通。

晶闸管关断条件：降低或去掉加在晶闸管阳极至阴极之间的正向电压，使阳极电流在最小维持电流以下。

单向晶闸管的符号和常用实物如图 2-2-3 所示。

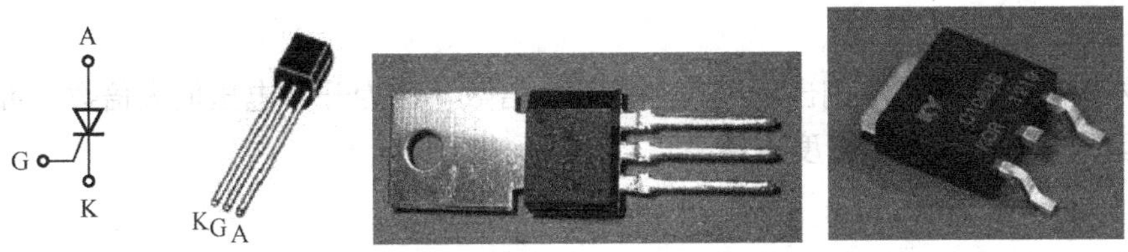

图 2-2-3　单向晶闸管

1. 单向晶闸管的引脚区分

对晶闸管的引脚区分，有的可从外形封装加以判别，如外壳就为阳极，阴极引线比控制极引线长。从外形无法判断的晶闸管，可用万用表 R×100 或 R×1 k 挡，测量晶闸管任意两引脚间的正反向电阻，当万用表指示低阻值（几百欧至几千欧的范围）时，黑表笔所接的是控制极 G，红表笔所接的是阴极 K，余下的一只引脚为阳极 A。

2. 单向晶闸管的性能检测

晶闸管质量好坏的判别可以从四个方面进行。第一是三个 PN 结应完好；第二是当阴极与阳极间电压反向连接时能够阻断，不导通；第三是当控制极开路时，阳极与阴极间的电压正向连接时也不导通；第四是给控制极加上正向电流，给阴极与阳极加正向电压时，晶闸管应当导通，把控制极电流去掉，仍处于导通状态。

用万用表的欧姆挡测量晶闸管的极间电阻，就可对前三个方面的好坏进行判断。具体方法是：用 R×1 k 或 R×10 k 挡测阴极与阳极之间的正反向电阻（控制极不接电压），此两个阻值均应很大。电阻值越大，表明正反向漏电电流越小。如果测得的阻值很低，或近于无穷大，说明晶闸管已经击穿短路或已经开路，此晶闸管不能使用了。

用 R×1 k 或 R×10 k 挡测阳极与控制极之间的电阻，正反向测量阻值均应在几百千欧以上，若电阻值很小表明晶闸管击穿短路。

用 R×1 k 或 R×100 挡，测控制极和阴极之间的 PN 结的正反向电阻在几千欧左右，如出现正向阻值接近于零值或为无穷大，表明控制极与阴极之间的 PN 结已经损坏。反向阻值应很大，但不能为无穷大。正常情况是反向阻值明显大于正向阻值。

万用表选电阻 R×1 挡，将黑表笔接阳极，红表笔仍接阴极，此时万用表指针应不动。红表笔接阴极不动，黑表笔在不脱开阳极的同时用表笔尖去瞬间短接控制极，此时万用表电阻挡指针应向右偏转，阻值读数为 10 Ω左右。如阳极接黑表笔，阴极接红表笔时，万用表指针发生偏转，说明该单向晶闸管已击穿损坏。

2.2.4 集成运放的识别与应用

集成电路的内部电路设计与分立元件电路设计是有区别的。目前集成运算放大器已成为非常基本的元件，它可以用来放大交直流信号，在许多方面都有广泛的应用。

1. 集成运算放大器的主要参数

1）最大输出电压 U_{OPP}

能使输出电压和输入电流保持不失真关系的最大输出电压称为运算放大器的最大输出电压。F007 的最大输出电压约为±12 V。

2）开环电压放大倍数 A_{uo}

没有外接反馈电路时所测出的差模电压放大倍数，称为开环电压放大倍数。A_{uo} 越高，所构成的运算电路越稳定，精度也越高。

3）输入失调电压 U_{io}

理想的集成运放，当输入电压 $u_{i1}=u_{i2}$ 时，输出电压 $u_o=0$。但在实际的运放中，由于制作工艺问题使得在输出 $u_o=0$ 时，其输入端却要加一个补偿电压，称为输入失调电压 U_{io}，U_{io} 一般在几个毫伏级，显然越小越好。

4）输入失调电流 I_{io}

输入失调电流是指输入信号为零时，两个输入端静态基极电流之差，I_{io} 在零点几微安级，其值越小越好。

5）输入偏置电流 I_{iB}

输入信号为零时，两个输入端静态基极电流的平均值称为输入偏置电流。即 $I_{iB}=\dfrac{I_{B1}+I_{B2}}{2}$，一般在零点几微安级，这个电流也是越小越好。

6）最大共模输入电压 U_{iCM}

集成运放对共模信号具有抑制的性能，但这个性能在规定的共模电压范围内才具备。如果超出这个电压，运算放大器的共模抑制性能就大为下降，甚至损坏器件。

在了解了集成运放的相关知识，尤其是了解了性能参数之后，从实用的角度，需要通过文献资料或者网络查找集成运放的引脚和电气参数等。

下面，以常用的集成运放μA741 的使用为例进行说明。

2. μA741 集成运放

首先，需要知道这个集成运放的引脚，如图 2-2-4 所示。

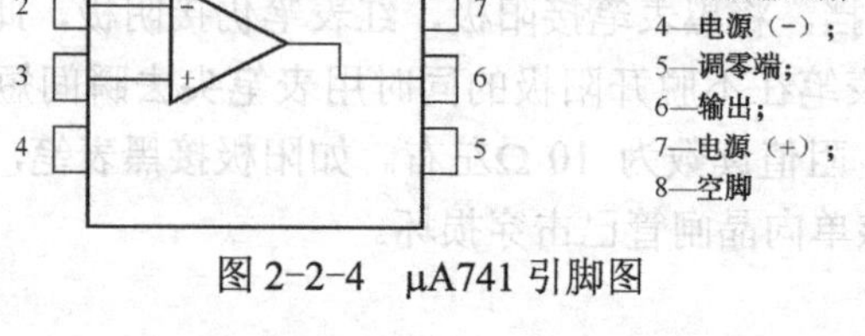

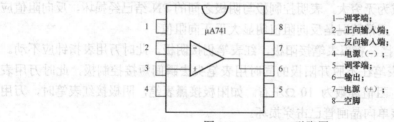

图 2-2-4 μA741 引脚图

然后，在使用中，还需关注其电气特性，如表 2-2-1 所示。

表 2-2-1　μA741 额定最大参数

符　号	参　数	μA741M	μA741I	μA741C	单　位
V_{cc}	电源电压	±22			V
V_{id}	差分输入电压	±30			V
V_i	输入电压	±15			V
P_{tot}	功耗	500			mW
T_{oper}	输出短路持续时间	无限制			
	工作温度	−55～+25	−40～+105	0～+70	℃
T_{stg}	储存温度范围	−65～+150	−65～+150	−65～+150	℃

在使用时，各个引脚所施加的电压不能超过额定值，否则损坏元器件。

3. 集成运算放大器好坏的简单测试

1）使用万用表测试引脚间的电阻

（1）选择 500 型万用表 R×1 k 挡，分别测量各引脚的电阻值，同手册的参数进行比较，如对应引脚的电阻值同手册基本相等，是好的，否则参数的一致性差。

（2）如用不同型号万用表的 R×1 k 挡测量，电阻值会略有差异。但在上述测量中，只要有一次电阻值为零，即说明内部有短路故障，读数为无穷大时说明开路损坏。

2）搭建测试电路

（1）给集成运算放大器μA741 同时接正负直流电源（注意用万用表分别测量两路电源为±12 V，经检查无误方可接通±12 V 电源），如图 2-2-5 所示。

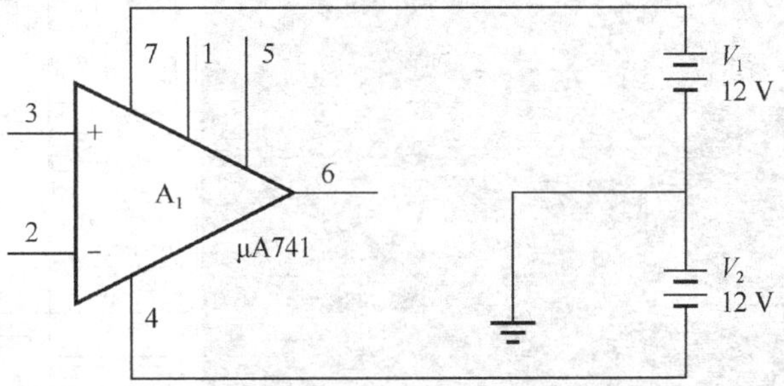

图 2-2-5　测试原理图

（2）分别将同相输入端或反相输入端接地，检测输出电压 U_o 是否为 U_{om} 值（电源电压为±12 V 时），若是，则该器件基本良好，否则说明器件已损坏。

将运放的两个输入端短路接地，测量运放的输出端对地电位应为零，对正电源端电压应为−12 V，对负电源端电压应为+12 V，若数值偏差大，则说明该集成运放已不能正常工作或已损坏。

2.2.5 基本放大电路的参数测试

基本的放大电路可以通过分析计算的方式得知其参数指标，其基本技术参数有电压放大倍数、输入电阻、输出电阻、幅频响应等；也可以通过实物测试获得其参数指标，下面通过仿真软件（Proteus）模拟实践测试的过程，见表 2-2-2。

表 2-2-2 通过仿真软件（Proteus）模拟实践测试的过程

技术指标 1	电压放大倍数
测试仪器	信号发生器、双踪示波器
测试方案	信号发生器接入基本放大电路的输入端，示波器用双踪方式同时观察输入和输出信号的幅度。使用共发射极放大电路作为测试对象，如下图所示 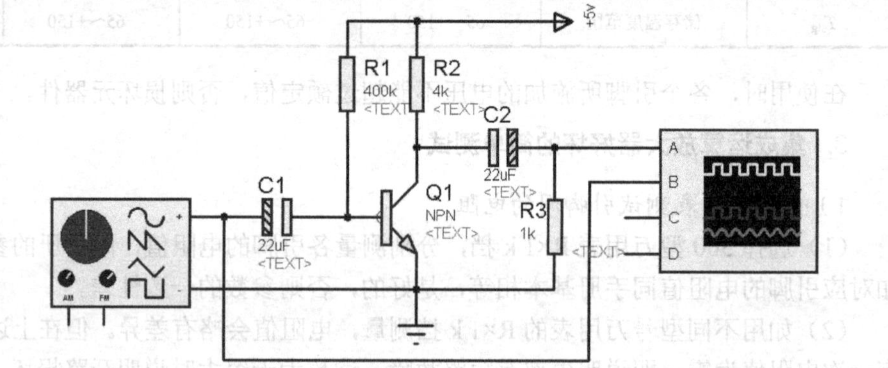
测试结果	通过仿真软件设置信号发生器输出正弦波信号频率 1 kHz，峰-峰值 v_i=10 mV，单击运行，可得示波器的仿真结果为：  输出峰-峰值（黄线）v_o=325 mV，所以放大倍数为 $A_v=v_o/v_i$=325 mV/10 mV=32.5；若不带负载，放大倍数 $A_v=v_o/v_i$=1 500 mV/10 mV=150，可见 1 kΩ的负载对放大电路的放大倍数影响很大，说明该电路带负载能力不强

续表

技术指标 2	输入电阻
测试仪器	信号发生器、交流毫伏表
测试方案	在输入端施加交流电压信号，测试产生的交流电流，比值即输入电阻值 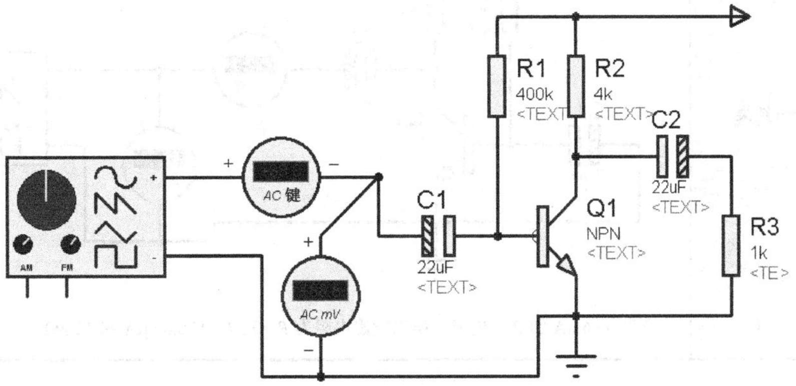
测试结果	使信号发生器产生正弦波信号输入，将交流毫伏表打到微伏的挡位，单击运行，结果为： 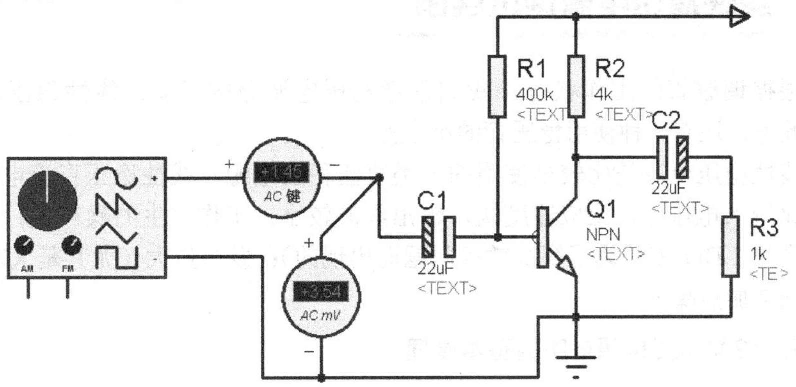 产生 1.45 μA 的交流电流，所以输入电阻为 R_i=3.54 mV/1.45 μA=2.44 kΩ
技术指标 3	输出电阻
测试仪器	信号发生器、交流毫伏表
测试方案	输入端短路，负载开路，在输出端施加交流电压信号，测试产生的交流电流，比值即输出电阻值 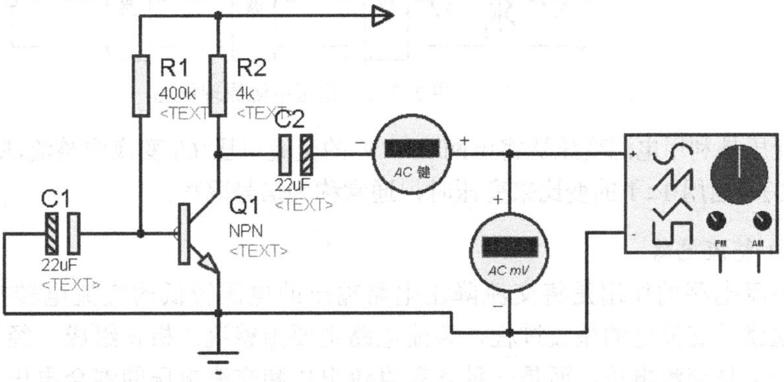

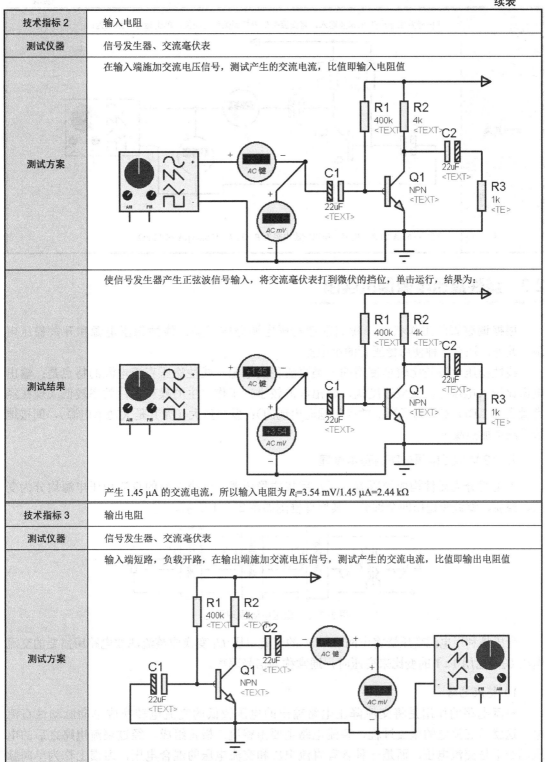

续表

测试结果	使信号发生器产生正弦波输入，将交流毫伏表打到微伏的挡位，单击运行，结果为： 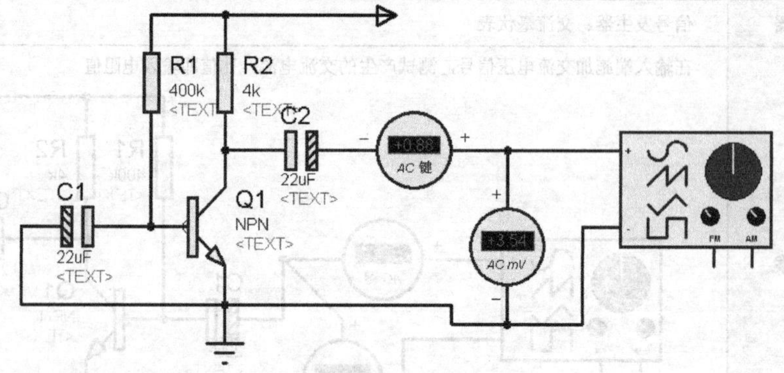 产生 0.86 μA 的交流电流，所以输出电阻为 R_o=3.54 mV/0.86 μA =4.12 kΩ

2.3 线性稳压电源调试实例

根据调整管的工作状态，我们常把稳压电源分成两类：线性稳压电源和开关稳压电源。此外，还有一种使用稳压管的小电源。

线性稳压电源是比较早使用的一类直流稳压电源。线性稳压直流电源的特点是：输出电压比输入电压低；反应速度快，输出纹波较小；工作产生的噪声低；效率较低（现在经常看到的 LDO 就是为了解决效率问题而出现的）；发热量大（尤其是大功率电源），间接地给系统增加热噪声。

1. 12 V 稳压电源电路的基本原理

不论用分立元件构成稳压器，还是用集成稳压器，一个完整的直流稳压电源均分为变压、整流、滤波和稳压四个部分。其原理框图如图 2-3-1 所示。

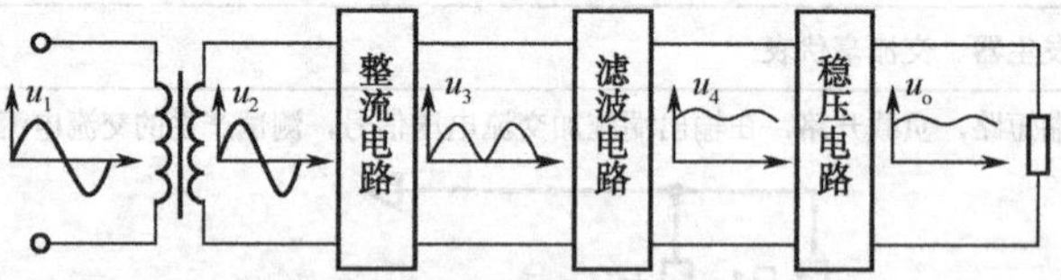

图 2-3-1　稳压电源原理框图

变压是利用电源变压器将电网 220 V 的交流电压 U_1 变换成整流滤波电路所需要的交流电压 U_2。当用 1 : 1 的变比来变压时，通常称为信号隔离。

1）整流电路

整流电路的作用是将交流降压电路输出的电压较低的交流电转换成单向脉动性直流电，这就是交流电的整流过程，整流电路主要由整流二极管组成。经过整流电路之后的电压已经不是交流电压，而是一种含有直流电压和交流电压的混合电压，习惯上称为单向脉动性直流电压。

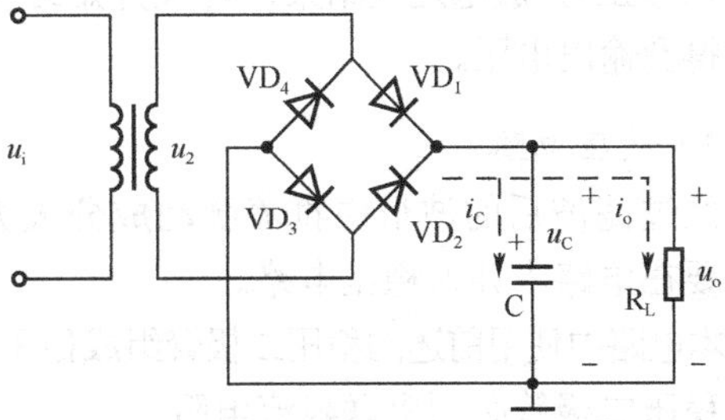

图 2-3-2　桥式整流电路原理图

电源电路中的整流电路主要有半波整流电路、全波整流电路和桥式整流三种，本电路中利用二极管构成常用的桥式整流电路。典型电路如图 2-3-2 所示。

该电路的工作原理是：

当在输入信号的正半周时，二极管 VD_1、VD_3 导通（VD_2、VD_4 截止），在负载电阻上得到正弦波的正半周，如图 2-3-3 所示。

当负半周时，二极管 VD_2、VD_4 导通（VD_1、VD_3 截止），在负载电阻上得到正弦波的负半周，如图 2-3-4 所示。

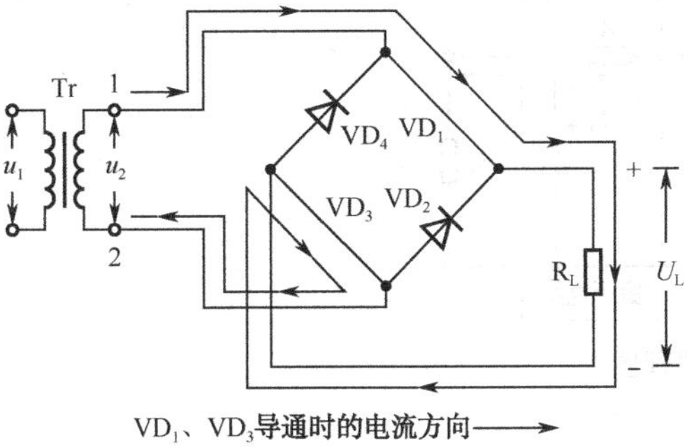

图 2-3-3　桥式整流电路正半周工作原理图

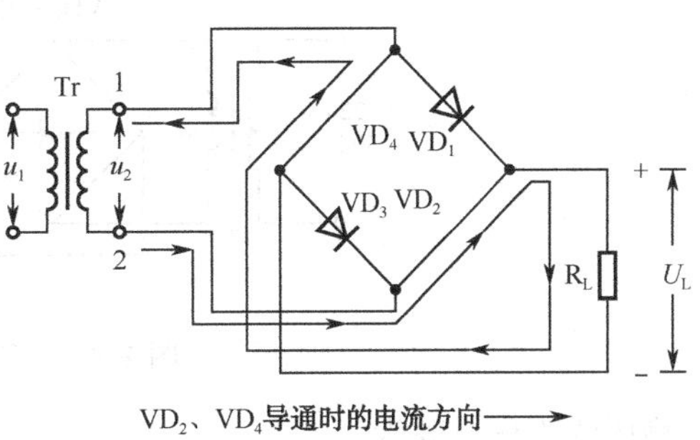

图 2-3-4　桥式整流电路负半周工作原理图

在负载电阻上正、负半周经过合成，得到的是同一个方向的单向脉动电压，如图 2-3-5 所示。

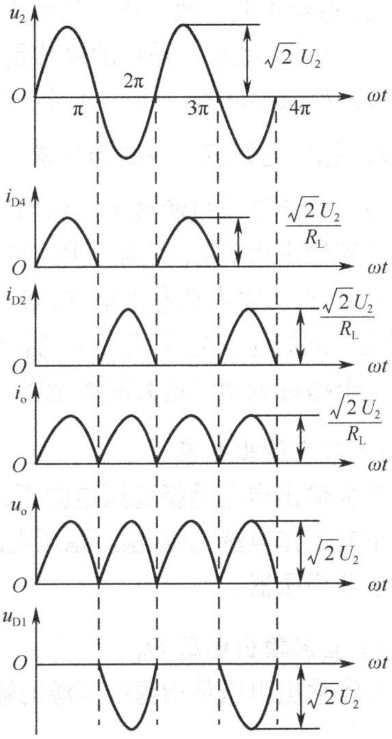

图 2-3-5　桥式整流电路工作波形图

2）滤波电路

滤波电路是直流电源的重要组成部分，它一般由电容等储能元件组成，用来滤除单向脉动电压中的谐波分量，从而得到比较平滑的直流电压。图 2-3-2 中所示为桥式整流简单 RC 滤波电路。由图 2-3-2 可以看出，滤波电容 C 并联于整流电路的输出端，即 C 与 R_L 并联，整流电路的负载为容性。其工作原理为：设 t=0 时接通电源，当 u_2 由零逐渐上升时，二极管 VD_1、VD_3 导通，VD_2、VD_4 截止，电流方向如图中箭头所示。电流一路流过负载 R_L，一路向电容 C 充电，充电极性为上正下负。由于电源内阻及二极管导通电阻均很小，即充电时间常数很小，所以充电进行得很快，C 两端的电压随 u_2 很快上升到峰值，即 u_C。当 u_2 由峰值开始下降时，充电过程结束。由于电容 C 两端的电压 $u_C>u_2$，这时，四只二极管均反偏截止，电容 C 向负载 R_L 放电，从而使通过负载 R_L 的电流得以维持。放电时间常数 R_LC 取值越大，R_L 两端的电压下降越缓慢，输出波形越平滑，直到下一个半周到来，且 $u_2>u_C$ 时，VD_2、VD_4 才正偏导通（VD_1、

VD_3 仍截止），放电过程结束，u_2 又开始给 C 充电。如此周而复始地充电、放电，在负载 R_L 上便得到输出电压。

3）稳压电路

经过滤波后的波形中直流脉动成分大大减少，为恒定输出电压同时提高带负载能力，还需要在电路中并入稳压电路。

本电路中使用前述的稳压二极管组成稳压电路。在使用稳压二极管时，必须满足三个条件：

稳压二极管必须串联限流电阻；

稳压二极管必须工作在反偏状态；

稳压二极管的反偏电流必须满足 $I_{Zmin}<I_Z<I_{Zmax}$。

典型电路如图 2-3-6 所示。

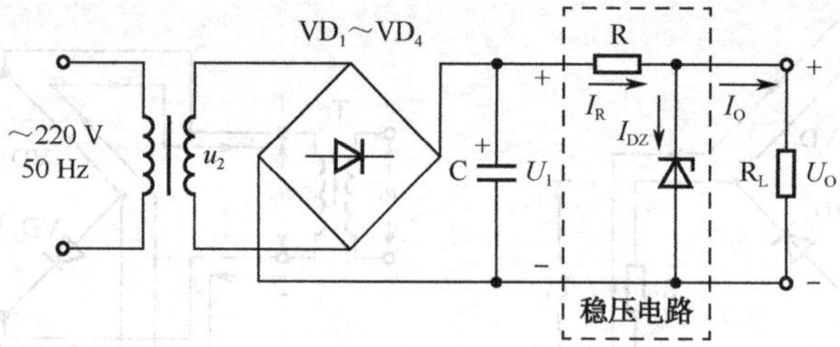

图 2-3-6　稳压电路原理图

稳压的工作原理为：

设 U_1 稳定不变，R_L 减小，使 I_O 有增大的趋势，造成 I_R 也有增大的趋势，故 U_R 增大，因为 U_1 稳定不变，故稳压二极管上电压 $U_{DZ}=U_1-U_R$ 减小，根据稳压二极管的特性，反偏电压减小，I_{DZ} 也减小，最后的趋势是：I_O 增大，I_{DZ} 减小，使 I_R 保持恒定，即 U_R 恒定，根据 $U_O=U_{DZ}=U_1-U_R$ 可知，U_O 也恒定不变。其他情况读者可自行分析。

2. 稳压电源技术参数与要求

集成直流稳压电源技术指标如下：

直流输出电压 U_o 可调范围（U_{omin}～U_{omax}）、最大输出电流 I_{omax}、输出端纹波电压 ΔU_o、稳压系数 S_V、输出动态电阻 R_o 等。前两个指标是稳压电源的特性指标，它决定了电源的适用范围，同时也决定了稳压器的特性指标及如何选择变压器、整流二极管和滤波电容等；而后三个指标为稳压电源的质量指标（含温度系数）。

1）最大输出电流

最大输出电流是指稳压电源正常工作的情况下能输出的最大电流，用 I_{omax} 表示。一般情况下的工作电流 $I_o<I_{omax}$，稳压电路内部应有保护电路，以防止 $I_o>I_{omax}$ 或者输出端与地短路时损坏稳压器。

2）直流输出电压 U_o

直流输出电压是指稳压电源的输出电压，也即稳压器的输出电压，用 U_o 表示。

3）纹波电压 ΔU_o

纹波电压是指叠加在输出电压 U_o 上的交流分量。可以采用示波器直接观测其峰-峰值。

也可用交流毫伏表测量其有效值ΔU_o。因为ΔU_o不是正弦波，所以用有效值衡量其纹波电压存在一定误差。ΔU_o的大小主要取决于滤波电容、负载电阻及稳压系数等。

4）稳压系数 S_V

S_V 是衡量稳压器稳压效果最主要的指标，它是指当负载电流 I_o 和环境温度都保持不变时输入电压 U_i 的相对变化所引起的输出电压的相对变化，即

$$S_V = \frac{\Delta U_o}{U_o} \Big/ \frac{\Delta U_i}{U_i} \Bigg| \begin{matrix} I_o = \text{常数} \\ T = \text{常数} \end{matrix} \tag{2-3-1}$$

S_V 越小越好。

5）输出动态电阻 R_o

R_o 是指在环境温度 T、输入电压 U_i 等条件保持不变的条件下，由于负载电流 I_o 变化引起的 U_o 变化，即

$$R_o = \frac{\Delta U_o}{\Delta I_o} \Bigg| \begin{matrix} \Delta U_i = 0 \\ \Delta T = 0 \end{matrix} = \left| \frac{U_{o1} - U_{o2}}{I_{o1} - I_{o2}} \right| \tag{2-3-2}$$

R_o 越小，U_o 的稳定性越好，它主要是由稳压器的内阻所决定的。

3. 稳压电源主要技术参数测试

稳压电源性能测试电路如图 2-3-7 所示。

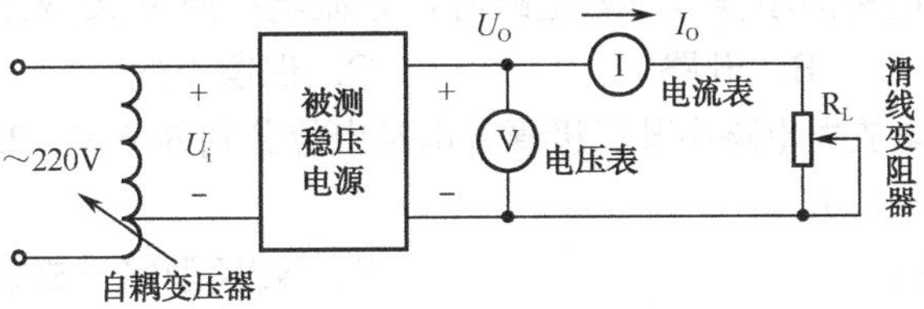

图 2-3-7 稳压电源性能测试电路

1）直流输出电压 U_o

测试过程是：先调节输出端的负载电阻，使 $R_L = \frac{U_o}{I_o}$，交流输入电压为 220 V，此时数字电压表的测量值即为 U_o，再使 R_L 逐渐减小，直到 U_o 的值下降 5%，此时负载 R_L 中的电流即为 I_{omax}（记下 I_{omax} 后迅速增大 R_L，以减小稳压器的功耗）。

2）稳压系数 S_V

S_V 的测量过程为：先调节自耦变压器，例如使 U_i=242 V，测量此时对应的输出电压 U_{o1}；再调节自耦变压器，使 U_i=198 V，测量此时对应的输出电压 U_{o2}；然后再测出 U_i=220 V 时对应的输出电压 U_o，则稳压系数 S_V 为

$$S_V = \frac{\Delta U_o}{U_o} \Big/ \frac{\Delta U_i}{U_i} = \frac{U_{o1} - U_{o2}}{U_o} \times \frac{220}{242 - 198} \tag{2-3-3}$$

3）输出动态电阻 R_o

仍用图 2-3-7 电路测试，但须注意 R_L 不能取得太小，一定要满足 $I_o = \frac{U_o}{R_L} < I_{omax}$，否则

会因输出电流过大而损坏稳压器。

单元测试题 2

一、单项选择题

1．半导体二极管加正向电压时，有（　　）。

A．电流大，电阻小　　　　B．电流大，电阻大

C．电流小，电阻小　　　　D．电流小，电阻大

2．半导体稳压二极管正常稳压时，应当工作于（　　）。

A．反向偏置击穿状态　　　　B．反向偏置未击穿状态

C．正向偏置导通状态　　　　D．正向偏置未导通状态

3．多级放大电路与组成它的各个单级放大电路相比，其通频带（　　）。

A．变宽　　　　B．变窄

C．不变　　　　D．与各单级放大电路无关

4．三极管工作于放大状态的条件是（　　）。

A．发射结正偏，集电结反偏　　　　B．发射结正偏，集电结正偏

C．发射结反偏，集电结正偏　　　　D．发射结反偏，集电结反偏

5．画三极管放大电路的小信号等效电路时，直流电压源 VCC 应当（　　）。

A．短路　　B．开路　　C．保留不变　　D．为电流源

6．如图所示，测量放大电路中某三极管各电极电位分别为 6 V、2.7 V、2 V，则此三极管为（　　）。

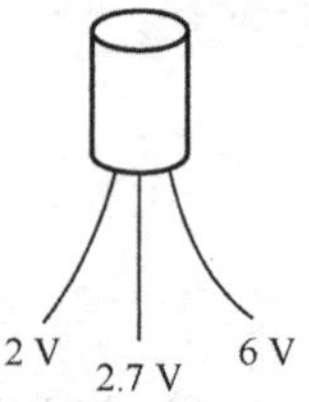

第 6 题

A．PNP 型锗三极管　　　　B．NPN 型锗三极管

C．PNP 型硅三极管　　　　D．NPN 型硅三极管

7．当放大电路的电压增益为−20 dB 时，说明它的电压放大倍数为（　　）。

A．20 倍　　B．−20 倍　　C．−10 倍　　D．0.1 倍

8．某滤波器的通带增益为 A_O，当 $f \to 0$ 时，增益趋向于零；当 $f \to \infty$ 时，增益趋向于 A_O，那么该滤波器具有（　　）特性。

A．高通　　B．低通　　C．带通　　D．带阻

9．直流稳压电源中滤波电路的目的是（　　）。

A．将交流变为直流　　　　B．将高频变为低频

C．将交、直流混合量中的交流成分滤掉　　　　D．保护电源

10．振荡电路的振荡频率，通常是由（　　）决定的。

A．放大倍数　　　　B．反馈系数

C．稳定电路参数　　　　D．选频网络参数

11．为了使运放工作于线性状态，应（　　）。

A．提高输入电阻　　　　B．提高电源电压

C．降低输入电压　　　　D．引入深度负反馈

12．直接耦合多级放大电路（　　）。

A．只能放大直流信号

B．只能放大交流信号

C．既能放大直流信号也能放大交流信号

D．既不能放大直流信号也不能放大交流信号

13．差分放大电路是为了（　　）而设置的。

A．稳定放大倍数　　B．克服温漂

C．提高输入电阻　　D．扩展频带

14．下面各电路器件符号，表示晶体二极管的是（　　）。

A．　　B．　　C．　　D．

15．下面各电路器件符号，表示晶体三极管的是（　　）。

A．　　B．　　C．　　D．

16．晶体二极管具有（　　）特性。

A．单向导电　　B．集电极电压饱和

C．双向导电　　D．集电极电流截止

17．二极管两端加上正向电压后有一段“死区电压”。锗管为（　　）V。

A．0.1　　B．0.3　　C．0.4　　D．0.7

18．二极管两端加上正向电压后有一段“死区电压”。硅管为（　　）V。

A．0.1　　B．0.3　　C．0.4　　D．0.7

19．工作在放大区的三极管，当 I_B 从 20 μA 增大至 40 μA 时，I_C 从 1 mA 变为 2 mA，其 β 值约为（　　）。

A．50　　B．100　　C．500　　D．1 000

20．一个三极管放大电路，I_B=60 μA，I_C=2 mA，β 值为 50，这个三极管在（　　）状态。

A．放大　　B．饱和　　C．截止　　D．击穿

二、判断题

1．对三极管电路进行直流分析时，可将三极管用 H 参数小信号模型替代。（　　）

2．线性稳压电源中的调整管工作在放大状态；开关型稳压电源中的调整管工作在开关状态。（　　）

3．双极型三极管由两个 PN 结构成，因此可以用两个二极管背靠背相连构成一个三极管。（　　）

4．三极管的输出特性曲线随温度升高而上移，且间距随温度升高而减小。（　　）

5．乙类双电源互补对称功率放大电路中，正负电源轮流供电。（　　）

6．结型场效应管外加的栅源电压应使栅源之间的 PN 结反偏，以保证场效应管的输入电阻很大。（　　）

7．只有直接耦合的放大电路中三极管的参数才随温度而变化，电容耦合的放大电路中三极管的参数不随温度而变化，因此只有直接耦合放大电路存在零点漂移。（　　）

8．三端可调输出集成稳压器 CW117 和 CW137 的输出端和调整端之间的电压是可调的。（ ）

9．当采用单电源供电时，集成运放输出端应接有输出电容。（ ）

10．深度负反馈放大电路中，由于开环增益很大，因此在高频段因附加相移变成正反馈时容易产生高频自激。（ ）

三、简答计算题

1．三极管放大电路如图所示，已知 V_{CC}=12 V，R_{B1}=15 kΩ，R_{B2}=6.2 kΩ，R_C=3 kΩ，R_E=2 kΩ，R_L=3 kΩ，R_S=1 kΩ，三极管的 U_{EBQ}=0.2 V，β=100，$r_{bb'}$=200 Ω，各电容在工作频率上的容抗可略去。

（1）求静态工作点（I_{BQ}、I_{CQ}、U_{CEQ}）；

（2）画出放大电路的小信号等效电路；

（3）求输入电阻 R_i、输出电阻 R_o、电压放大倍数 $A_u=u_o/u_i$、源电压放大倍数 $A_{uS}=u_o/u_S$。

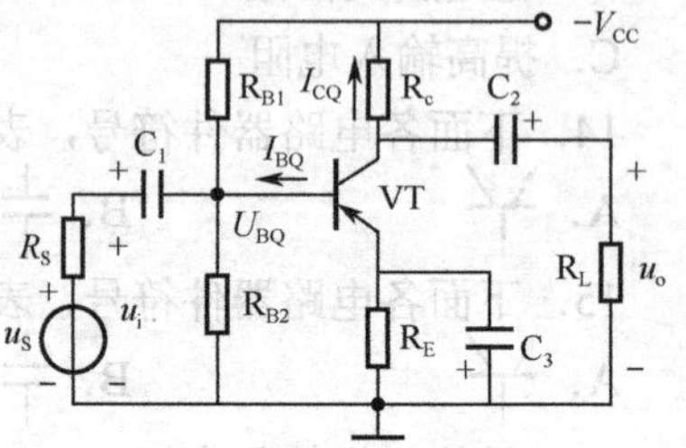

第 1 题

2．放大电路如图所示，已知三极管的β=80，$r_{bb'}$ = 200 Ω，U_{BEQ}=0.7 V，各电容对交流的容抗近似为零。

（1）求 I_{CQ}、U_{CEQ}；

（2）画出放大电路的小信号等效电路，求 r_{be}；

（3）求电压放大倍数 $A_u=u_o/u_i$、输入电阻 R_i、输出电阻 R_o。

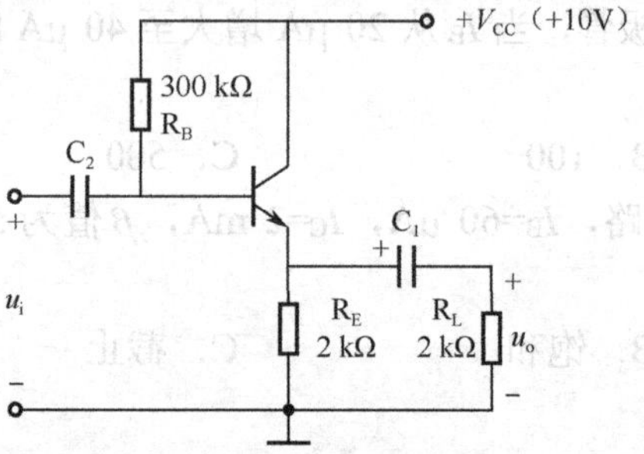

第 2 题

3．如图所示电路中，已知 $V_{CC}=V_{EE}$=16 V，R_L=4 Ω，VT_1 和 VT_2 管的饱和压降 $|U_{CE(sat)}|$=2 V，输入电压足够大。试求最大不失真输出时输出功率 P_{om} 和效率 η_m。

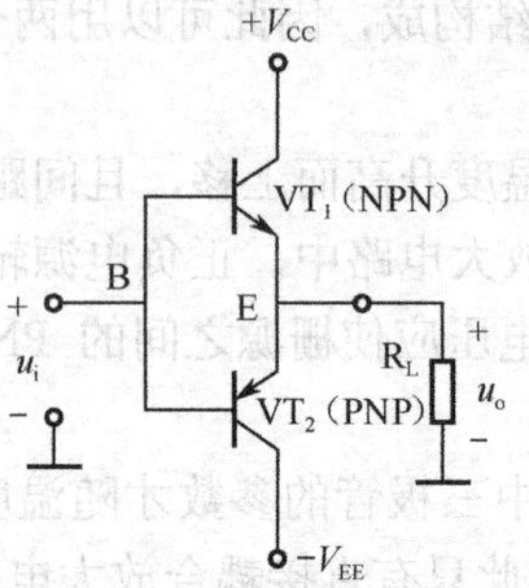

第 3 题

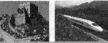

4．如图所示电路中，稳压管的稳定电压 U_Z=12 V，图中电压表流过的电流忽略不计，试求：

（1）当开关 S 闭合时，电压表 V 和电流表 A_1、A_2 的读数分别为多少？

（2）当开关 S 断开时，电压表 V 和电流表 A_1、A_2 的读数分别为多少？

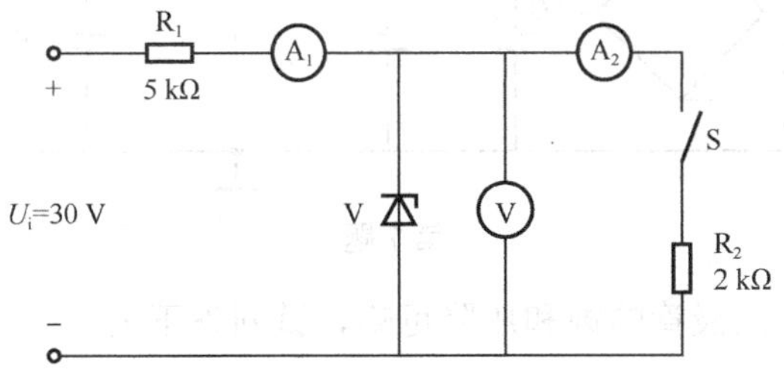

第 4 题

5．某电路的频率特性如图所示，已知转折点频率为 2 MHz，试分析：

（1）此为________通电路；

（2）转折点频率处偏差为____dB；

（3）写出频率特性表达式。

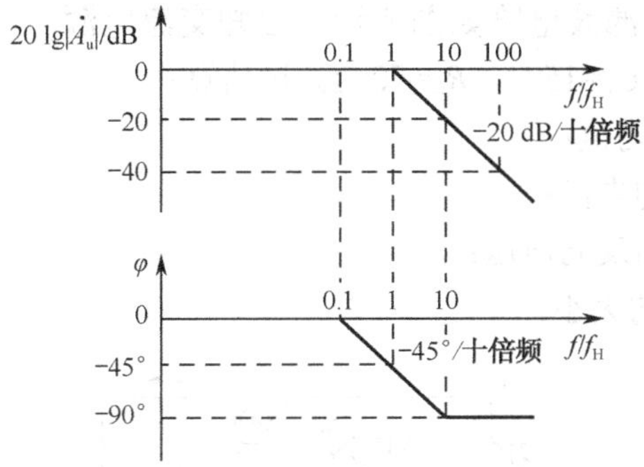

第 5 题

6．二极管电路如图所示，判断图中二极管是导通还是截止的，并确定各电路的输出电压 U_o。设二极管的导通压降为 0.7 V。

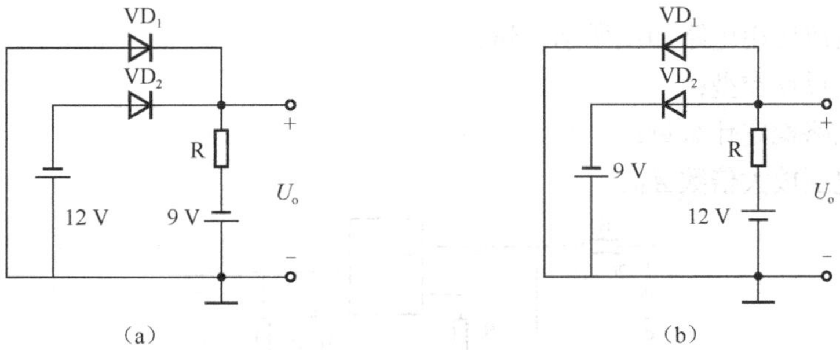

第 6 题

7．如图所示欲构成直流电源电路，$u_i = 11\sqrt{2}\sin\omega t(\mathrm{V})$，试：

（1）按正确方向画出四个二极管；

（2）指出 U_o 的大小和极性；

（3）计算 U_E 的大小。

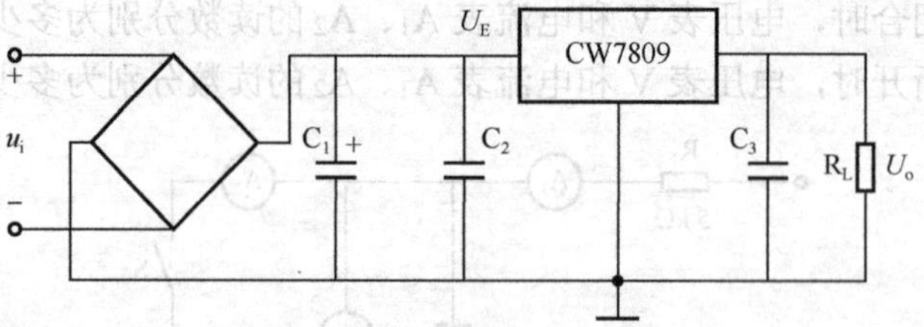

第 7 题

8．电路如图所示，三极管的饱和压降可略，试回答下列问题：

（1）u_i=0 时，流过 R_L 的电流有多大？

（2）R_1、R_2、VD_1、VD_2 所构成的电路起什么作用？

（3）为保证输出波形不失真，输入信号 u_i 的最大振幅为多少？管耗为最大时，求 U_{im}。

（4）最大不失真输出时的功率 P_{om} 和效率 η_m 各为多少？

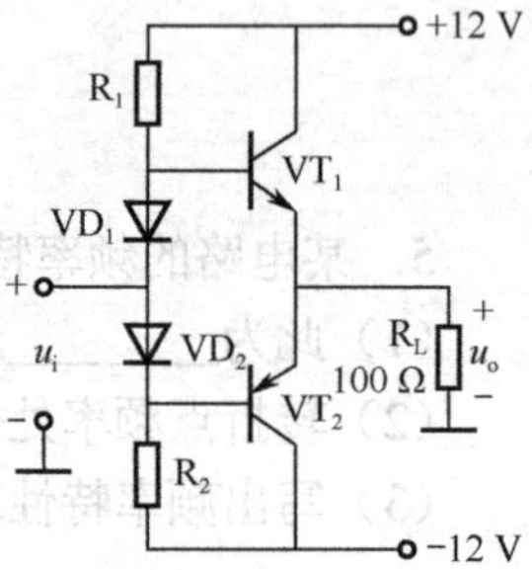

第 8 题

9．单相桥式整流电容滤波电路如图所示，已知交流电源频率 f=50 Hz，u_2 的有效值 U_2=15 V，R_L=50 Ω。试估算：

（1）输出电压 U_o 的平均值；

（2）流过二极管的平均电流；

（3）二极管承受的最高反向电压；

（4）滤波电容 C 容量的大小。

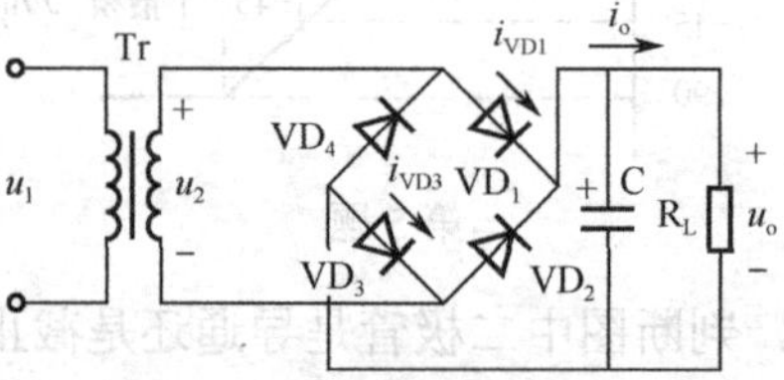

第 9 题

10．集成运放应用电路如图所示，试：

（1）判断负反馈类型；

（2）指出电路稳定什么量；

（3）计算电压放大倍数 A_{uf}。

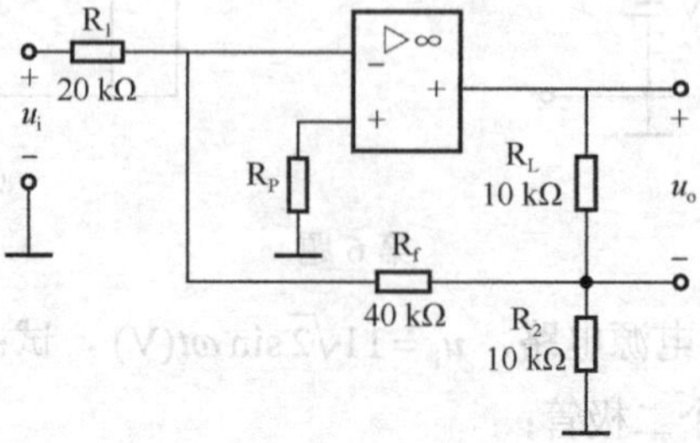

第 10 题

第3章 数字电子技术

3.1 数字电子技术基本知识

3.1.1 数字电路基础知识

1. 模拟信号与数字信号

自然界中绝大多数物理量的变化是平滑、连续的，如温度、湿度、压力、速度、声音、水流量等，这些物理量通过传感器变成电信号后，其电信号的数值相对于时间的变化过程也是平滑、连续的，这种在时间上连续，在数值上也连续的物理量（电信号）通常称作模拟信号，如图3-1-1所示。

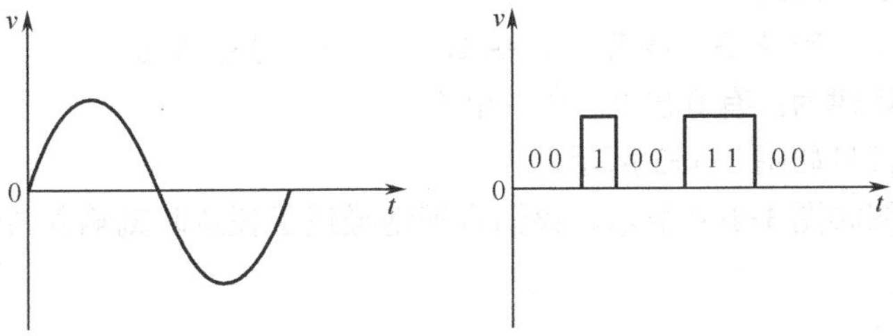

图3-1-1　模拟信号和数字信号

而另一类物理量的变化在时间上和数值上都是不连续的，总是发生在一些离散的瞬间，而且每次变化时数量大小的改变都是某个最小数量单位的整数倍，我们把这一类物理量叫作数字量，把表示数字量的信号叫作数字信号，如图 3-1-1 所示。能产生、传递、加工和处理数字信号的电路称为数字电路，如电子表、计算机的 CPU 和存储器等。

2. 数字电路的分类

（1）按集成度分类：数字电路可分为小规模（SSI，每片数十器件）、中规模（MSI，每片数百器件）、大规模（LSI，每片数千器件）和超大规模（VLSI，每片器件数目大于 1 万）数字集成电路。集成电路从应用的角度又可分为通用型和专用型两大类型。

（2）按所用器件制作工艺的不同：数字电路可分为双极型（TTL 型）和单极型（MOS 型）两类。

（3）按照电路的结构和工作原理的不同：数字电路可分为组合逻辑电路和时序逻辑电路两类。

3.1.2 逻辑代数知识、逻辑表达式

1. 基本逻辑关系

1）与运算

只有当决定事物结果的所有条件全部具备时，结果才会发生，这种逻辑关系称为与逻辑关系。与运算也称“逻辑乘”。

二极管与门电路如图 3-1-2 所示。

与逻辑真值表如表 3-1-1 所示。

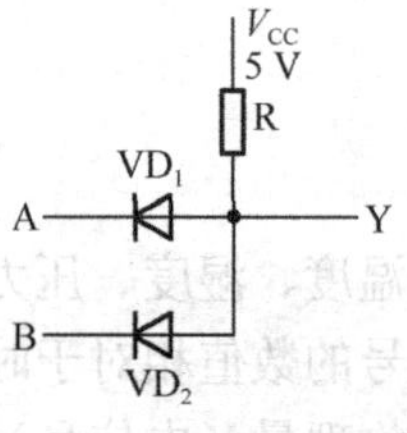

图 3-1-2　二极管与门电路

表 3-1-1　与逻辑真值表

A	B	Y
0	0	0
0	1	0
1	0	0
1	1	1

与运算的逻辑表达式为

$$Y=A\cdot B \quad 或者 \quad Y=AB \qquad (“\cdot”号可省略) \qquad (3-1-1)$$

与逻辑的运算规律为：有 0 出 0，全 1 出 1。

与逻辑的逻辑符号如图 3-1-3 所示。

与逻辑的波形图如图 3-1-4 所示。该图直观地描述了任意时刻输入与输出之间的对应关系及变化的情况。

2）或运算

当决定事物结果的几个条件中，只要有一个或一个以上条件得到满足，结果就会发生，这种逻辑关系称为或逻辑。或运算也称“逻辑加”。二极管或门电路如图 3-1-5 所示。

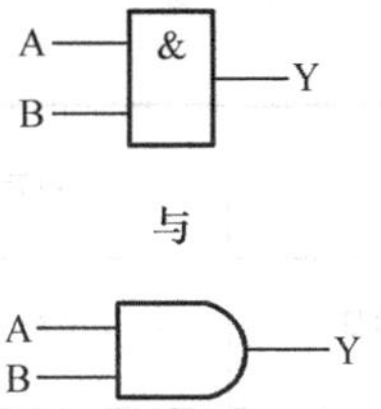

图 3-1-3　与逻辑的逻辑符号

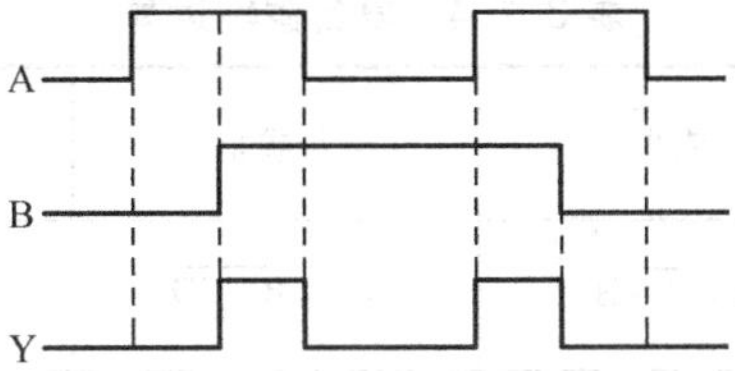

图 3-1-4　与逻辑波形图

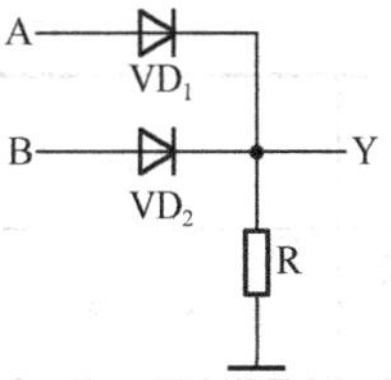

图 3-1-5　二极管或门电路

或逻辑真值表如表 3-1-2 所示。

或运算的逻辑表达式为

$$Y=A+B \qquad (3\text{-}1\text{-}2)$$

或逻辑运算的规律为：有 1 出 1，全 0 出 0。

或逻辑的逻辑符号如图 3-1-6 所示。

表 3-1-2　或逻辑真值表

A	B	Y
0	0	0
0	1	1
1	0	1
1	1	1

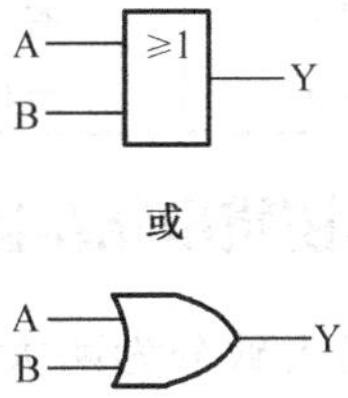

图 3-1-6　或逻辑的逻辑符号

3）非运算

在事件中，结果总是和条件呈相反状态，这种逻辑关系称为非逻辑。非运算也称“反运算”。三极管构成的非门电路如图 3-1-7 所示，真值表如表 3-1-3 所示。

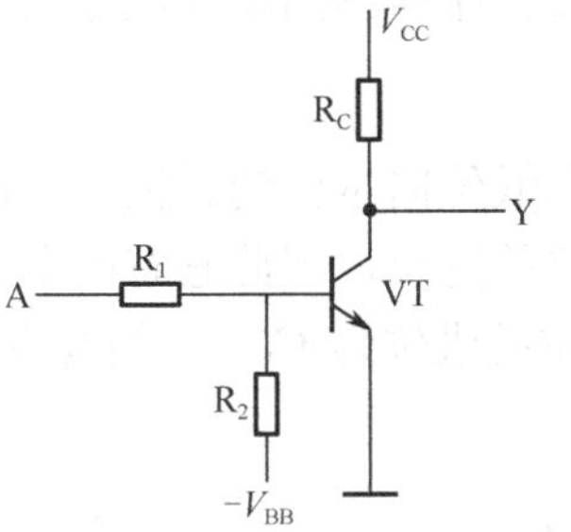

图 3-1-7　三极管非门电路

表 3-1-3　非逻辑真值表

A	Y
0	1
1	0

非运算的逻辑表达式为

$$Y=\overline{A} \qquad (3\text{-}1\text{-}3)$$

非逻辑运算的规律为：0 变 1，1 变 0，即“始终相反”。

非逻辑的逻辑符号如图 3-1-8 所示。

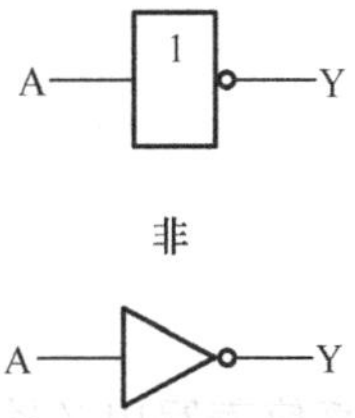

图 3-1-8　非逻辑的逻辑符号

2. 常见的几种复合逻辑运算

与、或、非运算是逻辑代数中最基本的三种运算，几种常见的复合逻辑关系的逻辑表达式、逻辑符号及逻辑真值表如表 3-1-4 所示。

表 3-1-4　复合逻辑运算

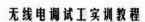

逻辑名称	与非	或非	与或非	异或	同异
逻辑表达式	$Y=\overline{AB}$	$Y=\overline{A+B}$	$Y=\overline{AB+CD}$	$Y=A\oplus B$	$Y=A\odot B$
逻辑符号	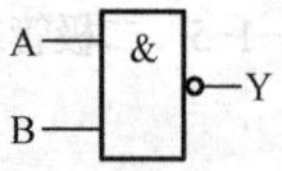	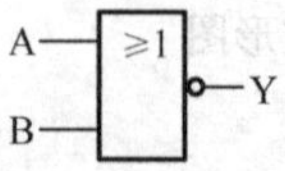	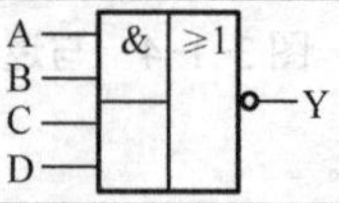	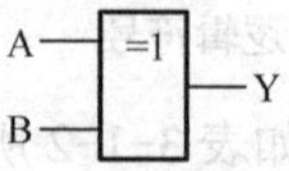	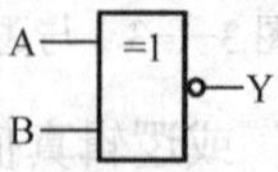
真值表	A B / Y 0 0 / 1 0 1 / 1 1 0 / 1 1 1 / 0	A B / Y 0 0 / 1 0 1 / 0 1 0 / 0 1 1 / 0	ABCD / Y 0000 / 1 0001 / 1 ………… 1111 / 0	A B / Y 0 0 / 0 0 1 / 1 1 0 / 1 1 1 / 0	A B / Y 0 0 / 1 0 1 / 0 1 1 / 0 1 1 / 1
逻辑运算规律	有 0 得 1 全 1 得 0	有 1 得 0 全 0 得 1	与项为 1 结果为 0 其余输出全为 1	不同为 1 相同为 0	不同为 0 相同为 1

3.1.3　组合逻辑电路基础

一般逻辑电路大致分为两大类，一类是组合逻辑电路，另一类是时序逻辑电路。组合逻辑电路的逻辑功能特点是，这种电路任何时刻的输出仅仅取决于该时刻的输入信号，而与这一时刻输入信号作用前电路的状态没有任何关系。这种电路没有记忆功能，在数字电路中常用的组合逻辑电路有加法器、编码器、译码器、数据选择器等。

1. 加法器

计算机中最基本的操作之一是算术运算，而算术运算的最基本内容为加法。

1）半加器

半加指的是只考虑将两个二进制数相加，不考虑低位向本位的进位。实现半加逻辑功能的单元电路称为半加器。半加器不考虑低位向本位的进位，因此它有两个输入端和两个输出端。设加数（输入端）为 A、B；和为 S；向高位的进位为 C_o。它的真值表如表 3-1-5 所示。

表 3-1-5　半加器真值表

输　入		输　出	
A	B	S	C_o
0	0	0	0
0	1	1	0
1	0	1	0
1	1	1	1

由真值表写出各输出的逻辑表达式：

$$\begin{cases} S=\overline{A}B+A\overline{B} \\ C_o=AB \end{cases} \qquad (3\text{-}1\text{-}4)$$

画出逻辑图，如图 3-1-9（a）所示（用异或门和与门构成），半加器逻辑符号如图 3-1-9（b）所示。

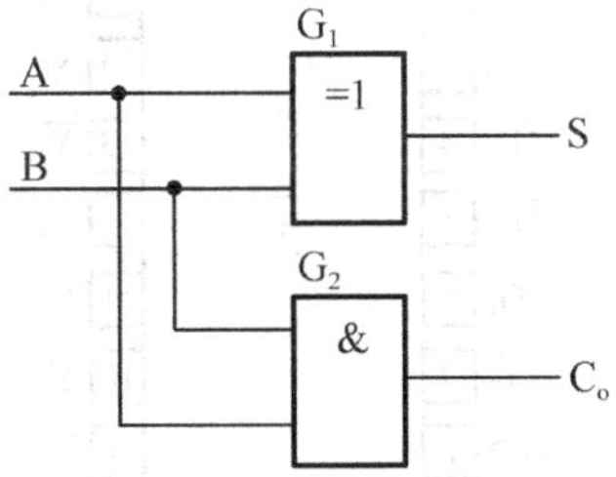

（a）半加器逻辑图

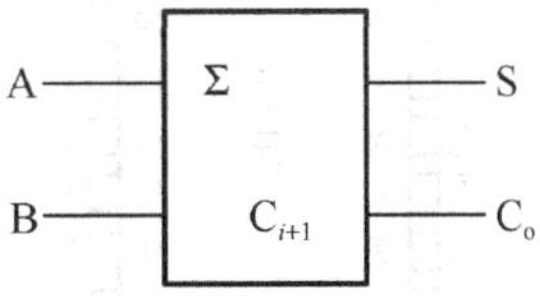

（b）半加器逻辑符号

图 3-1-9　半加器逻辑图及符号

2）全加器

一般在实际计算中应考虑低位的进位。两个多位二进制数进行加法运算时，除了最低一位（可以使用半加器）以外，每一位相加时，不仅需要考虑两个加数的相加，还要考虑低一位向本位的进位，即两个加数和低一位的进位，三个数相加。这样的加法叫全加。完成全加逻辑功能的单元电路称为全加器。设一个加数为 A_i，另一个加数为 B_i，用 C_{i-1} 表示低位向本位的进位，和为 S_i，向高位的进位为 C_i。其逻辑符号如图 3-1-10 所示。

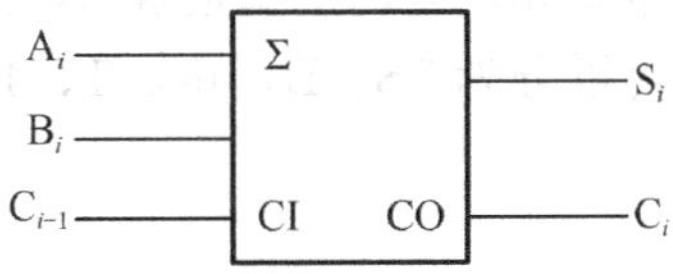

图 3-1-10　全加器逻辑符号

2. 编码器

在数字电路中，我们可将若干个二进制数码 0 和 1 按照一定的规律组合起来，用以表示不同的信息，这种数码编排叫编码。用来完成编码的电路叫编码器。

编码器分为普通编码器和优先编码器，一般编码器在工作时仅允许一个输入端输入有效信号，否则编码电路将不能正常工作，使输出发生错误。而优先编码器则不同，它允许几个信号同时加至编码器的输入端，但是由于各个输入端的优先级别不同，编码器只接受优先级别最高的一个输入信号，而对其他输入信号不予考虑。

将十进制数的 0～9 编成二进制代码的电路就是二-十进制编码器。常见的二-十进制编码器 74LSl47 的引脚功能如图 3-1-11 所示。

3. 译码器

译码是编码的逆过程。译码是将给定的代码翻译成相应的输出信号或另一种形式代码的过程。能够完成译码工作的电路称为译码器。译码器也是一种多输入、多输出的组合逻辑电路。根据译码信号的特点可把译码器分为二进制译码器、二-十进制译码器、字符显示译码器等。常用二进制译码器为 3 线-8 线译码器 74HC138，其引脚功能如图 3-1-12 所示。

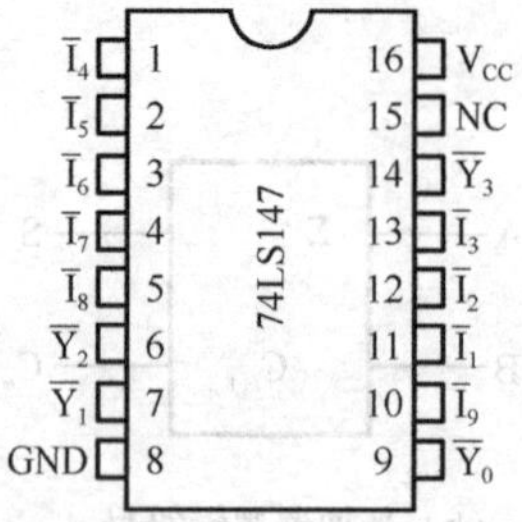

图 3-1-11 74LS147 引脚图

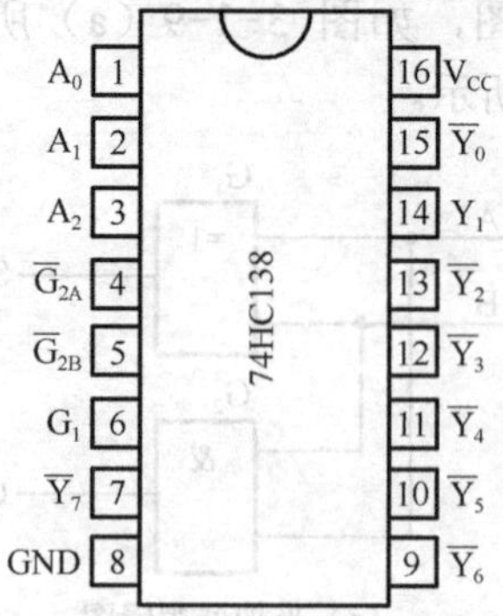

图 3-1-12 74HC138 引脚图

3.1.4 时序逻辑电路基础

在时序逻辑电路中，任一时刻的输出不仅取决于该时刻的输入信号，还取决于电路原来的状态，也就是说，还与以前的输入有关，具有记忆功能。在数字电路中，构成时序逻辑电路的基本单元是触发器，常用的时序逻辑电路有触发器、计数器、寄存器等。

1. 触发器

触发器是组成时序电路的基本单元，有两个稳定状态，分别称为 0 态和 1 态。触发器的种类很多，按照逻辑功能的不同可以分为 RS、D、JK、T、T′ 触发器，下面介绍常用的几种触发器。

1）RS 触发器

基本 RS 触发器的逻辑符号如图 3-1-13 所示，$\overline{S}_d$、$\overline{R}_d$ 是两个输入端，Q 和 $\overline{Q}$ 是两个互补的输出端。$\overline{S}_d$、$\overline{R}_d$ 文字符号上的“非号”和输入端上的“小圆圈”均表示这种触发器的触发信号是低电平有效。RS 触发器的功能真值表如表 3-1-6 所示。

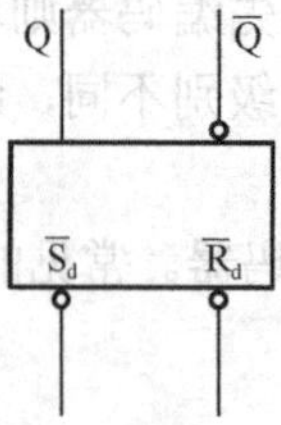

图 3-1-13 RS 触发器的逻辑符号

表 3-1-6 基本 RS 触发器功能真值表

$\overline{R}_d$	$\overline{S}_d$	Q^n	Q^{n+1}	逻辑功能
0	1	0	0	置 0
0	1	1	0	
1	0	0	1	置 1
1	0	1	1	
1	1	0	0	保持
1	1	1	1	
0	0	0	×	不允许
0	0	1	×	

RS 触发器的特性方程为

$$\begin{cases} Q^{n+1} = \overline{\overline{S}_d} + \overline{R}_d Q^n \\ \overline{S}_d + \overline{R}_d = 1 \end{cases} \quad \text{约束条件} \qquad (3\text{-}1\text{-}5)$$

2）边沿 JK 触发器

JK 触发器的逻辑符号如图 3-1-14 所示，JK 触发器的功能真值表如表 3-1-7 所示。

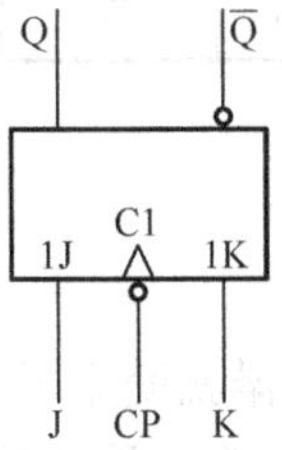

图 3-1-14　JK 触发器的逻辑符号

表 3-1-7　JK 触发器功能真值表

J K Q^n	Q^{n+1}	逻辑功能
0 0 0	0	保持
0 0 1	1	
0 1 0	0	置 0
0 1 1	0	
1 0 0	1	置 1
1 0 1	1	
1 1 1	0	翻转
1 1 0	1	

JK 触发器的特性方程为

$$Q^{n+1}=J\overline{Q^n}+\overline{K}Q^n \qquad (3\text{-}1\text{-}6)$$

3）D 触发器

D 触发器可以由 JK 触发器转换而来。图 3-1-15 所示即为由负边沿 JK 触发器转换成的 D 触发器的逻辑图及逻辑符号。将 JK 触发器的 J 端通过一级非门与 K 端相连，定义为 D 端。

由 JK 触发器的逻辑功能可知：当 D=1 时，J=1，K=0，时钟脉冲下降沿到来后触发器置“1”；当 D=0 时，J=0，K=1，时钟脉冲下降沿到来后触发器置“0”。可见，D 触发器在时钟脉冲作用下，其输出状态与 D 端的输入状态一致，显然，D 触发器的特性方程为

$$Q^{n+1}=D \qquad (3\text{-}1\text{-}7)$$

可见，D 触发器在 CP 脉冲作用下，具有置 0、置 1 逻辑功能。表 3-1-8 为 D 触发器状态表。这种由负边沿 JK 触发器转换而来的 D 触发器也是由 CP 下降沿触发翻转的。

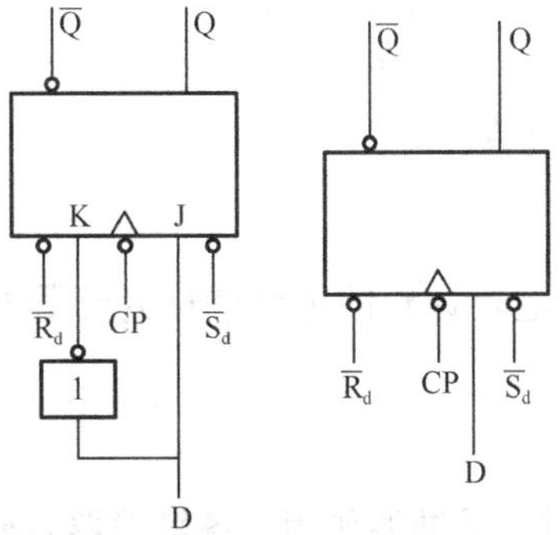

图 3-1-15　逻辑图及逻辑符号

表 3-1-8　D 触发器状态表

D Q^n	Q^{n+1}	逻辑功能
0 0	0	置 0
0 1	0	
1 0	1	置 1
1 1	1	

4）T 触发器

把 JK 触发器的 J、K 端连接起来作为 T 端输入，则构成 T 触发器，如图 3-1-16 所示。T 触发器的逻辑功能是：T=1 时，每来一个 CP 脉冲，触发器状态翻转一次，为计数工作状态；T=0 时，保持原状态不变，即具有可控制计数功能。表 3-1-9 为 T 触发器的状态表。

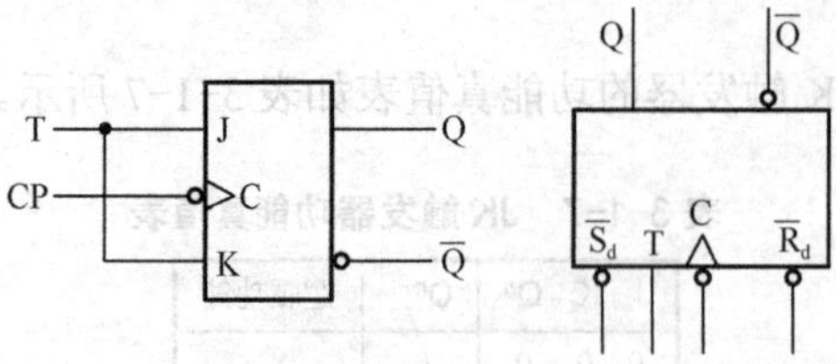

（a）逻辑图　（b）逻辑符号

图 3-1-16　T 触发器

表 3-1-9　T 触发器状态表

T	Q^{n+1}
0	Q^n
1	$\overline{Q^n}$

5）T′触发器

若将 T 触发器的输入端 T 接成固定高电平“1”，则 T 触发器就变成了“翻转型触发器”或“计数型触发器”，每来一个 CP 脉冲，触发器状态就改变一次，这样的 T 触发器称其为 T′触发器。

2. 寄存器

在计算机或其他数字系统中，经常要求将运算数据或指令代码暂时存放起来，把能够暂存数码（或指令代码）的数字部件称为寄存器。

图 3-1-17 为由 D 触发器组成的四位数码寄存器，将要寄存的数码预先分别加在各 D 触发器的输入端，在存数指令（CP 脉冲上升沿）的作用下，待存数码将同时存入相应的触发器中，又可以同时从各触发器的 CP 端输出，所以称其为并行输入、并行输出的寄存器。这种寄存器的特点是在存入新的数码时自动清除寄存器的原始数码，即只需要一个存数脉冲就可将数码存入寄存器，常称其为单拍接收方式的寄存器。

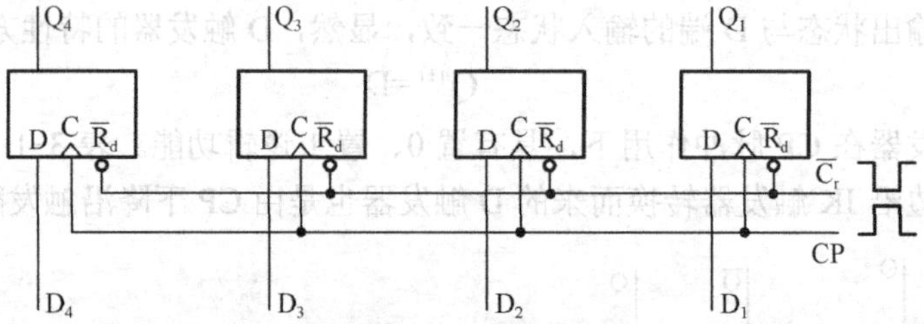

图 3-1-17　四位数码寄存器

3. 计数器

所谓计数器，其功能是统计输入脉冲的个数，能进行计数的电路就称为计数器，其种类很多，下面只介绍两种。

1）同步二进制计数器

在同步计数器中，各个触发器的时钟端均由同一时钟脉冲源作用，各触发器若要动作，应在时钟脉冲作用下同时完成。因此，在相同的时钟条件下，触发器是否翻转，是由各触发器的数据控制端状态决定的。在统一的时钟脉冲作用下，各触发器状态转换的规律为：

最低位每来一个脉冲就翻转一次。

其他位均是在其所有低位为 1 时才翻转。因为此时再来一个脉冲，低位向本位应有进位。所以，用 T 触发器构成的三位二进制加计数器，存在以下关系：

$$T_1=1,\quad T_2=Q_1,\quad T_3=Q_2Q_1;\quad CP_1=CP_2=CP_3=CP \tag{3-1-8}$$

其逻辑图如图 3-1-18 所示（图中已将 JK 触发器转换为 T 触发器使用）。

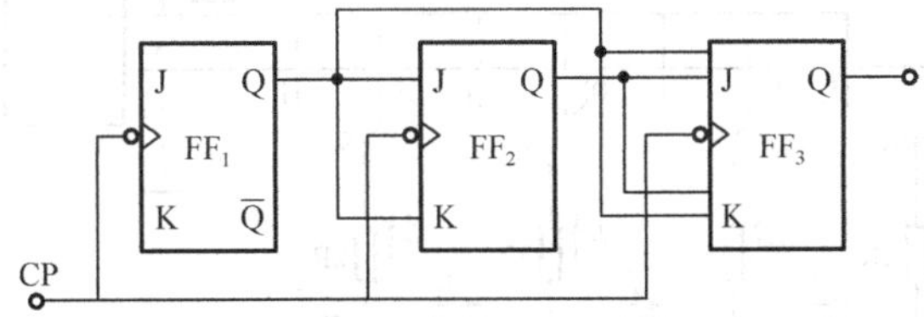

图 3-1-18　同步三位二进制加法计数器

2）异步二进制计数器

图 3-1-19 所示为下降沿触发的 JK 触发器构成的三位二进制异步加法计数器，其中各触发器 J、K 端均悬空，其功能相当于 T′触发器。

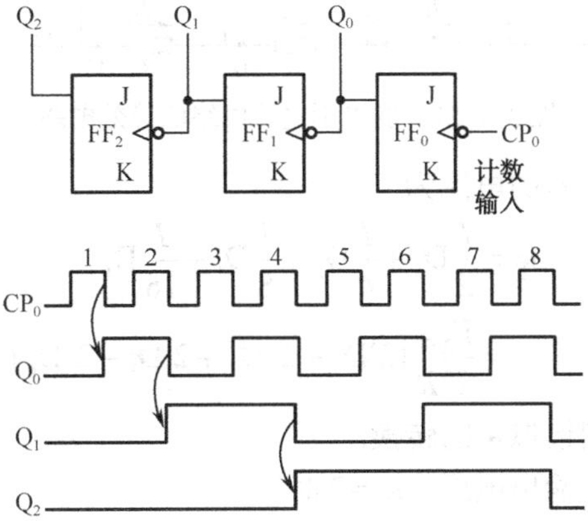

图 3-1-19　下降沿触发的三位二进制异步加法计数器及其时序图

由图 3-1-19 可以看出，如果 CP 的频率为 f_0，那么 Q_0、Q_1、Q_2 的频率分别为 $f_0/2$、$f_0/4$、$f_0/8$，说明计数器具有分频作用，因此也称为分频器。每经过一级 T′ 触发器，输出脉冲频率就被二分频，则相对于 f_0 来说，Q_0、Q_1 和 Q_2 输出依次为 f_0 的二分频、四分频和八分频。

3.1.5　数模与模数转换

数模转换将数字量转换为模拟电量（电流或电压），使输出的模拟电量与输入的数字量成正比。实现这种转换功能的电路称为数模转换器（DAC）。

模数转换则是将模拟电量转换为数字量，使输出的数字量与输入的模拟电量成正比。实现这种转换功能的电路称为模数转换器（ADC）。

1. D/A 转换器

1）倒 T 形电阻网络 D/A 转换器构成及工作原理

倒 T 形电阻网络 D/A 转换器的电路如图 3-1-20 所示。

（1）倒 T 形电阻网络的特点及转换原理：倒 T 形电阻网络的等效电路如图 3-1-21 所示。

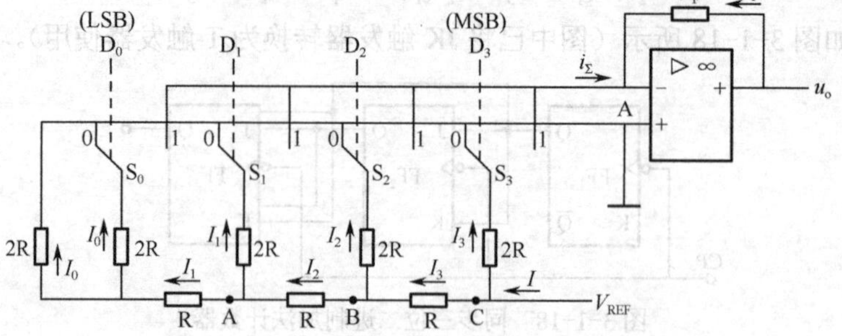

图 3-1-20　倒 T 形电阻网络的 D/A 转换器

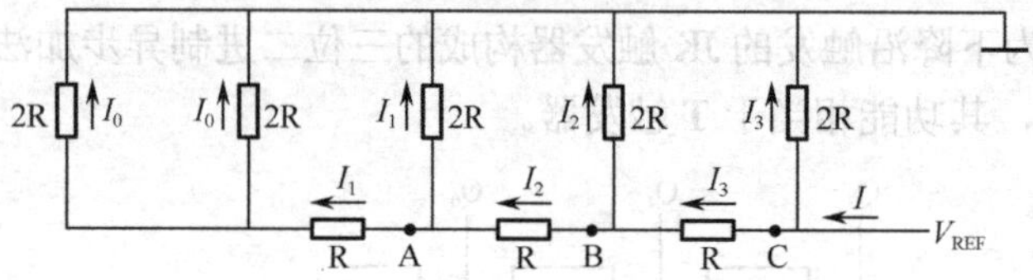

图 3-1-21　倒 T 形电阻网络的等效电路

（2）流入求和运算放大器的电流为

$$\begin{aligned} i_{\Sigma} &= \frac{I}{2}D_3 + \frac{I}{4}D_2 + \frac{I}{8}D_1 + \frac{I}{16}D_0 \\ &= \frac{V_{REF}}{2^4 R}(2^3 D_3 + 2^2 D_2 + 2^1 D_1 + 2^0 D_0) \end{aligned} \tag{3-1-9}$$

这样就实现了数字量到模拟量的转换。

（3）求和运算放大器的输出电压：$R_F=R$ 时，

$$\begin{aligned} u_o &= \frac{V_{REF}}{2^4 R} \cdot R_F(2^3 D_3 + 2^2 D_2 + 2^1 D_1 + 2^0 D_0) \\ &= \frac{V_{REF}}{2^4}(2^3 D_3 + 2^2 D_2 + 2^1 D_1 + 2^0 D_0) \end{aligned} \tag{3-1-10}$$

倒 T 形电阻网络由于流过各支路的电流恒定不变，故在开关状态变化时，不需电流建立时间，所以该电路转换速度高，在数模转换器中被广泛采用。

2）D/A 转换器的主要参数

（1）分辨率。分辨率是指 D/A 转换器模拟输出所能产生的最小电压变化量与满刻度输出电压之比。对于一个 n 位的 D/A 转换器，分辨率可表示为

$$\text{分辨率} = \frac{U_{LSB}}{U_{FSR}} = \frac{1}{2^n - 1} \tag{3-1-11}$$

分辨率与 D/A 转换器的位数有关，位数越多，能够分辨的最小输出电压变化量就越小。

（2）转换精度。转换精度是指 D/A 转换器实际输出的模拟电压与理论输出模拟电压的最大误差。通常要求 D/A 转换器的误差小于 $U_{LSB}/2$。

（3）转换时间。转换时间是指 D/A 转换器在输入数字信号开始转换，到输出的模拟电压达到稳定值所需的时间。转换时间越小，工作速度就越高。

2. A/D 转换器

1）A/D 转换的一般步骤

采样是对模拟信号进行周期性抽取样值的过程，就是把随时间连续变化的信号转换成在时间上断续、在幅度上等于采样时间内模拟信号大小的一串脉冲。

采样定理：为了能不失真地恢复原模拟信号，采样频率应不小于输入模拟信号频谱中最高频率的两倍，即

$$f_S \geqslant 2f_{Imax} \tag{3-1-12}$$

用数字量表示输入模拟电压的大小时，首先要确定一个单位电压值，然后与单位电压值比较，取比较的整数倍值表示，这一过程就是量化。如果这个整倍数值用二进制数表示，就称为二进制编码，它就是 A/D 转换输出的数字信号。

2）A/D 转换的技术参数

（1）分辨率。分辨率是指 A/D 转换器输出数字量的最低位变化一个数码时，对应输入模拟量的变化量。

（2）相对精度。相对精度是指 A/D 转换器实际输出数字量与理论输出数字量之间的最大差值。通常用最低有效位 LSB 的倍数来表示。如相对精度不大于（1/2）LSB，就说明实际输出数字量与理论输出数字量的最大误差不超过（1/2）LSB。

（3）转换速度。转换速度是指 A/D 转换器完成一次转换所需要的时间，即从转换开始到输出端出现稳定的数字信号所需要的时间。

3.2　数字电子技术基本技能

3.2.1　常用元器件的识别与测量技能

1. 集成电路的识别

（1）双列直插式或扁平式 IC 的引脚识别。将其水平放置，引脚向下，即其型号、商标向上，定位标记在左边，从左下角第一根引脚数起，按逆时针方向，依次为 1 脚、2 脚、3 脚……

（2）扁平式集成电路的引脚识别。方向和双列直插式 IC 相同，例如，四列扁平封装的微处理器集成电路的引脚排列顺序如图 3-2-1 所示。

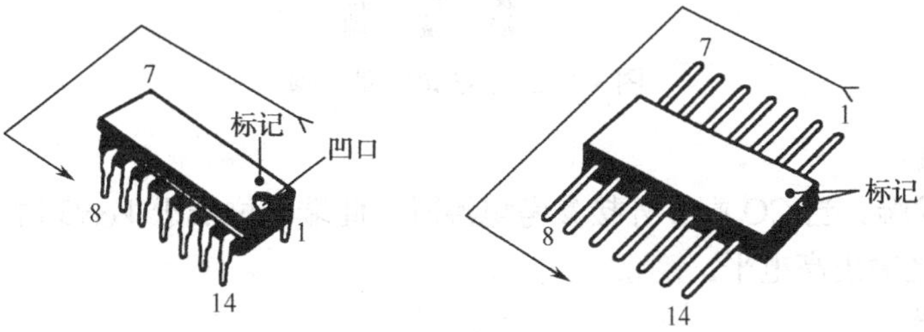

图 3-2-1　集成电路引脚排列图

2. 集成电路的检测

对集成电路的质量检测一般分为非在路集成电路的检测和在路集成电路的检测。

1）非在路集成电路的检测

检测非在路集成电路的好坏比较简单的方法是：用万用表电阻挡测量集成电路各脚对地的正、负电阻值。具体方法如下：将万用表拨在R×1k、R×100或R×10挡上，先让红表笔接集成电路的接地引脚，然后将黑表笔从第一根引脚开始，依次测出各脚相对应的阻值（正阻值）；再让黑笔表接集成电路的同一接地脚，用红表笔按以上方法与顺序，测出另一电阻值（负阻值）。将测得的两组正、负阻值和标准值比较，从中发现问题。

2）在路集成电路的检测

（1）根据引脚在路阻值的变化判断 IC 的好坏。用万用表电阻挡测量集成电路各脚对地的正、负电阻值，然后与标准值进行比较，从中发现问题。

（2）根据引脚电压变化判断 IC 的好坏。用万用表的直流电压挡依次检测在路集成电路各脚的对地电压，在集成电路供电电压符合规定的情况下，如有不符合标准电压值的引出脚，再查其外围元件，若无损坏或失效，则可认为是集成电路的问题。

（3）根据引脚波形变化判断 IC 的好坏。用示波器观测引脚的波形，并与标准波形进行比较，从中发现问题。

最后，还可以用同型号的集成电路进行替换试验，这是见效最快的方法，但拆焊较麻烦。

3.2.2 时钟振荡器

555 定时器采用双列直插式封装形式，共有 8 个引脚，如图 3-2-2 所示。外引脚的功能分别为：

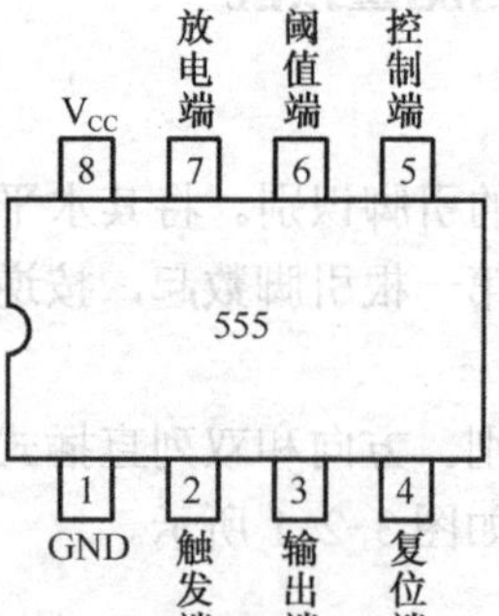

图 3-2-2 555 定时器引脚

1 端为接地端。

2 端为低触发端。当 CO 端不外接参考电源时，此端电位低于 $V_{CC}/3$ 时，电压比较器 C1 输出低电平，反之输出高电平。

3 端为输出端。

4 端为复位端，此端输入低电平可使输出端为低电平。正常工作时应接高电平。

5 端为电压控制端。此端外接一个参考电源时，可以改变上、下两比较器的参考电平的值，无输入时，$U_{Co}=2V_{CC}/3$。

6 端为阈值端（高触发端）。当 CO 端不外接参考电源时，此端电位高于 $2V_{CC}/3$，电压比较器 C1 输出低电平，反之输出高电平。

7 端为放电端。该端与集成电路内部放电管相连，当放电管导通时，外电路电容上的电荷可以通过它释放，7 端也可以作为集电极开路输出端。

8 端为电源端。

3.2.3　方波信号产生电路

1. 555 电路构成多谐振荡器

555 构成多谐振荡器如图 3-2-3 所示，工作波形如图 3-2-4 所示。

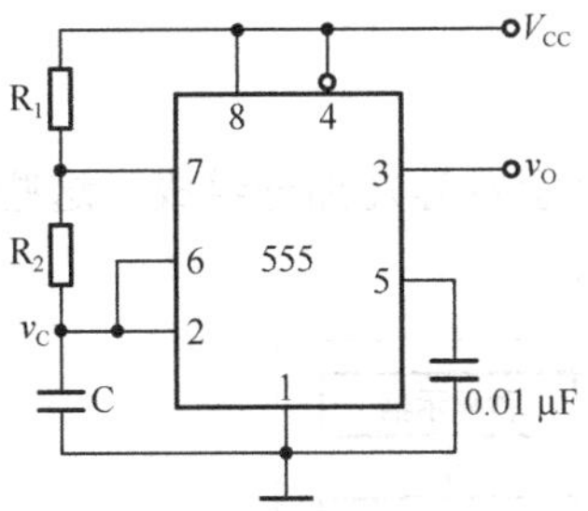

图 3-2-3　555 构成多谐振荡器

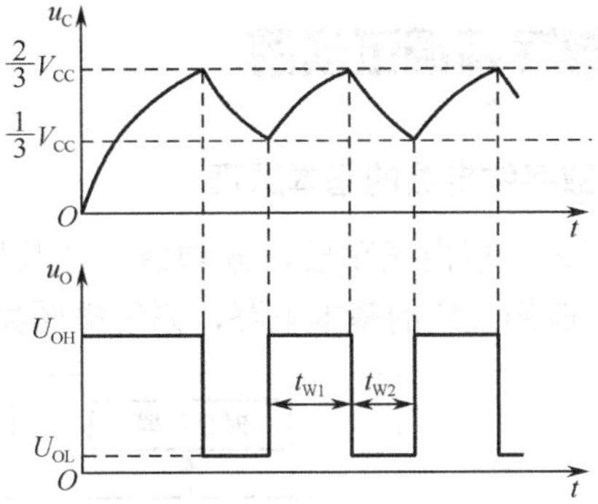

图 3-2-4　多谐振荡器工作波形

多谐振荡器的振荡周期 T 为

$$T=t_{W1}+t_{W2} \tag{3-2-1}$$

t_{W1} 为电容电压由 $\frac{1}{3}V_{CC}$ 充到 $\frac{2}{3}V_{CC}$ 所需的时间。

$$t_{W1}=(R_1+R_2)C\ln2\approx0.7(R_1+R_2)C \tag{3-2-2}$$

t_{W2} 为电容电压由 $\frac{2}{3}V_{CC}$ 降到 $\frac{1}{3}V_{CC}$ 所需的时间。

$$t_{W2}=R_2C\ln2\approx0.7R_2C \tag{3-2-3}$$

多谐振荡器的振荡周期 T 为

$$T=t_{W1}+t_{W2}\approx0.7(R_1+2R_2)C \tag{3-2-4}$$

占空比 q 为

$$q=t_{W1}/(t_{W1}+t_{W2}) \tag{3-2-5}$$
$$=R_1/(R_1+R_2)$$

2. 方波信号产生电路

方波信号产生电路如图 3-2-5 所示。

$$t_{W1}=0.7R_1C \qquad t_{W2}=0.7R_2C$$

当占空比 q=50%，即 $R_1=R_2$ 时，该电路输出为方波。

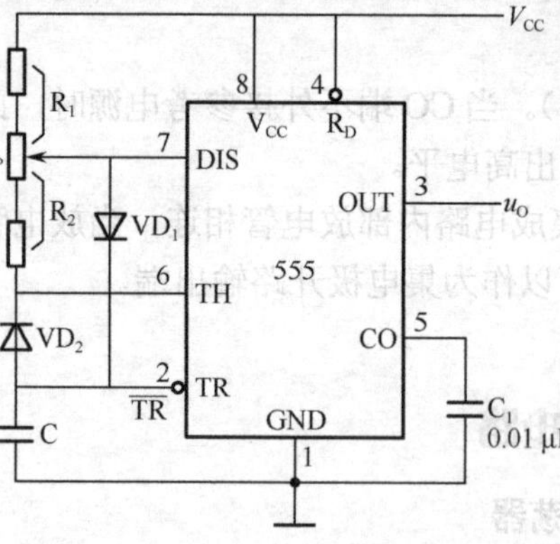

图 3-2-5　方波信号产生电路

3.3　数字钟调试实例

1. 数字钟电路的基本原理

数字钟一般由振荡器、分频器、计数器、译码器、显示器等几部分组成。这些都是数字电路中应用最广的基本电路，系统框图如图 3-3-1 所示。

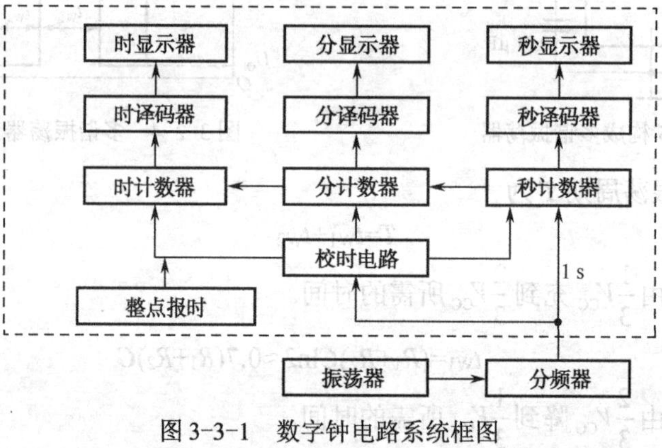

图 3-3-1　数字钟电路系统框图

石英晶体振荡器产生的时标信号送到分频器，分频电路将时标信号分成每秒一次的方波信号。秒脉冲信号送入计数器进行计数，并把累计的结果以“时”、“分”、“秒”的数字显示出来。“秒”的显示由两级计数器和译码器组成的六十进制计数电路实现；“分”的显示电路与“秒”相同；“时”的显示由两级计数器和译码器组成的二十四进制计数电路来实现。所有计时结果由六位数码管显示。

1）秒脉冲产生电路

（1）振荡器作用：振荡器是计时器的重要组成部分。它主要用来产生时间标准信号，经分频后得到秒时间脉冲。因此数字钟的精度取决于石英晶体振荡器。从数字钟的精度考虑，晶振频率越高，时钟的计时准确度就越高，因此一般选取石英晶体频率为 32 768 Hz（或 100 kHz），这样也便于分频得到 1 Hz 的信号。

（2）分频器作用：能将高频脉冲变换为低频脉冲，它可由触发器以及计数器来完成。

由于一个触发器就是一个二分频，n 个触发器就是 2^n 个分频器。如果用计数器作为分频器，就要按进制数进行分频。例如，十进制计数器就是十分频器，M 进制计数器就为 M 分频器。

秒脉冲产生电路如图 3-3-2 所示。

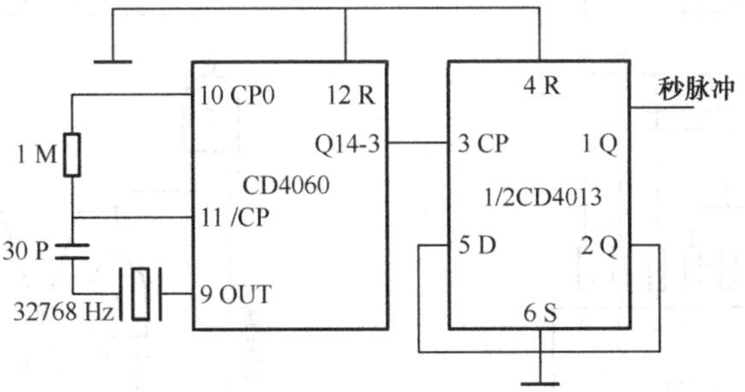

图 3-3-2　秒脉冲产生电路

2）计数器电路

由集成计数器 CD4518 构成六十进制计数器和二十四进制计数器。电路如图 3-3-3 和图 3-3-4 所示。

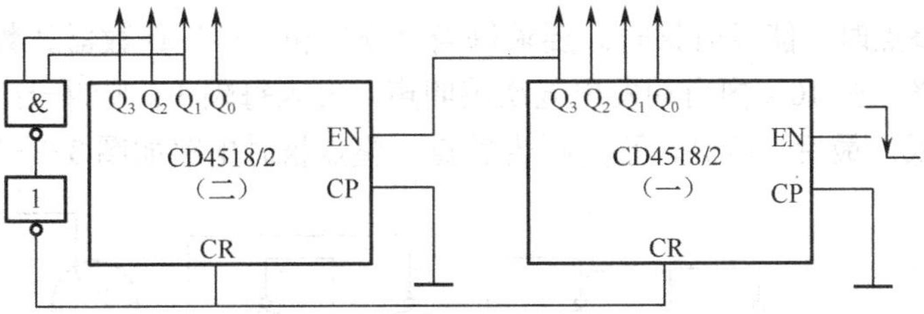

图 3-3-3　CD4518 构成六十进制计数器

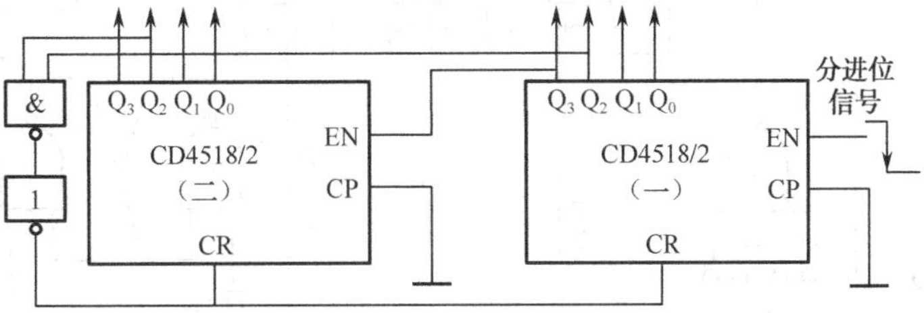

图 3-3-4　CD4518 构成二十四进制计数器

3）译码显示电路

在数字系统中常常需要将测量或处理的结果直接显示成十进制数字。为此，首先将以 BCD 码表示的结果送到译码器电路进行译码，用它的输出去驱动显示器件。译码显示电路如图 3-3-5 所示。

4）校时电路

校时电路如图 3-3-6 所示，包括校准小时电路和校准分钟电路（也可包括校准秒电路，但校准信号频率必须大于 1 Hz），可手动校时或脉冲校时，可用普通机械开关或由机械开关与门电路构成无抖动开关来实现校时。当数字钟刚接通电源或走时出现误差时，需要对其进行时间的校准。实用校时的电路很多，由门电路和开关等组成。

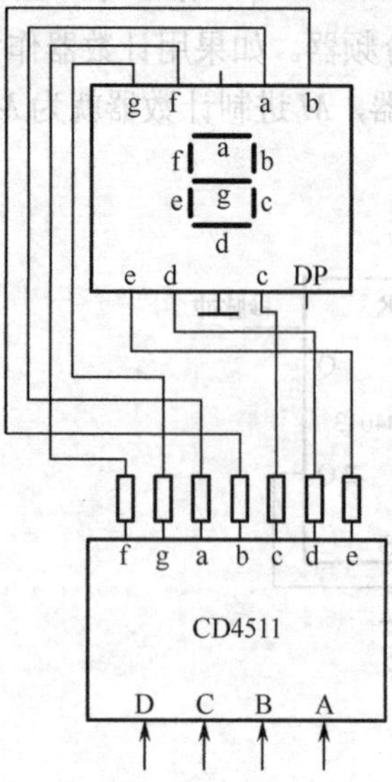

图 3-3-5　译码显示电路

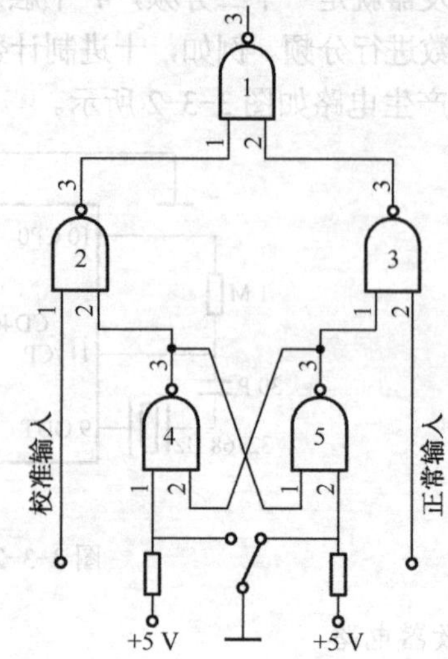

图 3-3-6　校时电路

5）整点报时电路

数字钟显示整点时，能及时报时。要求每当“分”和“秒”计数器计数到 59 分 50 秒时，驱动音响电路，在 10 s 内自动发出五次鸣叫声，要求每隔 1 s 鸣叫一次，每次叫声持续 1 s，而且前五声低，最后一响高，正好报告整点。整点报时电路如图 3-3-7 所示。

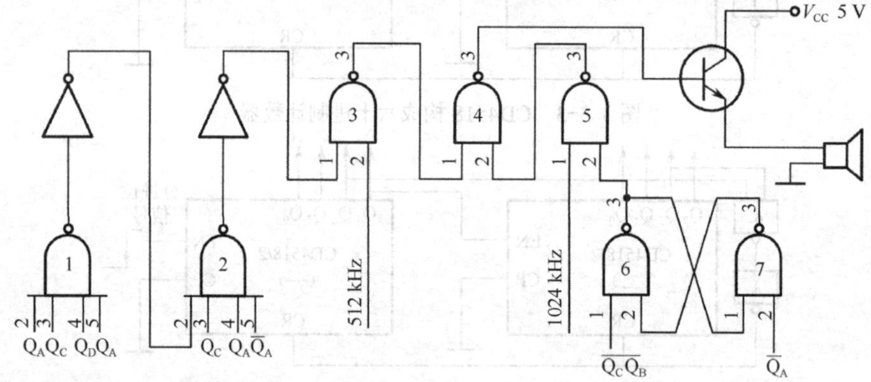

图 3-3-7　整点报时电路

2. 数字钟技术参数与要求

（1）设计一台能直接显示“时”、“分”、“秒”的数字钟。采用 24 h 计时制。

（2）具有校时功能，可以对小时和分钟单独校时，对分校时的时候，停止分向小时进位，校时时钟源可以手动输入或者借用电路中的时钟。

（3）具有整点报时功能，正点前 10 s 开始，要求声响五低一高，最后一响为整点。

（4）为了保证计时准确、稳定，由晶体振荡器提供标准时间的基准信号。

（5）电源电压：5 V。

3. 数字钟主要技术参数调试

1）秒脉冲电路的调试

（1）用示波器（或频率计）观测石英晶体振荡器是否起振，振荡频率是否为 32 768 Hz，如有偏离可调节微调电容对频率进行调整。

（2）将 32 768 Hz 信号分别输入分频器各级输入端，用示波器检查各级输出波形是否正常，如工作正常则连好后可以从输出端得到 1 Hz 的秒脉冲信号，也可以通过在输出端接发光二极管，观察发光二极管的显示情况。

2）计数器、译码显示电路的调试

将 1 Hz 的秒脉冲信号分别输入各级计数器的输入端，通过显示，观察计数器和显示器是否工作正常。

调试过程中，要注意以下几个问题：

（1）根据 CD4518 的功能表，当触发脉冲由 CP 输入时，EN 端应接高电平，此时 CP 上升沿触发；当触发脉冲由 EN 端输入时，CP 输入端接低电平，此时 CP 下降沿触发。

（2）CR 为异步复位端，高电平有效。当 CR 为高电平时，计数器复位；正常计数时，应使 CR=0。

（3）CC4511 正常工作时，LT=BI 应为高电平，LE 应为低电平。

3）校时、整点报时电路调试

调好“秒”、“分”、“时”计数电路和译码显示电路后，则可以通过校时开关，校准“时”、“分”、“秒”，如开关有抖动，可采用防抖开关。注意，计时和校时两种状态的计数速度不一样。如工作正常，整点报时电路应按时发出声响。

单元测试题 3

一、选择题

1．BCD 码是（　　）。

A．二进制码　　B．十进制码　　C．二-十进制码　　D．ASCII 码

2．能使如图所示逻辑电路输出 Y=1 的 AB 取值有（　　）种。

A．1　　B．2　　C．3　　D．4

3．已知某逻辑门输入变量和输出函数的波形如图所示，该逻辑门应为（　　）门。

A．与非　　B．或非　　C．与　　D．异或

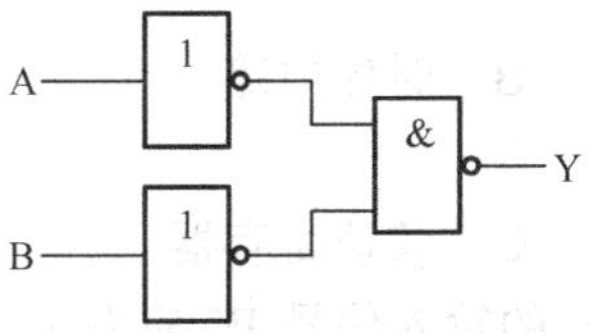

第 2 题

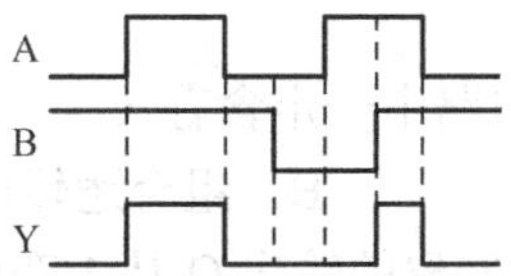

第 3 题

4．逻辑表达式 A+BC=（　　）。

A．A+B　　B．A+C　　C．(A+B)(A+C)　　D．B+C

5．若输入变量 A、B 全为 1 或全为 0，输出 F=1，则其输入与输出的关系是（　　）。

A．异或　　B．同或　　C．或非　　D．与或

6．已知某电路的真值表如下，该电路的逻辑表达式为（　　）。

A．$Y = C$　　B．$Y = ABC$　　C．$Y = AB + C$　　D．$Y = B\overline{C} + C$

A	B	C	Y	A	B	C	Y
0	0	0	0	1	0	0	0
0	0	1	1	1	0	1	1
0	1	0	0	1	1	0	1
0	1	1	1	1	1	1	1

第 6 题

7．若逻辑表达式 $F = \overline{A+B}$，则下列表达式中与 F 相同的是（　　）。

A．$F = \overline{AB}$　　B．$F = \overline{AB}$　　C．$F = \overline{A} + \overline{B}$

8．用 8421 码表示的十进制数 65，可以写成（　　）。

A．65　　B．$[1000001]_{BCD}$

C．$[01100101]_{BCD}$　　D．$[1000001]_2$

9．四个逻辑变量的取值组合共有（　　）种。

A．8　　B．16　　C．4　　D．15

10．组合逻辑电路通常由（　　）组合而成。

A．门电路　　B．触发器　　C．计数器　　D．寄存器

11．在下列逻辑电路中，不是组合逻辑电路的有（　　）。

A．译码器　　B．编码器　　C．全加器　　D．寄存器

12．全加器与半加器的区别为（　　）。

A．不包含异或运算

B．加数中包含来自低位的进位

C．无进位

13．七段显示译码器是指（　　）的电路。

A．将二进制代码转换成 0～9 个数字　　B．将 BCD 码转换成七段显示字形信号

C．将 0～9 个数转换成 BCD 码　　D．将七段显示字形信号转换成 BCD 码

14．JK 触发器在 CP 作用下，若状态必须发生翻转，则 J、K 的状态为（　　）。

A．J=K=0　　B．J=K=1　　C．J=0，K=1　　D．J=1，K=0

15．电路的输出状态不仅与当前输入信号有关，还与前一时刻的电路状态有关，这种电路为（　　）。

A．组合电路　　B．时序电路

16．时序逻辑电路中一定含有（　　）。

A．触发器　　B．组合逻辑电路　　C．移位寄存器　　D．译码器

17．要使 JK 触发器的输出 Q 从 1 变成 0，它的输入信号 JK 应为（　　）。

A．00　　B．01　　C．10　　D．无法确定

18．由与非门组成的基本 RS 触发器，输入状态不允许出现（　　）。

A．$\overline{RS}=00$　　B．$\overline{RS}=01$　　C．$\overline{RS}=10$　　D．$\overline{RS}=11$

19．满足特征方程 $Q^{n+1}=\overline{Q^n}$ 的触发器称为（　　）。

A．D 触发器　　B．JK 触发器　　C．T'触发器　　D．T 触发器

20．多谐振荡器可产生（　　）。

A．正弦波　　B．矩形脉冲　　C．三角波　　D．锯齿波

二、判断题

1．组合逻辑电路的输出状态与前一刻电路的输出状态有关，还与电路当前的输入变量组合有关。（　　）

2．能实现“全 0 出 1，有 1 出 0”逻辑功能的电路是或非门。（　　）

3．触发器是数字电路中具有记忆功能的基本逻辑单元。（　　）

4．将 JK 触发器的 J、K 端连接在一起作为输入端，就构成了 D 触发器。（　　）

5．把一个五进制计数器与一个十进制计数器串联可得到十五进制计数器。（　　）

6．边沿触发器的状态变化发生在 CP 上升沿或下降沿到来时刻，其他时间触发器状态均不变。（　　）

7．时序逻辑电路具有记忆功能。（　　）

8．多谐振荡器的输出信号的周期与阻容元件的参数有关。（　　）

9．方波的占空比为 0.5。（　　）

10．D/A 转换器的主要功能是把数字量转换成模拟量。（　　）

三、简答计算题

1．在一次运动会中有 460 名选手参加比赛，如果分别用二进制、八进制、十六进制数码进行编码，则各需要几位数码？

2．画出由与非门实现或门的电路图。

3．n 位二进制译码器有多少个输入端和多少个输出端？

4．已知逻辑函数的波形图如下图所示，试求与之对应的真值表。

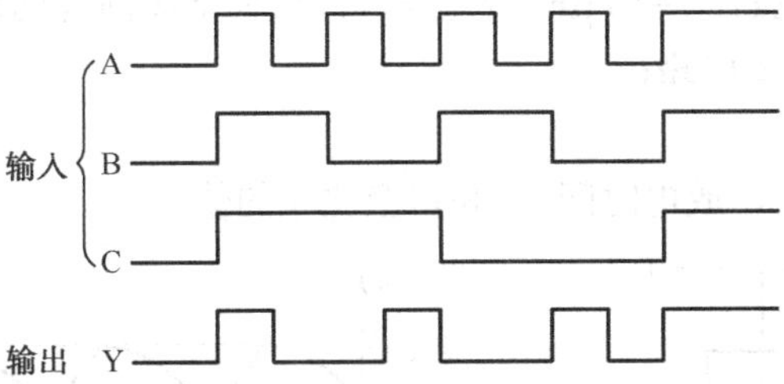

第 4 题

5．对函数 $Y=A\overline{B}+\overline{A}\overline{B}C+\overline{A}BC$，要求：（1）列出真值表；（2）用卡诺图化简；（3）画出化简后的逻辑图。

6．仅用与非门设计一个三变量表决电路。当变量 A、B、C 有 2 个或 2 个以上为 1 时，输出为 Y=1，输入为其他状态时输出 Y=0。要求列出真值表，写出逻辑函数表达式，画出逻辑图，要求用与非门实现。

7．如何将 JK 触发器转换为 D、T 触发器？

8．有一上升沿触发的边沿 D 触发器，已知 D 端的输入波形如图所示，Q 的初始值为 0，画出 CP 信号作用下相应的输出波形。

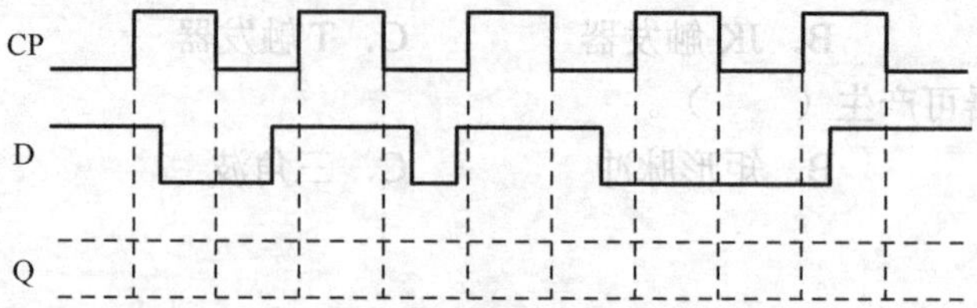

第 8 题

9．试用一片 CD4518 设计四十四进制计数器，功能表如下。

CP	EN	CR	功　能
×	×	1	复位
↑	1	0	加计数
0	↓	0	加计数
↓	×	0	保持
×	↑	0	保持
↑	0	0	保持
1	↓	0	保持

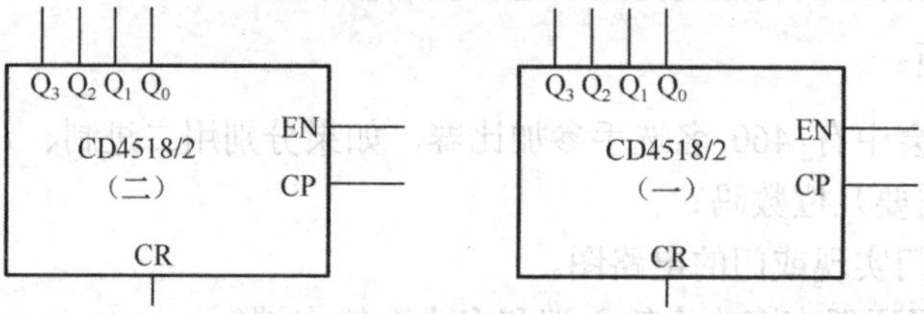

第 9 题

10．已知 $R_1=R_2=50\ \text{k}\Omega$，$C=10\ \mu\text{F}$，$V_{CC}=8\ \text{V}$，根据下图回答问题：

（1）判断下图接成什么电路；

（2）画出输出波形；

（3）求出充电时间 t_{w1}、放电时间 t_{w2} 和占空比 q 的值。

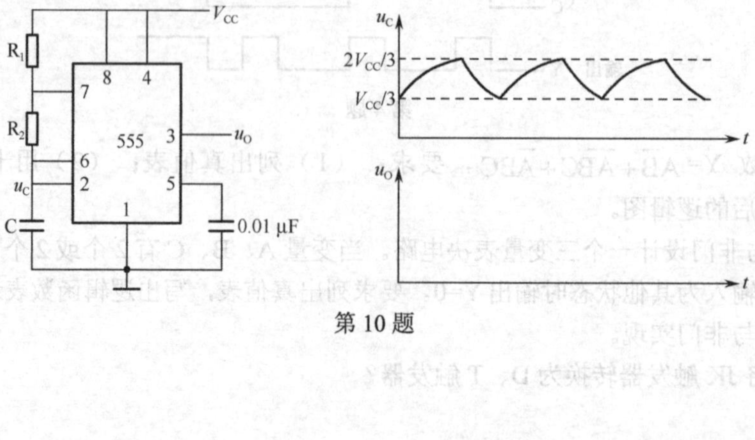

第 10 题

第4章 高频电子技术

4.1 无线电基础知识

4.1.1 无线电波波段划分

频率从几十赫兹（甚至更低）到 3 000 GHz 左右（波长从几十毫米到 0.1 毫米左右）频谱范围内的电磁波，称为无线电波。电波旅行不依靠电线，也不像声波那样，必须依靠空气媒介帮它传播，有些电波能够在地球表面传播，有些波能够在空间直线传播，也能够从大气层上空反射传播，有些波甚至能穿透大气层，飞向遥远的宇宙空间。发信天线或自然辐射源所辐射的无线电波，通过自然条件下的媒质到达收信天线的过程，就称为无线电波的传播。

无线电波的频谱，根据它们的特点可以划分为表 4-1-1 所示的几个波段。

表 4-1-1　无线电波波段划分

无线电波波段划分				
波段名称		波长范围（m）	频段名称	频率范围
超长波		1 000 000～10 000	甚低频	3～30 kHz
长波		10 000～1 000	低频	30～300 kHz
中波		1 000～100	中频	300～3 000 kHz
短波		100～10	高频	3～30 MHz
超短波	米波	10～1	甚高频	30～300 MHz
	分米波	1～0.1	特高频	300～3 000 MHz
	厘米波	0.1～0.01	超高频	3～30 GHz
	毫米波	0.01～0.001	极高频	30～300 GHz

根据频谱和需要，可以进行通信、广播、电视、导航和探测等，但不同波段的无线电波其应用场合也不同，如图 4-1-1 所示。

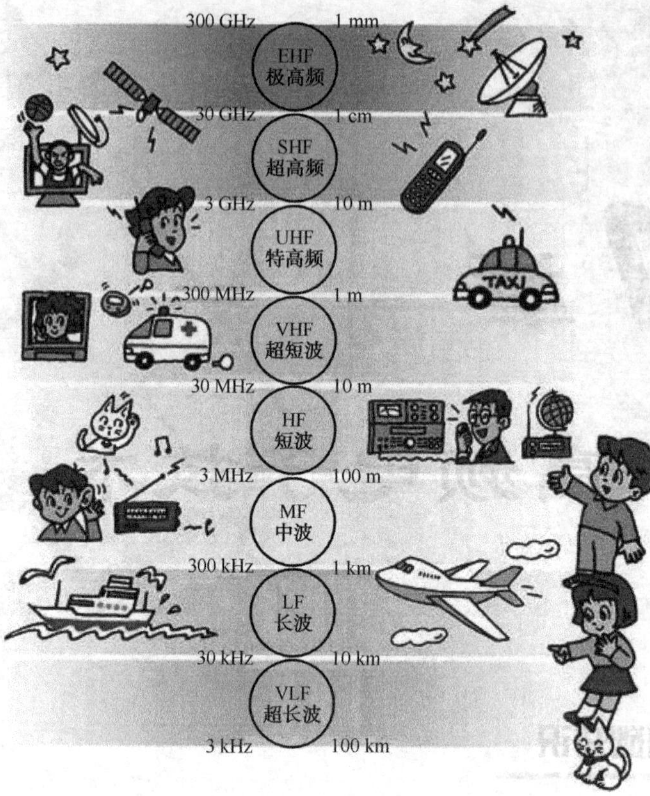

图 4-1-1　不同波段无线电波的应用

4.1.2　无线电波传播方式

电波传输不依靠电线，也不像声波那样，必须依靠空气媒介帮它传播，有些电波能够在地球表面传播，有些电波能够在空间直线传播，也能够从大气层上空反射传播，有些电波甚至能穿透大气层，飞向遥远的宇宙空间。

任何一种无线电信号传输系统均由发信部分、收信部分和传输媒质三部分组成。传输无线电信号的媒质主要有地表、对流层和电离层等，这些媒质的电特性对不同波段的无线电波的传播有着不同的影响。根据媒质及不同媒质分界面对电波传播产生的主要影响，可将电波传播方式分成下列几种：

1. 地表传播

对有些电波来说，地球本身就是一个障碍物。当接收天线距离发射天线较远时，地面就像拱形大桥将两者隔开。那些走直线的电波就过不去了。只有某些电波能够沿着地球拱起的部分传播出去，这种沿着地球表面传播的电波就叫地波，也叫表面波。地面波传播无线电波沿着地球表面的传播方式，称为地面波传播。其特点是信号比较稳定，但电波频率越高，地波随距离的增加衰减越快。因此，这种传播方式主要适用于长波和中波波段。

2. 天波传播

声音碰到墙壁或高山就会反射回来形成回声，光线射到镜面上也会反射，无线电波也能够反射。在大气层中，从几十千米至几百千米的高空有几层“电离层”形成了一种天然的反射体，就像一只悬空的金属盖，电波射到“电离层”就会被反射回来，走这一途径的电波就称为天波或反射波，如图 4-1-2 所示。在电波中，主要是短波具有这种特性。

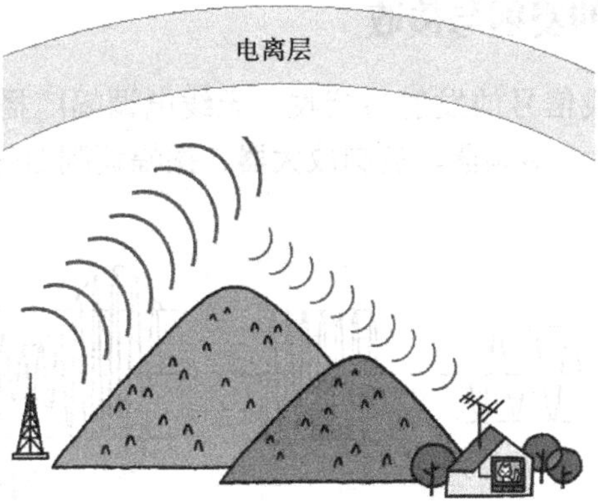

图 4-1-2 天波传播

电离层是怎样形成的呢？原来，有些气层受到阳光照射，就会产生电离。太阳表面温度大约有 6 000 ℃，它辐射出来的电磁波包含很宽的频带。其中紫外线部分会对大气层上空气体产生电离作用，这是形成电离层的主要原因。

电离层一方面反射电波，另一方面也要吸收电波。电离层对电波的反射和吸收与频率（波长）有关。频率越高，吸收越少，频率越低，吸收越多。所以，短波的天波可以用作远距离通信。此外，反射和吸收与白天还是黑夜也有关。白天，电离层可把中波几乎全部吸收掉，收音机只能收听当地的电台，而夜里却能收到远距离的电台。对于短波，电离层吸收得较少，所以短波收音机不论白天还是黑夜都能收到远距离的电台。不过，电离层是变动的，反射的天波时强时弱，所以，从收音机听到的声音忽大忽小，并不稳定。

3. 视距传播、散射传播及波导模传播

视距传播是指若收、发天线离地面的高度远大于波长，电波直接从发信天线传到收信地点（有时有地面反射波）。这种传播方式仅限于视线距离以内。目前广泛使用的超短波通信和卫星通信的电波传播均属这种传播方式。

散射传播利用对流层或电离层中介质的不均匀性或流星通过大气时的电离余迹对电磁波的散射作用来实现超视距传播。这种传播方式主要用于超短波和微波远距离通信。

超短波的传播特性比较特殊，它既不能绕射，也不能被电离层反射，而只能以直线传播。以直线传播的波就叫作空间波或直接波。由于空间波不会拐弯，因此它的传播距离就受到限制。发射天线架得越高，空间波传得越远。所以电视发射天线和电视接收天线应尽量架得高一些。尽管如此，传播距离仍受到地球拱形表面的阻挡，实际只有 50 km 左右。

超短波不能被电离层反射，但它能穿透电离层，所以在地球的上空就无阻隔可言，这样，我们就可以利用空间波与发射到遥远太空去的宇宙飞船、人造卫星等取得联系。此外，卫星中继通信、卫星电视转播等也主要是利用天波传输途径。

波导模传播电波是指在电离层下缘和地面所组成的同心球壳形波导内的传播。长波、超长波或极长波利用这种传播方式能以较小的衰减进行远距离通信。

在实际通信中往往是取以上五种传播方式中的一种作为主要的传播途径，但也有几种传播方式并存来传播无线电波的。一般情况下都是根据使用波段的特点，利用天线的方向性来限定一种主要的传播方式。

4.1.3 无线电信号的发射与接收

高频电路主要用于无线信号的发射与接收。无线电调幅广播发送设备的单元电路组成如图 4-1-3 所示，由振荡器、倍频器、调制放大器、振幅调制器等四部分组成，各个单元电路的作用分别为：

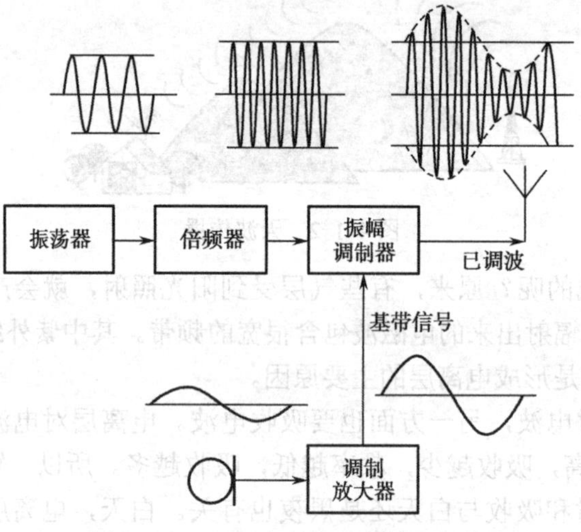

图 4-1-3　调幅广播发送设备的组成

（1）振荡器：产生高频载波信号。

（2）倍频器：将振荡器产生的高频信号频率整数倍升高到所需的载波信号频率。

（3）调制放大器：由低频电压和功率放大级组成，用来放大话筒所产生的微弱信号，并送入调制器。

（4）振幅调制器：将输入的高频载波信号和低频调制信号变换成高频已调信号，并以足够大的功率输送到天线，然后辐射到空间。

无线电信号发送设备的核心是振幅调制器，为什么要采用调制呢？主要有两个原因：

（1）只有天线尺寸大于信号波长的十分之一，信号才能有效发射。例如 f=1 kHz，则

$$\lambda = \frac{C}{f} = \frac{3\times10^8\ \text{m/s}}{10^3\ /\text{s}} = 300\ \text{km}$$

天线长度需大于 30 km，这显然是不现实的。

又如语音频率范围 20 Hz～20 kHz，对应波长 15 000～15 km，直接进行传输是不现实的。

（2）采用调制可以实现信道的频率复用。不同的语音信号在空中使用不同的载波频率，互相不干扰。

由于天线的尺寸与发射频率直接相关，频率越高需要的天线尺寸越短。因此要采用调

制，把要传输的低频信号加载到高频载波上去传输。而在接收端需要恢复低频信号，自然要进行解调。调制与解调是互逆的。

在接收端，无线电信号又是如何接收的呢？超外差式调幅接收机的组成如图 4-1-4 所示，各个单元电路的作用分别为：

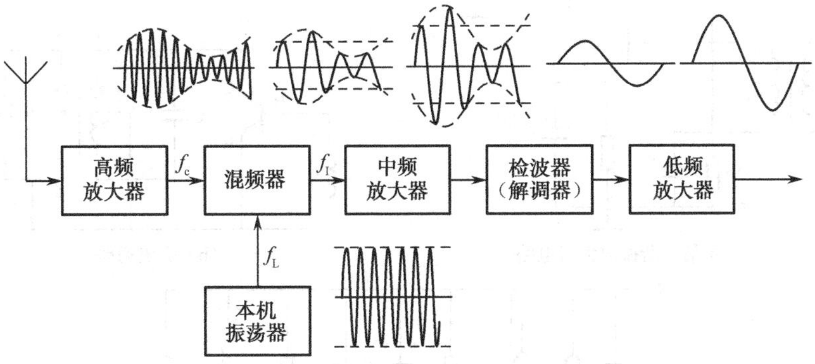

图 4-1-4　超外差式调幅接收机的组成

（1）高频放大器对天线所接收的信号进行初步的选择，抑制无用频率的信号，而将所需频率的信号加以放大。

（2）高频放大器输出载频 f_c 的已调信号，本机振荡器提供频率为 f_L 的高频等幅信号，它们同时送入混频器。在其输出端可获得频率较低的中频已调信号，通常取中频频率 $f_I=f_L-f_c$。

（3）中频放大器为中心频率固定在 f_I 上的选频放大器，它进一步滤除无用信号，并将有用信号放大到足够值。

（4）检波器对中频放大器送来的信号进行解调，可恢复出原基带信号，然后经低频放大器后输出。

4.2　高频放大器与高频振荡器

4.2.1　高频放大器

高频小信号放大器的作用就是放大各种无线电设备中的高频小信号，如常见的无线电接收机中高频和中频放大器。

高频小信号放大器由“放大部分+选频滤波部分”按“级联”方式构成。放大部分的核心是晶体管、场效应管、集成运放或专用集成放大器等。选频滤波部分的核心是 LC 谐振回路或固定滤波器。以谐振回路为选频网络的高频小信号放大器，也称小信号调谐放大器。

1. 单调谐回路谐振放大器

单级单调谐回路谐振放大器如图 4-2-1 所示，R_{B1}、R_{B2}、R_E 保证晶体管工作在甲类放大状态，晶体管的输出及负载电阻均通过阻抗变换电路接入。LC 构成并联谐振回路作为集电极负载，调谐于放大器的中心频率；LC 回路与集电极的连接采用抽头电路的形式（自耦变压器）；LC 回路与下级负载 R_L 的连接采用变压器耦合的方式，用来减弱本级输出电阻和下级晶体管输入电阻对 LC 回路的影响。

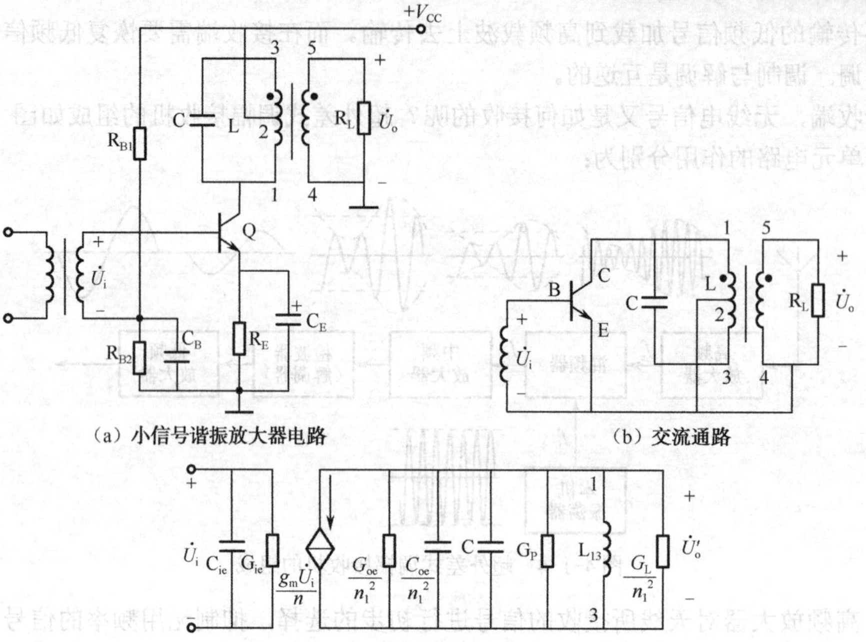

图 4-2-1　单调谐回路谐振放大器

自耦变压器匝比：$n_1=\frac{N_{13}}{N_{12}}$，变压器初次级匝比：$n_2=\frac{N_{13}}{N_{45}}$，单调谐回路的有载谐振电导：$G_e=G_p+\frac{G_{oe}}{n_1^2}+\frac{G_L}{n_2^2}$。

当 LC 并联谐振回路调谐在输入信号频率上时，回路产生谐振，放大器输出电压最大，电压增益也最大，谐振电压增益为

$$\dot{A}_{u0}=\frac{\dot{U}_o}{\dot{U}_i}=\frac{-g_m}{n_1n_2G_e}$$

放大器的增益频率特性如图 4-2-2 所示。

通频带 $BW_{0.7}=f_0/Q_e$，$K_{0.1}=10$，选择性较差。

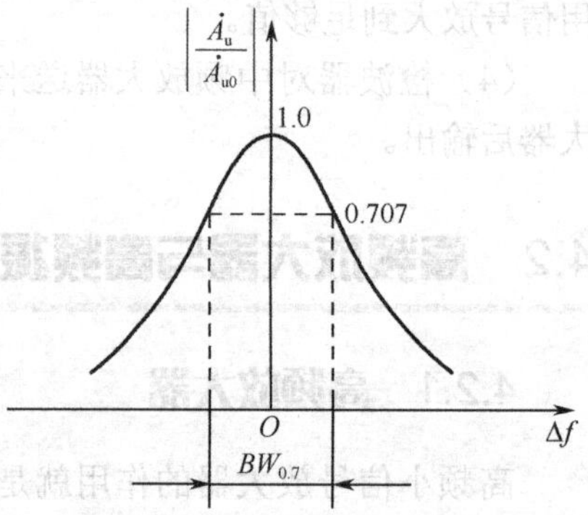

图 4-2-2　增益频率特性曲线

2. 多级单调谐回路谐振放大器

单调谐回路谐振放大器又分为同步调谐放大器和参差调谐放大器。同步调谐放大器是指每级谐振回路均调谐在同一频率上，参差调谐放大器是指各级谐振回路调谐在不同频率上。

1）同步调谐放大器

总电压放大倍数 $\dot{A}_{u\Sigma}=\dot{A}_{u1}\cdot\dot{A}_{u2}\cdots\cdots\dot{A}_{un}$；

谐振时总电压放大倍数 $\dot{A}_{u0\Sigma}=\dot{A}_{u01}\cdot\dot{A}_{u02}\cdots\cdots\dot{A}_{u0n}$。

以分贝表示谐振时总电压增益，则

$$A_{u0\Sigma}(\text{dB})=A_{u01}(\text{dB})+A_{u02}(\text{dB})+\cdots+A_{u0n}(\text{dB})$$

多级同步调谐放大器的幅频特性曲线如图 4-2-3 所示。

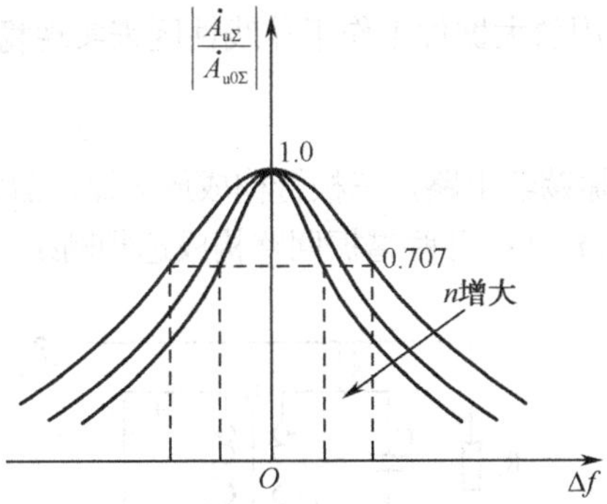

图 4-2-3　多级同步调谐放大器的幅频特性曲线

【结论 1】 级数越多，则谐振增益越大，选择性越好，通频带越窄。

【结论 2】 每级的通频带比总的通频带宽。

2）双参差调谐放大器

每两级为一组，组内各级调谐在不同频率上，如此级联组成的多级放大器称为双参差调谐放大器。

双参差调谐放大器的幅频特性曲线如图 4-2-4 所示。

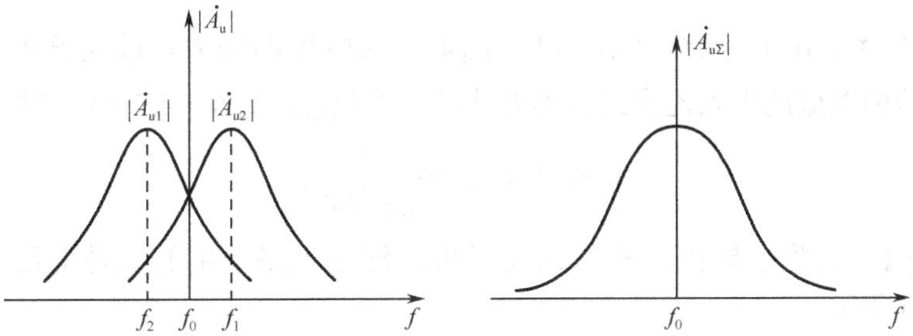

（a）单级幅频特性　　（b）合成幅频特性

图 4-2-4　双参差调谐放大器的幅频特性曲线

【结论】 总幅频特性更接近于矩形，选择性比单调谐放大器好。

4.2.2　高频振荡器

正弦波振荡器用于产生一定频率和幅度的正弦波信号。按组成选频网络元件的不同，可分为 LC、晶体和 RC 振荡器三类；按组成原理不同，可分为反馈和负阻振荡器，不过反馈振荡器本质上也是负阻振荡器。

反馈式正弦波振荡器主要由放大器、选频网络、正反馈网络三部分组成。利用选频网络，通过正反馈产生自激振荡的，它的振荡相位平衡条件为：$\phi_a+\phi_f=2n\pi(n=0,1,2\cdots)$，振幅平衡条件为：$|\dot{A}\dot{F}|=1$。利用相位条件可确定振荡频率，利用振幅平衡条件可确定振荡幅度。振荡的起振条件为：$\phi_a+\phi_f=2n\pi(n=0,1,2\cdots)$，$|\dot{A}\dot{F}|>1$。为获得正弦波，振荡电路中要有选频环节。振荡频率通常就由选频环节确定。

LC 振荡器有变压器反馈式、电感三点式及电容三点式等电路，其振荡频率近似等于 LC 谐振回路的谐振频率。LC 振荡器起振时电路处于小信号工作状态，而振荡处于平衡状态时，电路处于大信号工作状态，它是利用放大器件工作于非线性区来实现稳幅的，称之为内稳幅。

1. 变压器反馈式振荡器

图 4-2-5 为变压器反馈式振荡器电路，三极管构成放大器，放大器在小信号时工作于甲类，以保证起振时有较大的环路增益。LC 并联谐振回路构成选频网络，变压器构成正反馈网络。

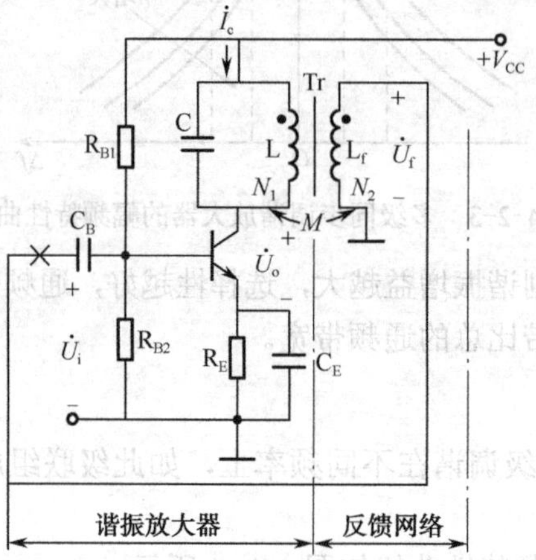

图 4-2-5 变压器反馈式 LC 振荡器

起振时放大器工作于甲类，$|\dot{A}\dot{F}|>1$。随着振荡幅度的增大，放大器进入非线性工作区，且由于自给偏置效应进入乙类或丙类非线性工作状态，直至$|\dot{A}\dot{F}|=1$，进入平衡状态。

$$振荡频率\ f_0 \approx \frac{1}{2\pi\sqrt{LC}}$$

【应用案例】 七管半导体超外差式收音机的混频电路采用的就是变压器反馈式振荡器，如图 4-2-6 所示。

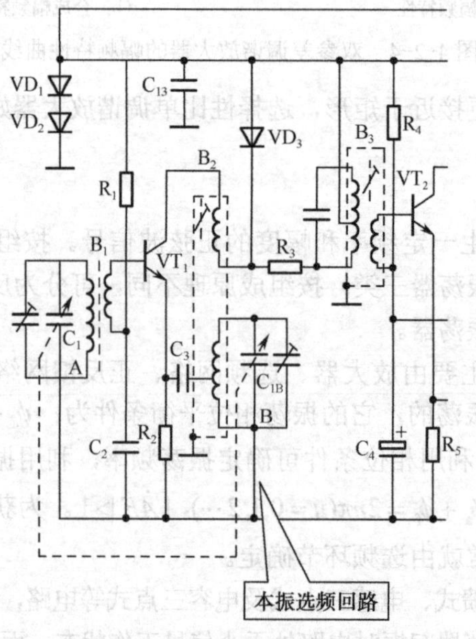

图 4-2-6 超外差式调幅收音机混频电路

输入回路从天线接收到的无线电波中选出所需频率 f_c 的信号，经变压器 B_1 耦合加到三极管 VT_1 的基极。电路混频和本振都由晶体管 VT_1 完成。C_{1B} 与变压器 B_2 构成本振选频回路，从发射极注入本振电压信号 f_L。输出中频电路，通过 B_3 中周变压器选出混频后的中频信号 f_I（$f_I=f_L-f_c$），输出到下一级的中频放大器电路。

图中，本机振荡电路由三极管 VT_1 构成放大器，中周变压器 B_2 构成正反馈电路，双联电容的 C_{1B}、微调电容与 B_2 的初级线圈构成 LC 选频回路。

2. LC 电感三点式振荡器

LC 电感三点式振荡器如图 4-2-7 所示，具有如下特点：

（1）振荡频率：$f_0 \approx \dfrac{1}{2\pi\sqrt{(L_1+L_2+2M)C}}$

（2）优点：易起振，频率易调（调 C）。

（3）缺点：高次谐波成分较大，输出波形差。

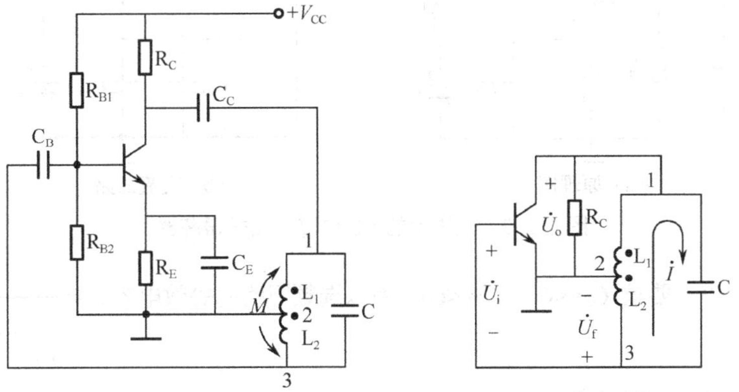

（a）原理图　　（b）交流通路

图 4-2-7　LC 电感三点式振荡器

3. LC 电容三点式振荡器

LC 电容三点式振荡器如图 4-2-8 所示，具有如下特点：

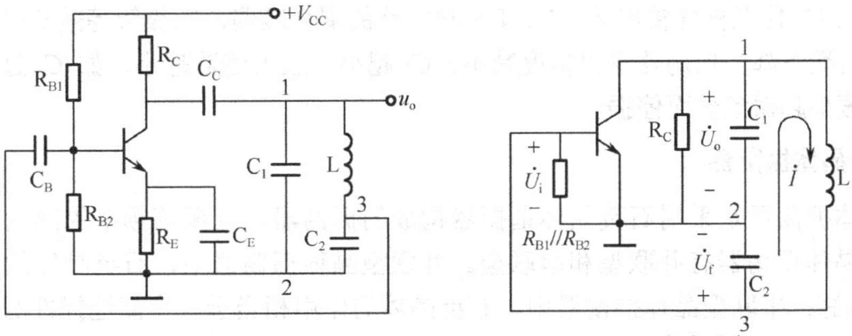

（a）原理图　　（b）交流通路

图 4-2-8　LC 电容三点式振荡器

（1）振荡频率：$f_0 \approx \dfrac{1}{2\pi\sqrt{LC}}$。

（2）优点：高次谐波成分小，输出波形好。

（3）缺点：频率不易调（调 L，调节范围小）。

（4）反馈系数：$\dot{F}=-\dfrac{C_1}{C_2}$。增大 C_1/C_2，可增大反馈系数，提高输出幅值，但会使三极管输入阻抗的影响增大，使 Q 值下降，不利于起振，且波形变差，故 C_1/C_2 不宜过大，一般取 0.1～0.5。

在图 4-2-8 的考毕兹电路中，晶体管极间电容与回路电容并联，会使振荡频率偏移，且极间电容随晶体管工作状态而变，会使振荡频率不稳定。因此加以改进，在谐振回路电感支路中串接一个电容，如图 4-2-9 所示。

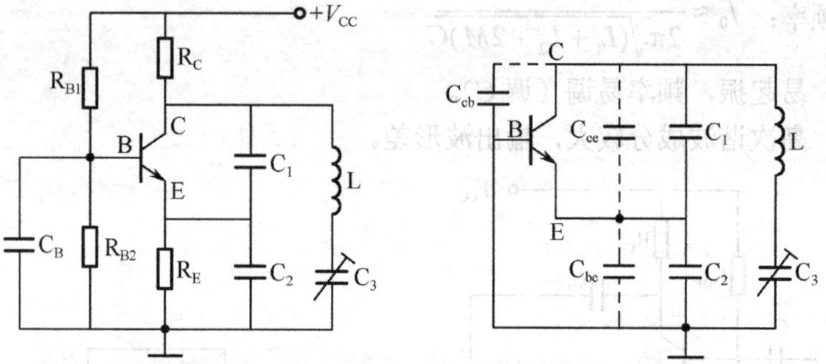

（a）原理图　　（b）交流通路

图 4-2-9　改进型的 LC 电容三点式振荡器

在图 4-2-9 中，要求 $C_3 \ll C_1$，$C_3 \ll C_2$，所以选频回路的等效电容 $C=\dfrac{1}{\dfrac{1}{C_1}+\dfrac{1}{C_2}+\dfrac{1}{C_3}}\approx C_3$，振荡频率 $f_0\approx\dfrac{1}{2\pi\sqrt{LC}}=\dfrac{1}{2\pi\sqrt{LC_3}}$。

改进型的 LC 电容三点式振荡器具有如下特点：

（1）极间电容影响很小，且调节反馈系数时基本不影响频率。

（2）实际振荡频率必定略高于 f_0，因为要使 L、C_3 支路呈感性。

（3）接入 C_3 使三极管输出端（C、E）与回路的耦合减弱，三极管等效负载阻抗减小，放大器放大倍数下降，振荡器输出幅度减小。C_3 越小，放大倍数越小，如 C_3 过小则振荡器由于不满足振幅起振条件而停振。

4．石英晶体振荡器

石英晶体振荡器是采用石英晶体谐振器构成的振荡器。其振荡频率的准确性和稳定性很高。石英晶体振荡器有并联型和串联型。并联型晶体振荡器中，石英晶体的作用相当于一个高 Q 电感；串联型晶体振荡器中，石英晶体的作用相当于一个高选择性的短路元件。为了提高晶体振荡器的振荡频率，可采用返音晶体振荡器。

石英谐振器的使用注意事项：

（1）要接一定的负载电容 C_L（微调），以达标称频率。高频晶体通常 C_L 为 30 pF 或标为 ∞。

（2）要有合适的激励电平。过大会影响频率稳定度、振坏晶片；过小会使噪声影响大，输出减小，甚至停振。

并联型晶体振荡器如图 4-2-10 所示，又称皮尔斯（Pirece）晶体振荡器。图中，C_1～C_3串联组成 C_L，调节 C_3 可微调振荡频率。晶体在电路中起电感作用，与电容 C_1～C_3 构成并联谐振回路，与三极管共同构成改进型电容三点式 LC 振荡器。

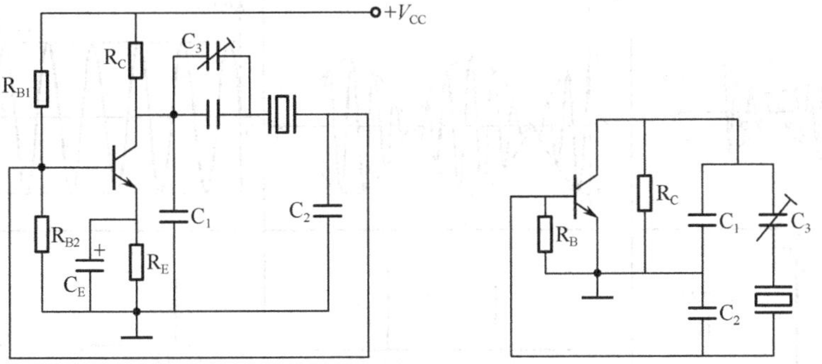

（a）原理图　　（b）交流通路

图 4-2-10　皮尔斯（Pirece）晶体振荡器

串联型晶体振荡器如图 4-2-11 所示，为减小 L、C_1、C_2 回路对频率稳定性的影响，应将该回路调谐在晶体的串联谐振频率上。

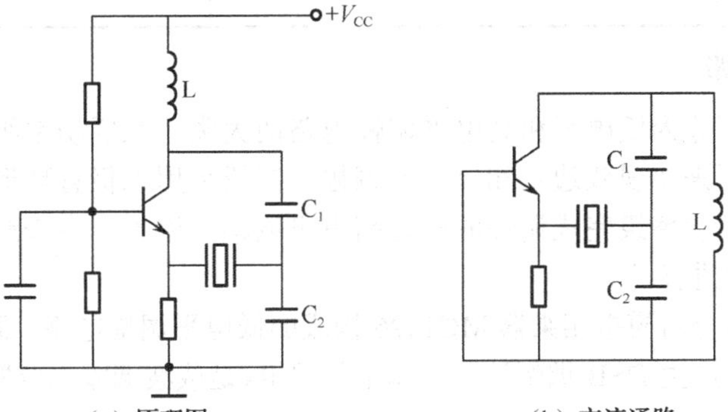

（a）原理图　　（b）交流通路

图 4-2-11　串联型晶体振荡器

4.3　调制与解调

4.3.1　振幅调制电路

1. 振幅调制原理

用待传输的低频信号（又称基带信号）去控制高频载波信号的振幅，使振幅随着基带信号成线性变化，称为振幅调制。振幅调制一般分为三类：普通调幅（AM）、抑制载波的双边带调幅（DSB）、单边带调幅（SSB）。三种调幅波的表达式、波形、频谱以及频带宽度、功率等见表 4-3-1。

表 4-3-1 AM、DSB、SSB 三类调幅波的比较

	AM	DSB	SSB
表达式	$u_{AM}(t)=U_{cm}[1+m_a\cos(\Omega t)]\cos(\omega_c t)$	$u_o(t)=U_{cm}u_\Omega(t)\cos(\omega_c t)$	$u_{SSB}(t)=\frac{1}{2}k_a U_{\Omega m}\cos(\omega_c-\Omega)t$ $u_{SSB}(t)=\frac{1}{2}k_a U_{\Omega m}\cos(\omega_c+\Omega)t$
波形	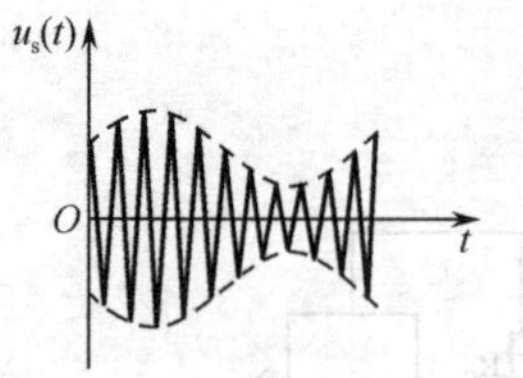	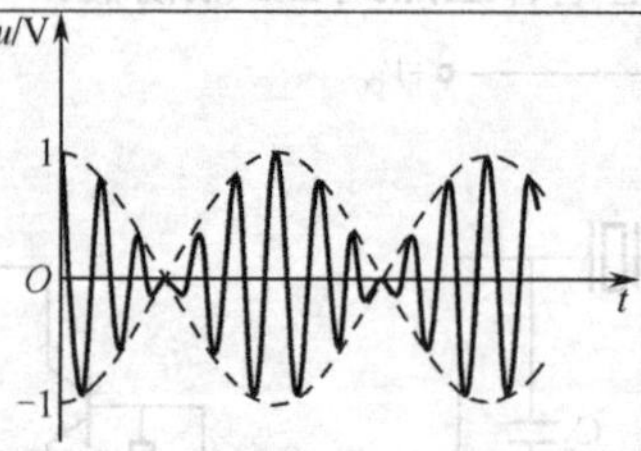	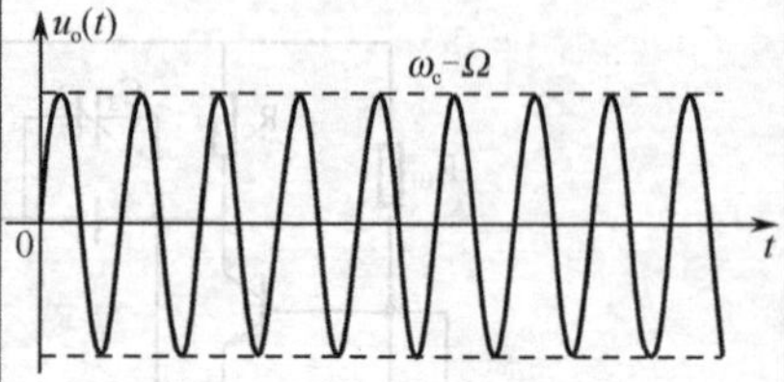
频谱	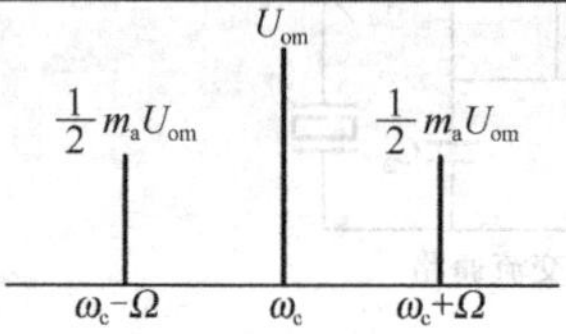 （频带宽度 $BW=2F$）	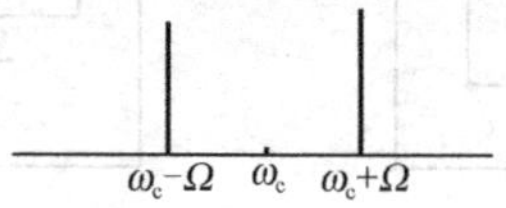 （$BW=2F$）	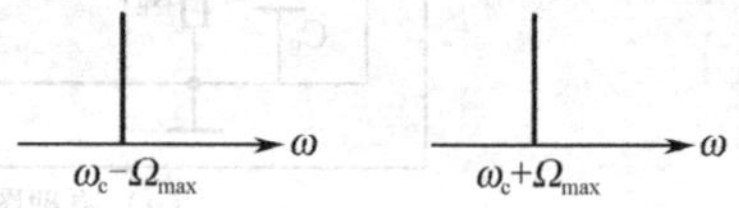 （$BW=2F$）
功率 P	$P_{AV}=P_o+P_{SB1}+P_{SB2}=P_o\left(1+\frac{m_a^2}{2}\right)$	$P_{AV}=P_{SB1}+P_{SB2}$	$P_{AV}=P_{SB1}$ $P_{AV}=P_{SB2}$

2. 振幅调制电路

振幅调制电路可分为低电平和高电平调幅电路两大类。在低功率级完成调幅的称为低电平调幅，它通常用来实现双边带和单边带调幅，广泛采用二极管环形相乘器和双差分对集成模拟相乘器。在功率级完成调幅的称为高电平调幅，用于产生普通调幅波，通常在丙类谐振功率放大器中进行。

图 4-3-1 是双差分对模拟相乘器 MC1496 构成的低电平调幅电路，既可以用于产生 AM 调幅波，也可以用于产生 DSB 调幅波。可调电位器 R_P 是载波调零电位器，可使载波最小，也可用来调节 AM 调幅波的调幅系数 m_a。

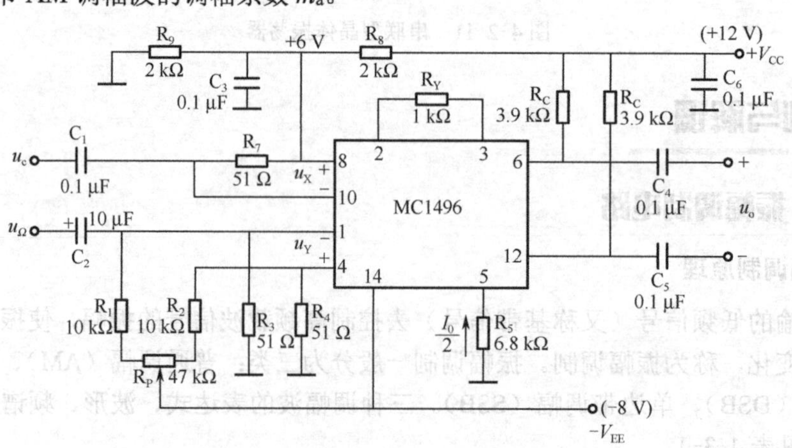

图 4-3-1 双差分对模拟相乘器调幅电路

图 4-3-2 是高电平基极调幅电路，可以产生 AM 调幅波。根据谐振功放的基极调制特性，谐振功放工作在欠压状态，效率较低。电路中，L_4、C_6、C_7 组成的并联谐振回路调谐在载波频率 f_c 上。

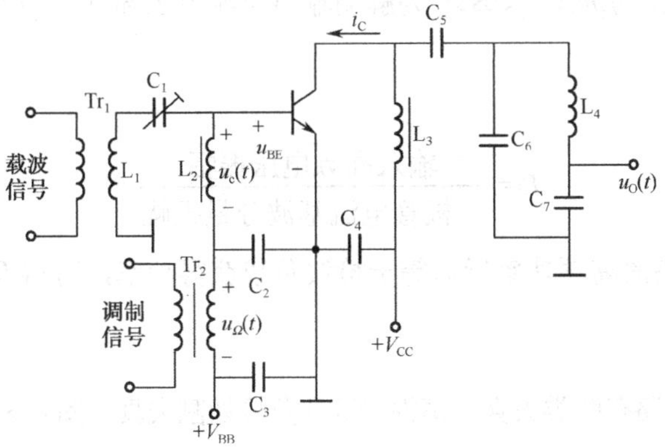

图 4-3-2　高电平基极调幅电路

4.3.2　振幅检波电路

常用的振幅检波电路有两类，即包络检波和同步检波电路。同步检波可以解调任何调幅信号，由于需要采用同步信号，故同步检波电路较为复杂，通常用于解调双边单和单边带条幅信号。由于普通条幅波信号中含有载频分量，而且调幅波的包络与调制信号成正比，所以可以利用调幅波自身的载频分量作为同步信号，通过非线性器件的相乘作用直接进行解调，称为包络检波电路。包络检波电路十分简单，使用广泛。

1. 包络检波电路

包络检波电路的检波输出电压直接反映高频调幅信号的包络变化规律。二极管峰值包络检波电路如图 4-3-3 所示。

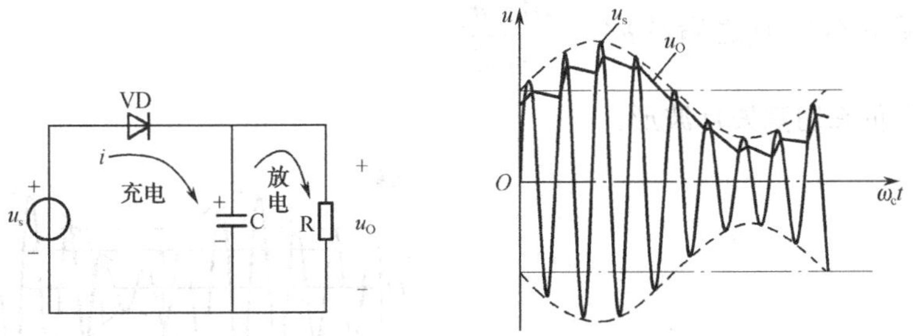

图 4-3-3　二极管峰值包络检波电路

输入信号 U_s 是调幅信号，U_o 随调幅波的包络线而变化，获得调制信号完成检波。U_o 的大小与输入电压的峰值接近相等，故又称之为包络峰值检波器。

二极管包络检波电路检波效率高、失真小、输入电阻较高。

1）检波效率 η_d

$$\eta_d=\frac{\text{输出低频电压振幅}}{\text{输入调幅波的包络振幅}}$$

设 $u_{\mathrm{s}} = U_{\mathrm{cm}}(1 + m_{\mathrm{a}} \cos \Omega t) \cos \omega_{\mathrm{c}} t$，

$$\begin{aligned} u_{\mathrm{O}} &= \eta_{\mathrm{d}} U_{\mathrm{m0}}(1 + m_{\mathrm{a}} \cos \Omega t) \\ &= \eta_{\mathrm{d}} U_{\mathrm{cm}} + \eta_{\mathrm{d}} m_{\mathrm{a}} U_{\mathrm{cm}} \cos \Omega t \end{aligned}$$

其中 $\eta_{\mathrm{d}} U_{\mathrm{cm}}$ 为直流电压，$\eta_{\mathrm{d}} m_{\mathrm{a}} U_{\mathrm{cm}} \cos \Omega t$ 为解调输出交流电压部分。η_{d} 小于而近似等于 1，实际电路中约为 80%。

2）输入电阻 R_{i}

$$R_{\mathrm{i}} = \frac{\text{输入高频电压振幅}}{\text{二极管电流基波分量振幅}}$$

根据输入检波电路的高频功率近似等于检波负载获得功率，可得 $R_{\mathrm{i}} \approx \dfrac{R}{2}$。

3）波形失真

二极管包络检波电路有两类失真：惰性失真和负峰切割失真。图 4-3-4 为惰性失真波形。

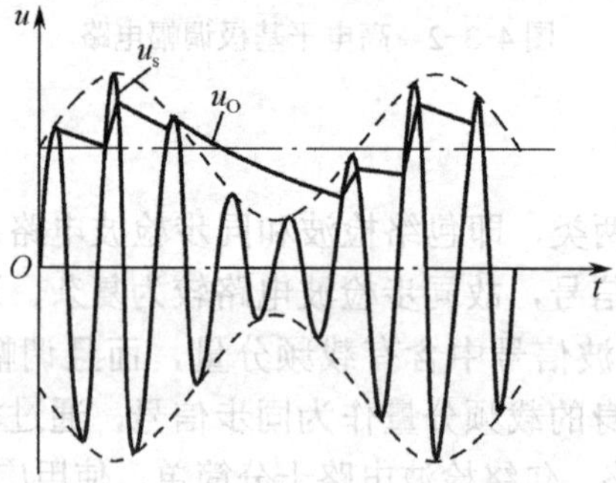

图 4-3-4　二极管包络检波惰性失真波形

【产生原因】 RC 过大，放电过慢，使 C 上电压不能跟随输入调幅波幅度下降。m_{a} 越大，调制信号角频率 Ω 越大，越容易产生惰性失真。

【措施】 减小 RC，使之满足 $RC \leqslant \dfrac{\sqrt{1 - m_{\mathrm{a}}^2}}{m_{\mathrm{a}} \Omega}$。

图 4-3-5 为负峰切割失真波形。

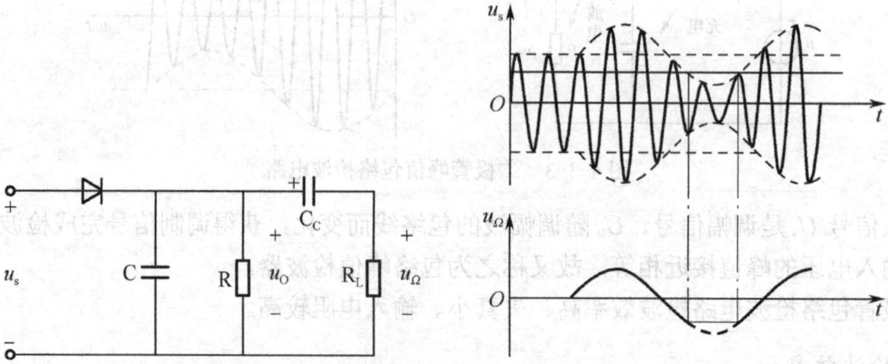

图 4-3-5　二极管包络检波负峰切割失真波形

【产生原因】 检波电路的交流负载电阻和直流负载电阻相差太大。直流负载=R，交流负载=$R//R_L=R'_L<R$。

【措施】 应满足 $m_a \leqslant \frac{R'_L}{R}$。

2. 同步检波电路

同步检波电路的原理如图 4-3-6 所示，同步检波利用相乘器实现频谱的线性搬移，然后通过低通滤波器，滤除无用的高频分量，取出低频解调信号。同步检波的“同步”是指同步信号与调幅信号的载波同频同相。

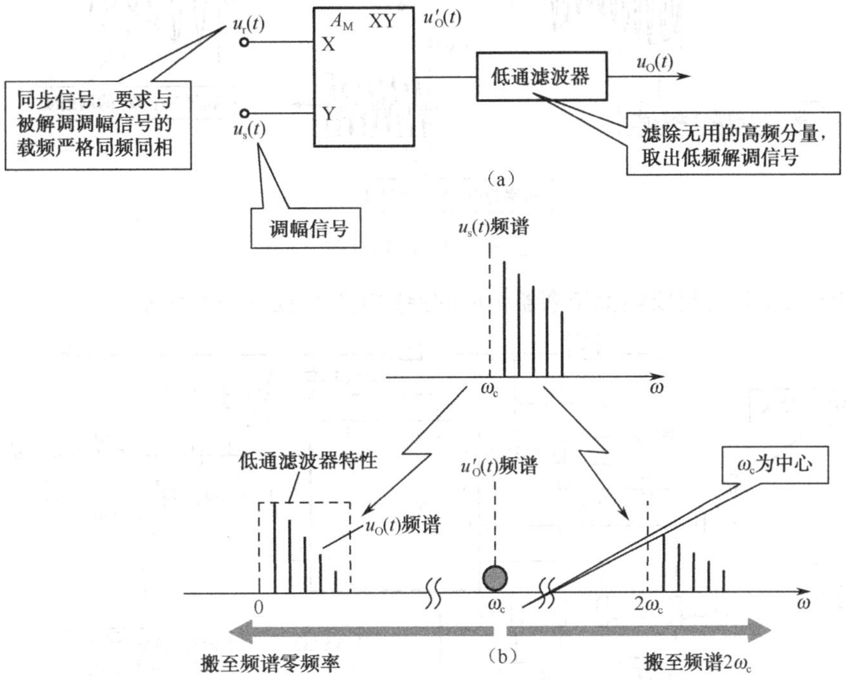

图 4-3-6　同步检波电路的原理

MC1496 构成的乘积型同步检波电路如图 4-3-7 所示。$u_r(t)$是同步信号，通常足够大，使相乘器工作在开关状态，$u_s(t)$是调幅信号，小信号。R_6、C_5、C_6 组成 π 型低通滤波器。

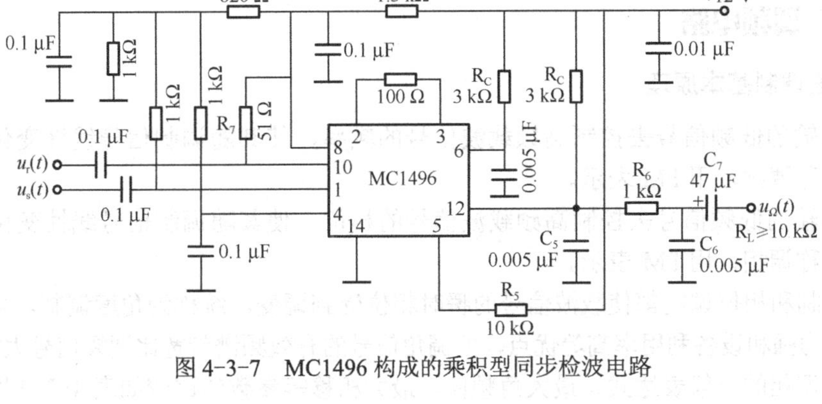

图 4-3-7　MC1496 构成的乘积型同步检波电路

4.3.3 混频电路

混频电路又称变频电路，其作用是将已调信号的载频变换成另一载频。变化后新载频已调波的调制类型和调制参数均保持不变。混频的原理如图 4-3-8 所示。f_c为载频，f_L为本振频率，f_I为中频。$f_I = f_L + f_c$，$f_I = f_c - f_L$或$f_I = f_L - f_c$。$f_I > f_c$的称为上混频，$f_I < f_c$的称为下混频。

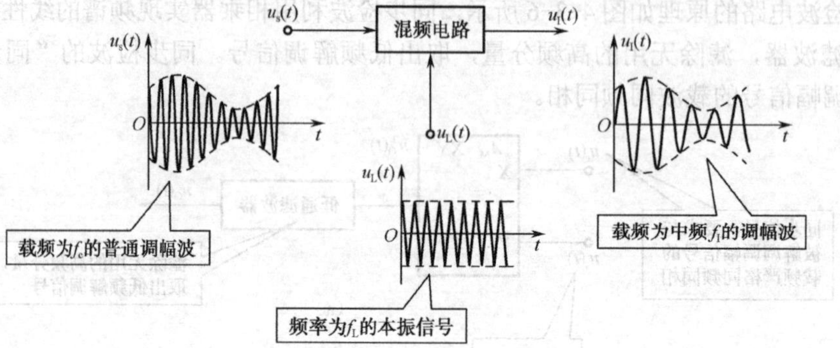

图 4-3-8 混频原理

MC1496 双差分对集成模拟相乘器构成的混频电路如图 4-3-9 所示。

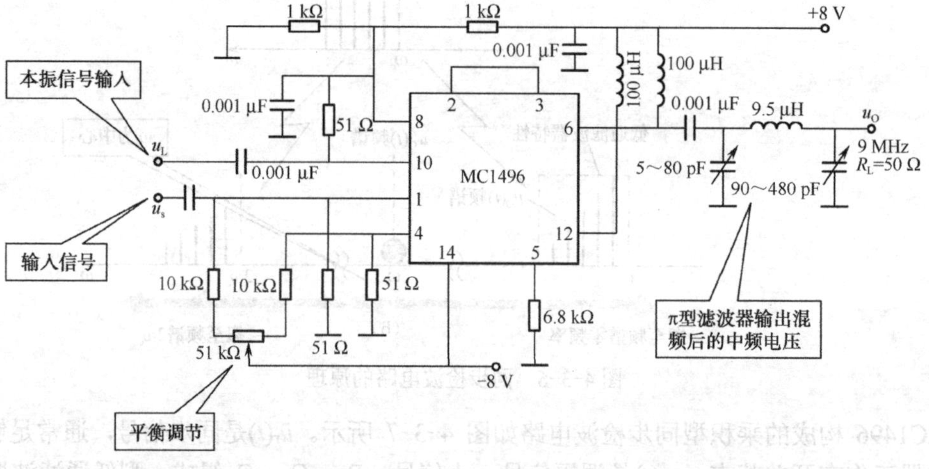

图 4-3-9 MC1496 双差分对集成模拟相乘器构成的混频电路

4.3.4 调频电路

1. 角度调制基本原理

用待传输的低频信号去控制高频载波信号的频率，使其随调制信号线性变化，称为频率调制，简称调频，用 FM 表示。

用待传输的低频信号去控制高频载波信号的相位，使其随调制信号线性变化，称为相位调制，简称调相，用 PM 表示。

频率调制和相位调制都使载波信号的瞬时相位受到调变，统称为角度调制。角度调制具有抗干扰能力强和设备利用率高等优点，但调角信号的有效频谱带宽比调幅信号大得多。

调频与调相的一般表达式、最大角频偏、最大相移等参数的比较如表 4-3-2 所示。

表 4-3-2　调频与调相的比较

	调　频	调　相
瞬时角频率 $\omega(t)$	$\omega(t)=\omega_c+k_f u_\Omega(t)$ $=\omega_c+\Delta\omega_m\cos(\Omega t)$	$\omega(t)=\omega_c+k_p\dfrac{\mathrm{d}u_\Omega(t)}{\mathrm{d}t}$ $=\omega_c-\Delta\omega_m\sin(\Omega t)$
瞬时相位 $\varphi(t)$	$\varphi(t)=\omega_c t+k_f\int_0^t u_\Omega(t)\mathrm{d}t$ $=\omega_c t+m_f\sin(\Omega t)$	$\varphi(t)=\omega_c t+k_p u_\Omega(t)$ $=\omega_c t+m_p\cos(\Omega t)$
最大角频偏 $\Delta\omega_m$	$\Delta\omega_m=k_f U_{\Omega m}=m_f\Omega$	$\Delta\omega_m=k_p U_{\Omega m}\Omega=m_p\Omega$
最大附加相移	$m_f=\dfrac{\Delta\omega_m}{\Omega}=\dfrac{k_f U_{\Omega m}}{\Omega}$	$m_p=k_p U_{\Omega m}$
一般表达式	$u_o(t)=U_m\cos[\omega_c t+k_f\int_0^t u_\Omega(t)\mathrm{d}t]$ $=U_m\cos[\omega_c t+m_f\sin(\Omega t)]$	$u_o=U_m\cos[\omega_c t+k_p u_\Omega(t)]$ $=U_m\cos[\omega_c t+m_p\cos(\Omega t)]$
通频带	$BW=2(m_f+1)F$	$BW=2(m_p+1)F$

2. 调频电路

产生调频信号的方法很多，通常可分为直接调频和间接调频两大类。直接调频是用调制信号直接控制振荡器振荡回路元件的参量，使振荡器的振荡频率受到控制，使它在载波的上、下按调制信号的规律变化。这种方法原理简单，频偏较大，但中心频率不易稳定。间接调频就是先将调制信号积分，然后对载波进行调相，从而获得调频信号。间接调频的特点是调制可以不在振荡器进行，易于保持中心频率的稳定，但不易获得大的频偏。

调频电路的主要性能指标有中心频率及其稳定度、最大频偏、非线性失真及调制灵敏度等。

变容二极管直接调频电路如图 4-3-10（a）所示，图 4-3-10（b）为振荡部分交流通路，变容管全部接入回路，图 4-3-10（c）为调制信号通路，图 4-3-10（d）为变容二极管的直流通路，变容二极管工作在反向偏置状态。该直接调频电路的中心频率 f_c=70 MHz，最大频偏 Δf_m=6 MHz。

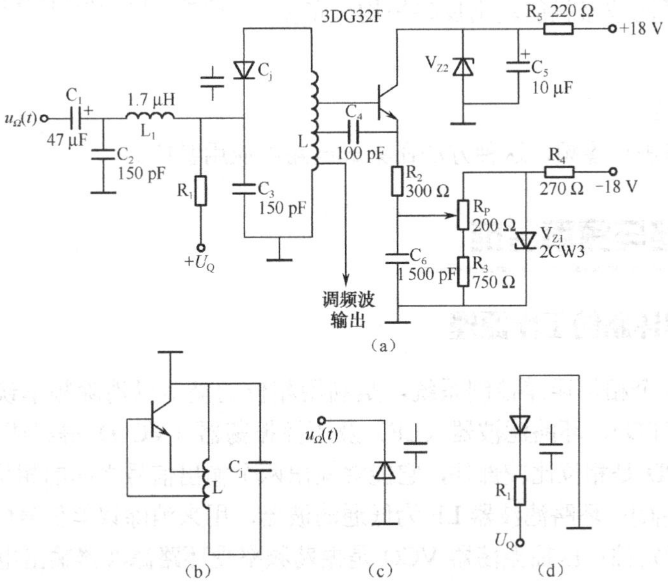

图 4-3-10　变容二极管直接调频电路

4.3.5 鉴频电路

鉴频电路的主要性能指标有：

（1）鉴频灵敏度（也称鉴频跨导）S_D，$S_D = \left.\dfrac{\Delta u_o}{\Delta f}\right|_{f=f_c}$ Hz/V；

（2）线性范围 $2\Delta f_{max}$（也称鉴频电路带宽），应使 $\Delta f_{max} > \Delta f_m$；

（3）非线性失真：指由于鉴频特性的非线性所产生的失真。

通常要求在满足线性范围和非线性失真的条件下，提高鉴频灵敏度 S_D。

实现鉴频的方法很多，常用的方法可以归纳为以下四种。

1）斜率鉴频器

实现模型如图 4-3-11 所示。先将等幅调频信号 $u_S(t)$送入频率-振幅线性变换网络，变换成幅度与频率成正比变化的调幅-调频信号，然后用包络检波器进行检波，还原出原调制信号。

2）相位鉴频器

实现模型如图 4-3-12 所示。先将等幅调频信号 $u_S(t)$送入频率-相位线性变换网络，变换成相位与瞬时频率成正比变化的调相-调频信号，然后通过相位检波器还原出原调制信号。

图 4-3-11　斜率鉴频器实现模型

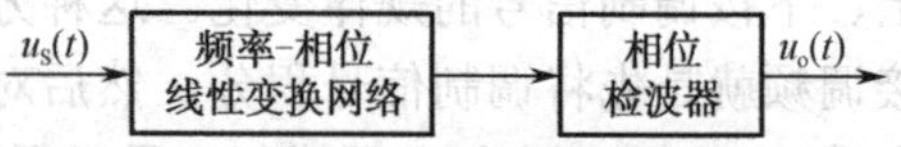

图 4-3-12　相位鉴频器实现模型

3）脉冲计数式鉴频器

实现模型如图 4-3-13 所示。先将等幅调频信号 $u_S(t)$送入非线性变换网络，将它变为调频等宽脉冲序列，该等宽脉冲序列含有反映瞬时频率变化的平均分量，通过低通滤波器就能输出反映平均分量变化的解调电压。

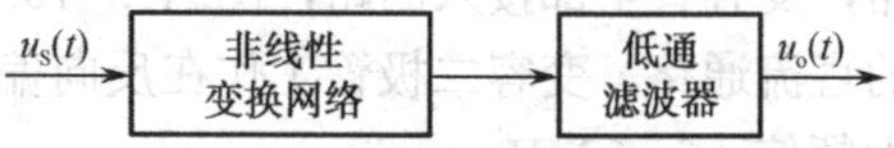

图 4-3-13　脉冲计数式鉴频器实现模型

4）锁相鉴频器

利用锁相环路进行鉴频，这种方法在集成电路中应用甚广。

4.4 锁相环路与频率合成

4.4.1 锁相环路的工作原理

锁相环路是一个相位误差控制系统，是利用相位的调节以消除频率误差的自动控制系统，它由鉴相器（PD）、环路滤波器（LF）及压控振荡器（VCO）等组成，如图 4-4-1 所示。其中鉴相器 PD 是相位比较部件，它能够检出两个输出信号之间的相位误差，输出反映相位误差的电压 $u_D(t)$；环路滤波器 LF 为低通滤波器，用来消除误差信号中的高频分量及噪声，提高系统的稳定性；压控振荡器 VCO 是振荡频率受环路滤波器输出电压 $u_C(t)$控制的振荡器，它是电压-频率变换器。

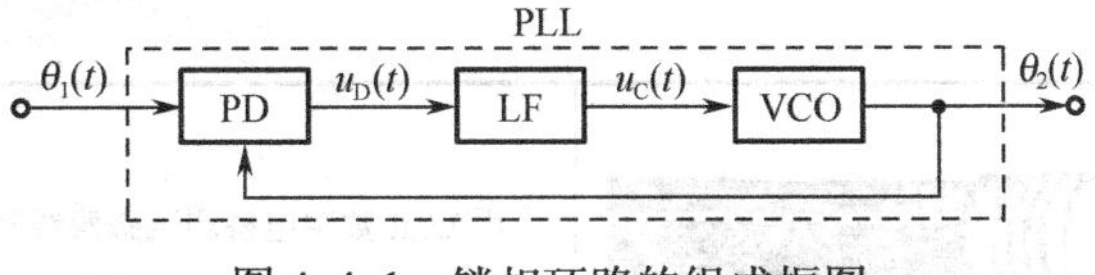

图 4-4-1　锁相环路的组成框图

4.4.2　频率合成器

频率合成器将一个高精确度和高稳定度的标准参考频率，经过混频、倍频与分频等对它进行加、减、乘、除的四则运算，最终产生大量的具有同样精确度和稳定度的频率源。频率合成器在雷达、通信、遥控遥测、电视广播和电子测量仪器等方面得到了广泛的应用。

频率合成器的作用是在一个输入标准频率控制下，产生一系列等间隙的离散频率，其频率稳定度等于输入标准频率的稳定度。评价频率合成器的主要技术指标有：

（1）频率范围：指频率合成器的工作频率范围。

（2）频率间隙：指相邻频率之间的最小间隙，又称分辨率。

（3）频率转换时间：指从一个工作频率转换到另一个工作频率并达到稳定工作所需要的时间。

（4）频率稳定度与准确度：指规定的观测时间内，输出频率偏离标称值的程度；准确度表示实际工作频率与其标称频率值之间的偏差。

（5）频率纯度：指输出信号接近正弦波的程度。

4.5　高频电子技术基本技能

4.5.1　高频元器件的测试技能

高频元器件的测试技能见表 4-5-1。

表 4-5-1　高频元器件的测试技能

1. 中周变压器的测试 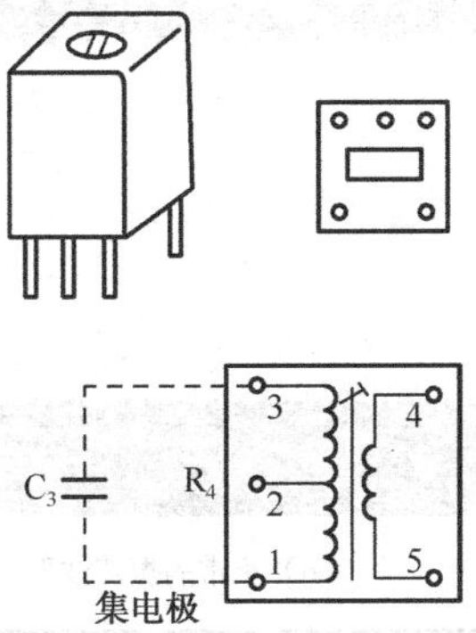 	1）检测中周变压器是否正常 用万用表的 R×1 挡测试中周变压器各引脚是否导通，以判断中周是否正常。 若 1-2、1-3、2-3 之间短路，4-5 之间短路，3-4、1-5 之间开路，则说明变压器中周正常。 2）检测绝缘性能 将万用表置于 R×10k 挡，做如下几种状态测试： ① 初级绕组与次级绕组之间的电阻值； ② 初级绕组与外壳之间的电阻值； ③ 次级绕组与外壳之间的电阻值。 上述测试结果会出现三种情况： ① 阻值为无穷大：正常； ② 阻值为零：有短路性故障； ③ 阻值小于无穷大，但大于零：有漏电性故障。 3）检测中周变压器是否可调 用 LCR 数字电桥测试中周变压器各引脚之间的电感量 L_{13}、L_{23}、L_{12}、L_{45}，并用螺丝刀调节，观察电感量是否变化。如果变化表示能够正常调节

续表

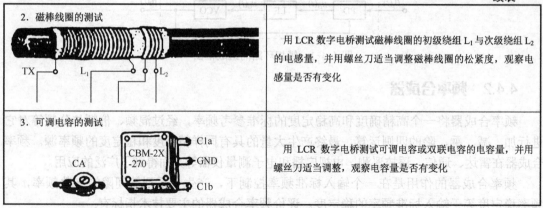

2．磁棒线圈的测试 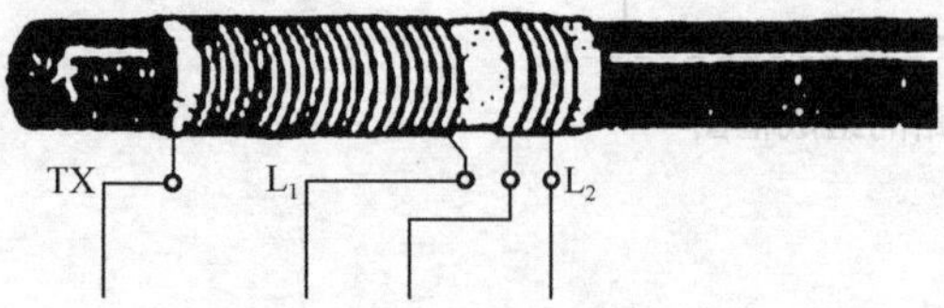	用 LCR 数字电桥测试磁棒线圈的初级绕组 L_1 与次级绕组 L_2 的电感量，并用螺丝刀适当调整磁棒线圈的松紧度，观察电感量是否有变化
3．可调电容的测试 	用 LCR 数字电桥测试可调电容或双联电容的电容量，并用螺丝刀适当调整，观察电容量是否有变化

4.5.2　高频单元电路的调试技能

1．振荡器的调试

振荡器的调试见表 4-5-2。

表 4-5-2　振荡器的调试

技术指标	（1）振荡频率 （2）信号幅度 （3）正弦波波形，波形失真小 （4）起振要快，信号幅度要稳定	
	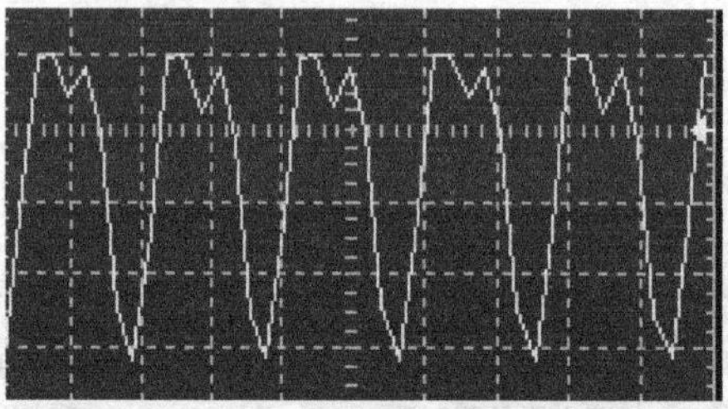 （a）波形有失真	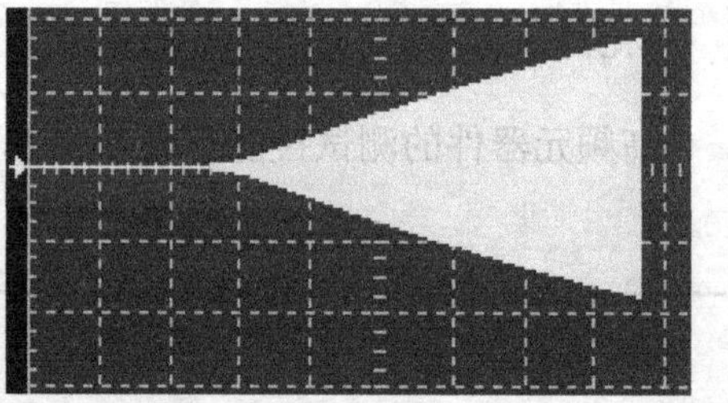 （b）起振慢
	 （c）波形幅度不稳定	 （d）正常的振荡波形

续表

<table>
<tr><td>测试仪器</td><td>数字示波器、直流稳压电源、万用表</td></tr>
<tr><td>测试电路</td><td>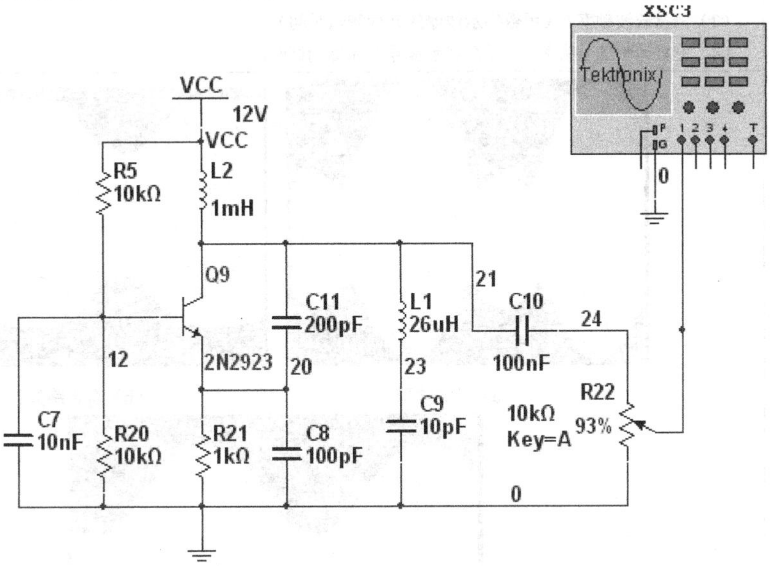
</td></tr>
<tr><td>测试幅度和频率</td><td>数字示波器的面板操作：
measure→CH1 None → 

→back→ 

。这样就可以显示 CH1 通道波形的频率和峰-峰值了
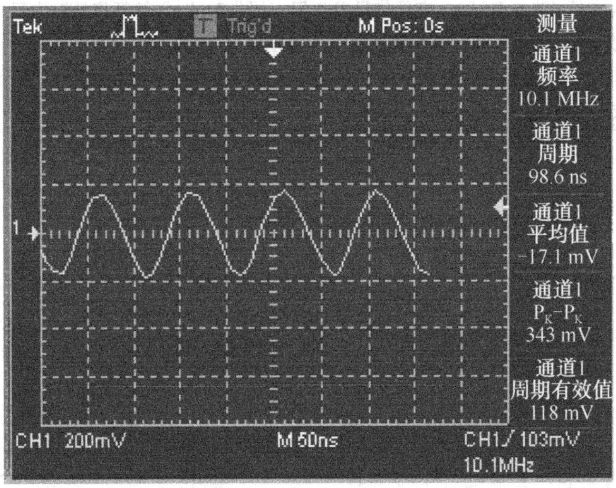
</td></tr>
<tr><td>调整幅度和频率</td><td>调整可调电阻 R_{22} 可以改变振荡信号的幅度；
调整振荡回路的 L_1、C_8、C_9、C_{11}，可以改变振荡信号的频率</td></tr>
</table>

2. 调幅电路的调试

调幅电路的调试见表 4-5-3。

表 4-5-3　调幅电路的调试

技术指标	（1）测试不失真调幅波形 （2）测量调幅系数 m_a（用数字示波器的光标测试电压） （3）测量载波频率 f_c（用数字示波器的光标测试时间） （4）测量调制信号频率 F（用数字示波器的光标测试时间） 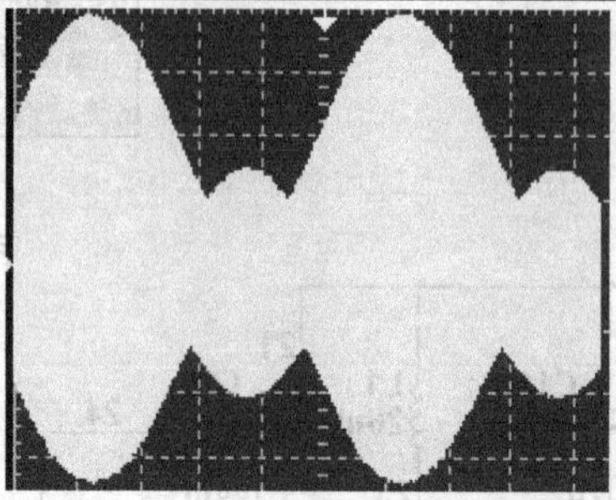 （a）过调波形 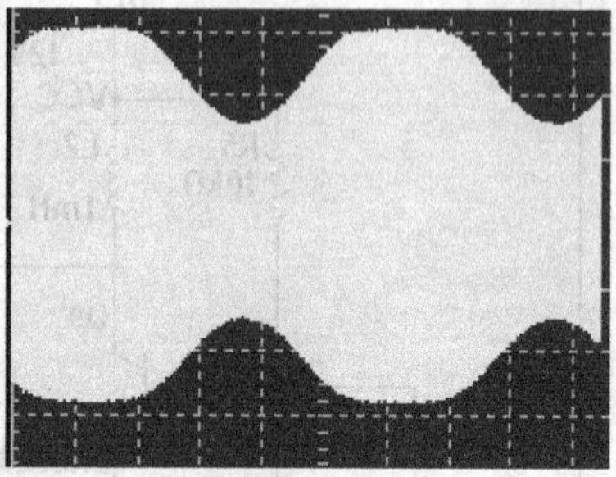 （b）有包络失真 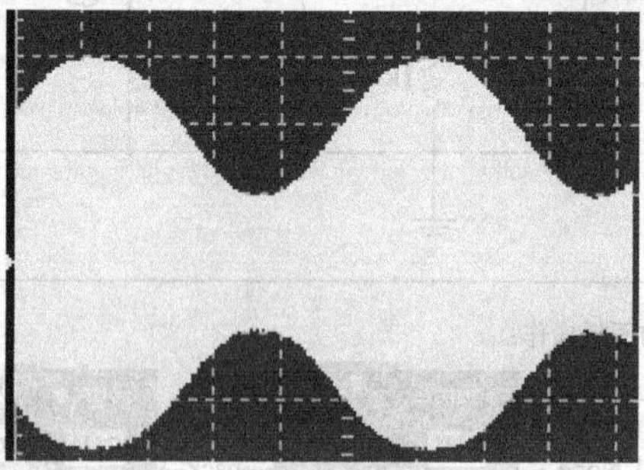 （c）不失真调幅波形
测试仪器	数字示波器（光标测试）、高频信号发生器（提供载波）、低频信号发生器（提供调制信号）、双路直流稳压电源、万用表（测量集成芯片各引脚的直流工作电压）、螺丝刀等。 【高频信号发生器的面板设置】f_c=10 MHz，选择“CM”、“射频输出”；调节“幅度调节”旋钮，使得示波器上显示的波形峰-峰值为 $U_{cp\text{-}p}$=300 mV=0.3 V
测试电路	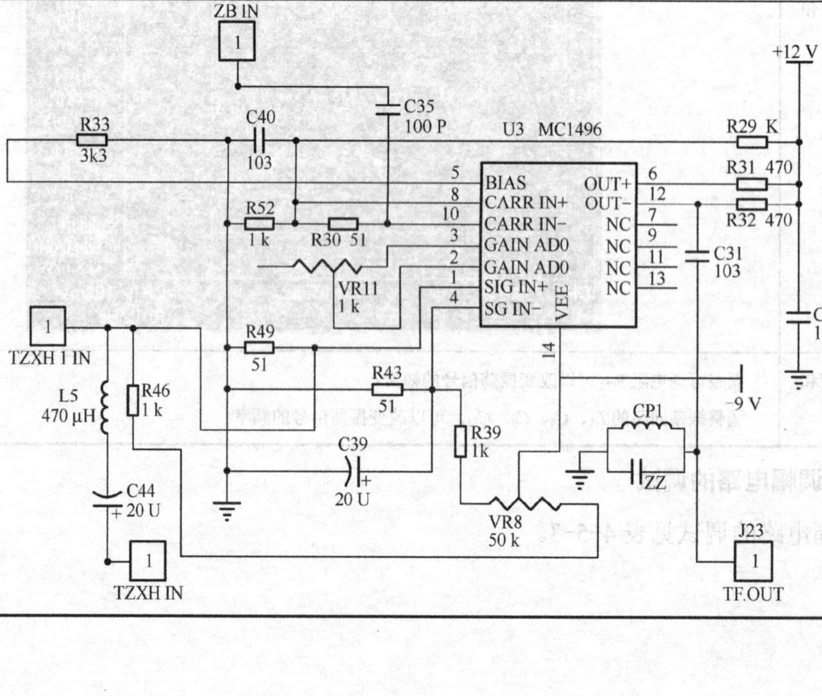

续表

测量调幅系数	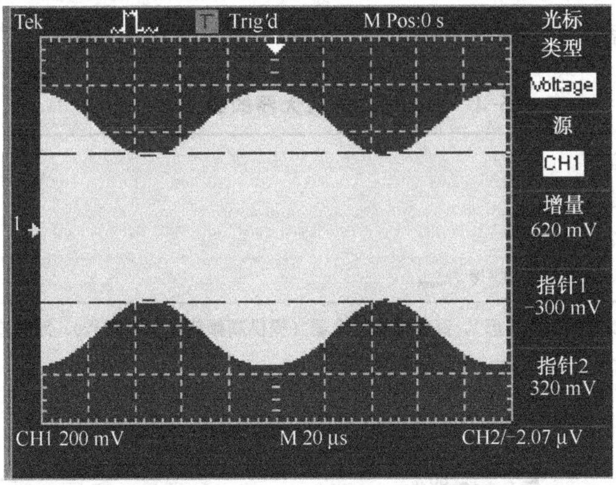 $(U_{omin}=\frac{1}{2}\times 0.62=0.31\text{ V})$ 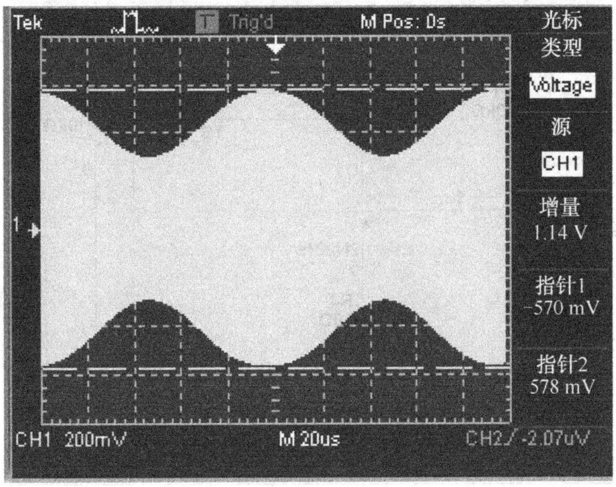 $(U_{omax}=\frac{1}{2}\times 1.14=0.57\text{ V})$ $m_a=\frac{U_{omax}-U_{omin}}{U_{omax}+U_{omin}}=\frac{0.57-0.31}{0.57+0.31}=\frac{0.26}{0.88}=0.295$
测量调制信号频率 F	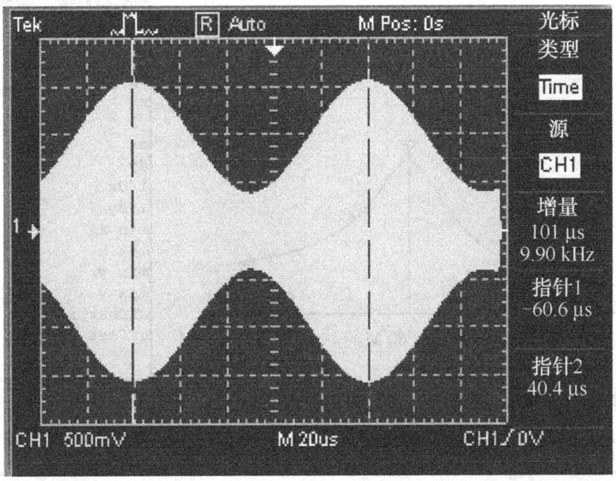 （F=9.90 kHz）

3. 小信号谐振放大器的调试

小信号谐振放大器的调试见表 4-5-4。

表 4-5-4　小信号谐振放大器的调试

<table>
<tr><td>技术指标</td><td>（1）测试谐振频率 f_o
（2）测试谐振电压增益 A_{uo}
（3）测试通频带 $BW_{0.7}$
（4）最大不失真电压波形或电压幅度 U_{omax}</td></tr>
<tr><td>测试仪器</td><td>数字示波器（测试最大不失真波形）、高频信号发生器（提供高频载波输入信号）、双路直流稳压电源、万用表（测量晶体管各引脚的直流工作电压）、螺丝刀等</td></tr>
<tr><td>测试电路</td><td>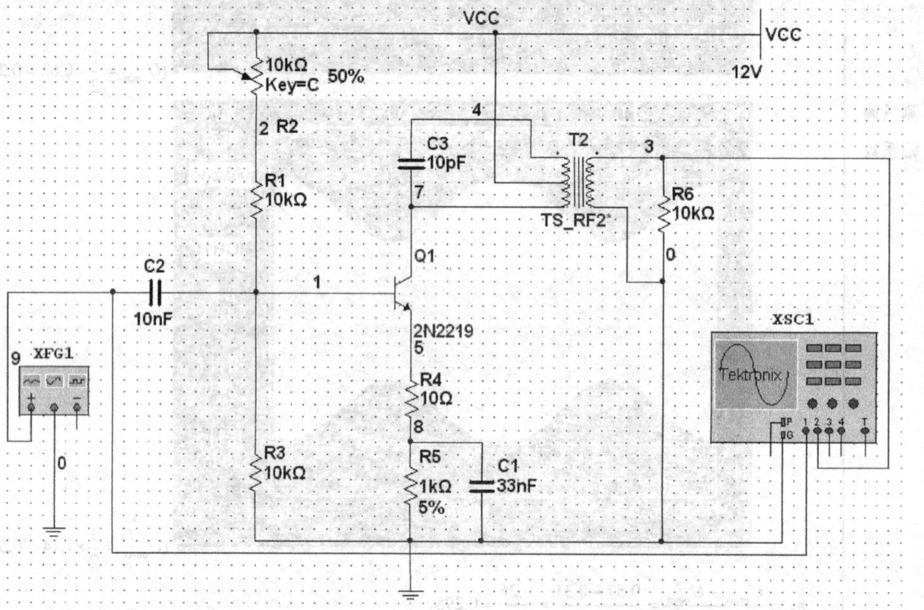
</td></tr>
<tr><td>测试 A_{uo} 和 f_o</td><td>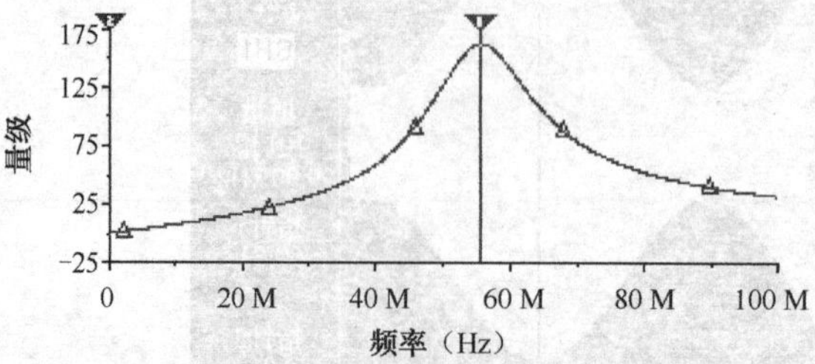

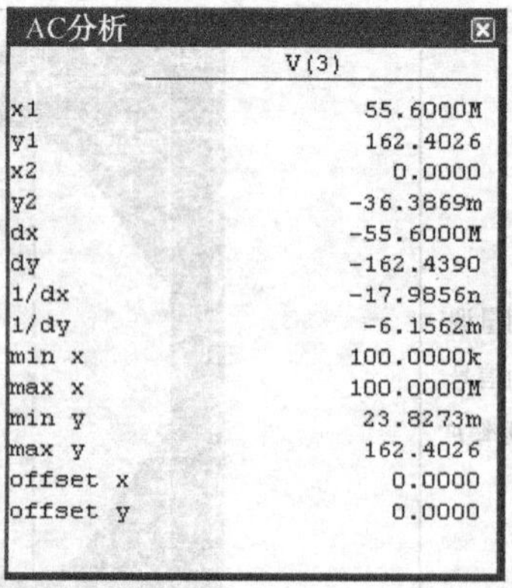

仿真测试的幅频特性曲线与光标读数（也可以用扫频仪）
谐振频率 $f_o=x_1=55.6$ MHz，谐振电压增益 $A_{uo}=y_1=162.402\ 6$</td></tr>
</table>

续表

<table>
<tr><td>测试通频带</td><td>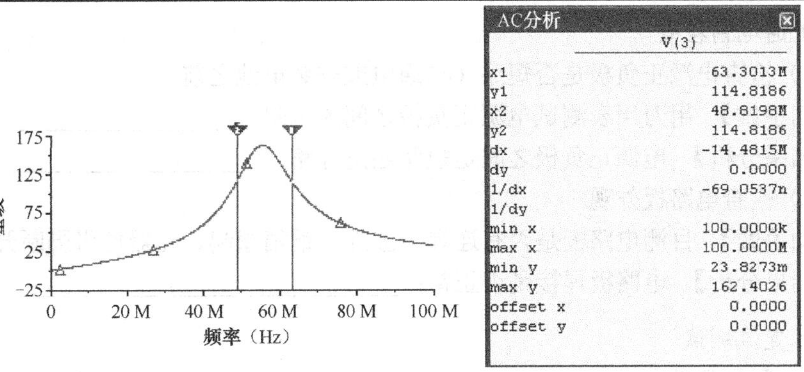

仿真测试的通频带曲线与光标读数
f_H=63.301 3 MHz，f_L=48.819 8 MHz，
$BW_{0.7}=f_H-f_L$=63.301 3-48.819 8=14.481 5 MHz</td></tr>
<tr><td>测试最大不失真电压波形</td><td>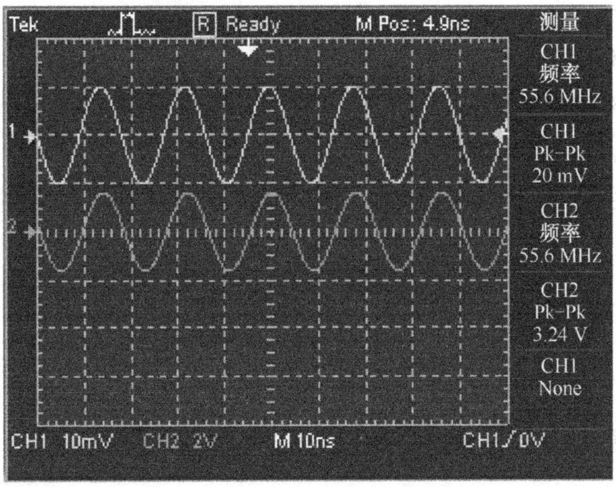

调整中周变压器，使放大器工作在谐振频率f_o上，获得最大不失真电压波形。CH1-输入波形，CH2-输出波形。
U_{omax}=1/2×3.24=1.62 V</td></tr>
</table>

4.5.3 高频整机的调试技能

以调频对讲机为例，介绍高频整机调试的流程，以及一些简单的故障判断。

1. 高频整机测试的一般流程

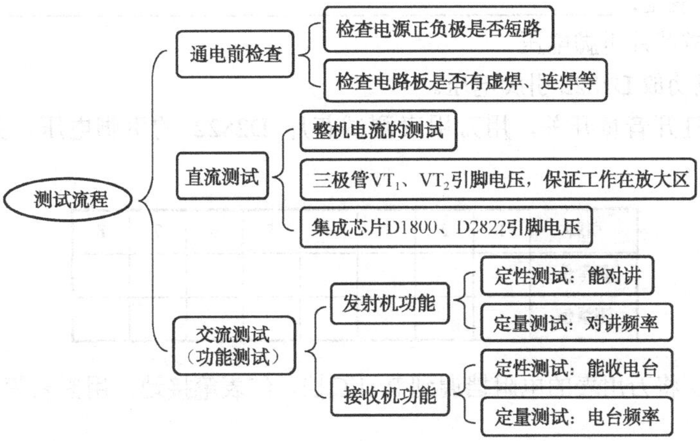

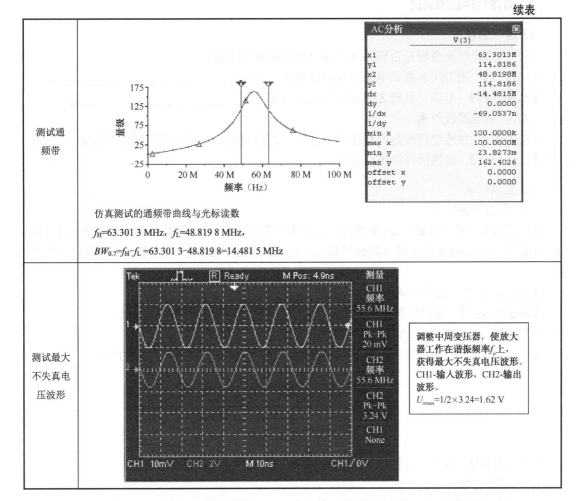

2. 调频对讲机的调试

1）通电前检查

（1）检查电源正负极是否短路（在通电或安装电池之前）

【动手做】 用万用表测试电源正负极之间的电阻：________________。

【结果分析】 电源正负极之间是短路还是开路：________________。

（2）检查电路板外观

【动手做】 目测电路板是否有连焊、虚焊、铜箔翘起、元器件引脚断开等现象：____。

【结果分析】 电路板焊接是否正常：________________。

2）直流测试

（1）测量整机电流

【动手做】 对讲机装上 2 节电池，不打开电源开关；万用表的红表笔插在电流测试孔里，用万用表 100 mA 电流挡（其他挡也行）的正负表笔分别跨接在地和 K 的 GB-之间进行测试。

【测试结果 1】 收音机的整机电流：__________。

【测试结果 2】 发射机的整机电流：__________。（参考值：18 mA）

（2）测试三极管 VT_1、VT_2 引脚电压

【动手做】 打开音量开关，按下对讲开关，用万用表测试两个三极管的引脚电压：

	V_E	V_B	V_C
VT_1			
VT_2			

【结果分析】 两个三极管都工作在放大区吗？__________。

（3）故障分析

① 如果测量到的三极管 VT_2 基极电位超过 1 V，说明__________。

② 如果测量到的三极管 VT_1 和 VT_2 的集电极电位 V_C 是 0.6 V 左右，故障原因可能是：__________。

③ 如果测量到的三极管 VT_1 的集电极电位 V_C 是 3 V 左右，而 VT_2 的集电极电位接近 0 V，故障原因可能是：________________________。

（4）测试集成芯片引脚电压

① 测试集成功放 D2822 引脚电压。

【动手做】 打开音量开关，用万用表测试芯片 D2822 的引脚电压，并与参考值进行比较：

引脚	1	2	3	4	5	6	7	8
参考值								
测量值								

【故障分析】 将万用表的电阻挡调到 R×1 Ω挡，红表笔接地，用黑表笔敲击功放集成电

路 D2822 的第 1 脚和第 7 脚（或音量电位器 RP 的中间脚），出现______________________现象，根据此现象可以判断功放集成电路 D2822 是______________（正常、不正常）。如果功放集成电路 D2822 不正常，怎么解决？______________。

② 测试集成调频接收机 D1800 引脚电压。

【动手做】 打开音量开关，用万用表测试芯片 D1800 的引脚电压，并与参考值进行比较：

引脚	1	2	3	4	5	6	7	8	9	10	11
参考值											
测量值											
引脚	12	13	14	15	16	7	18	19	20	21	22
参考值											
测量值											

【故障分析 1】 集成电路 D1800 引脚 3 的电位实际测量值是__________，如果实际测量到的电位接近 0 V 左右，出现这种现象的原因可能是：________________________。

【故障分析 2】 将万用表的电阻挡调到 R×1 Ω挡，红表笔接地，用黑表笔敲击集成电路 D1800 的第 19 脚，出现___________现象，根据此现象可以判断集成电路 D1800 是______（正常、不正常）。如果集成电路 D1800 是正常的，此时调节调谐旋钮，调频收音机收不到电台，可能是 ________________________电路出现了问题。

3）发射机功能测试（对讲功能）

（1）定性测试

【工具准备】 标准调频收音机 1 个（能显示数字频率）、对讲机 2 个。

【动手做 1】 打开音量开关，按下对讲开关，对着话筒说话或者放音乐，然后用标准调频收音机接听，能否收到信号？______________，并记下此时标准调频收音机的频率：______________。

【动手做 2】 使用两个对讲机，小组两个人互相对讲，一人对着话筒说话，另一人旋转调台旋钮，收听信号。

【结果】 能否实现双方对讲？____________。

（2）定量测试

【工具准备】 高频数字示波器 1 个、标准调频收音机 1 个（能显示数字频率）、对讲机 1 个。

【动手做 1】 打开音量开关，按下对讲开关，用数字示波器测试发射机电容 C_7 的引脚波形。

【测试结果】 对讲频率：____________。

【动手做 2】 打开音量开关，按下对讲开关，对着话筒说话或者放音乐，然后用标准调频收音机接听，能否收到信号？____________。

【测试结果】 如果标准调频收音机能够收到对讲机的信号，那么此时标准调频收音机的频率即为对讲机的频率：____________。

（3）测试故障分析

① 按下对讲开关，调节另外一台调好的调频收音机的调谐旋钮，接收本发射机的信号，若收不到信号，应调节发射机的发射频率，即调整发射机的______（L_1、L_2、L_3）。

② 调节发射的远近距离，应该调节发射机的______（L_1、L_2、L_3）。

③ 如果要大家相互对讲，调整的方法是______。

④ 如果要两人之间相互对讲既保密又不干扰别人，调整的方法是______。

4）接收机功能测试

（1）定性测试

① 低端的调试：把高频信号发生器的调频信号调在 88 MHz，调节调频收音机的调谐旋钮接收这个信号，如果还没有到低端（电容变大，频率变小）就收到这个信号，说明 L_4 电感量______（大、小）了，应使 L_4 变______（松、紧）；如果调到低端还没有收到这个信号，说明 L_4 电感量______（大、小）了，应使 L_4 变______（松、紧）。

② 高端的调试：把高频信号发生器的调频信号调在 108 MHz，调节调频收音机的调谐旋钮接收这个信号，如果还没有到高端（电容变小，频率变大）就收到这个信号，说明 L_4 电感量______（大、小）了，应使 L_4 变______（松、紧）；如果调到高端还没有收到这个信号，说明 L_4 电感量______（大、小）了，应使 L_4 变______（松、紧）。

③ 多次重复①和②直至调好。

（2）定量测试

【工具准备】 标准调频收音机 1 个、对讲机 1 个。

【动手做】 打开音量开关，旋转调台旋钮，收听广播电台信号，然后用标准调频收音机接收相同的电台，标准调频收音机上显示的频率即为对讲机收到的电台频率。

【测试结果】 电台频率______。

4.6 收音机调试实例

1. 收音机电路的基本原理

以超外差式调幅收音机为例，介绍收音机电路的基本原理。超外差式收音机是将接收到的不同频率的高频信号全部变成一个固定的中频信号进行放大，因而电路对各种电台信号的放大量基本是相同的，这样可以使中放电路具有优良的频率特性。虽然超外差式收音机的电路比直放式收音机复杂，但其选择性好，灵敏度高。

我国调幅广播频率范围为：中波是 525～1 605 kHz，短波是 1.6～26 MHz。接收调幅广播的超外差式收音机主要由输入电路、混频电路、中频放大电路、检波电路、音频放大电路及电源电路等部分组成，如图 4-6-1 所示。

1）输入电路

输入电路又称输入调谐回路或选择电路，其作用是从天线上接收到的各种高频信号中选择出所需要的电台信号并送到变频级。输入电路是收音机的大门，它的灵敏度和选择性对整机的灵敏度和选择性都有重要影响。

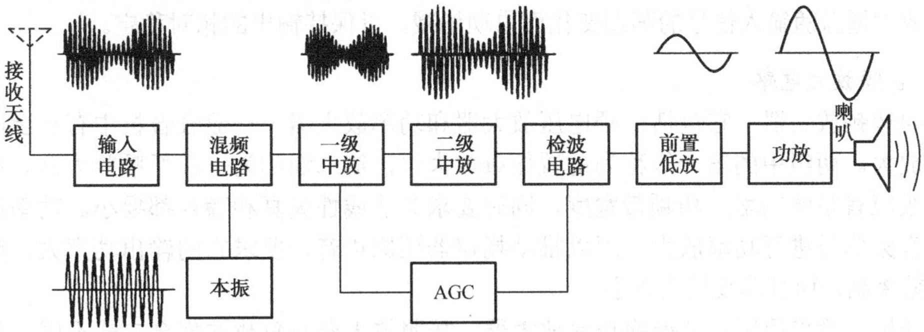

图 4-6-1 超外差式收音机的组成框图

2）混频电路

混频电路又称变频器，由本机振荡器和混频器组成，其作用是将输入电路选出的信号（载波频率为 f_s 的高频信号）与本机振荡器产生的振荡信号（频率为 f_r）在混频器中进行混频，结果得到一个固定频率（465 kHz）的中频信号。这个过程称为“变频”，它只是将信号的载波频率降低了，而信号的调制特性并没有改变，仍属于调幅波。由于混频管的非线性作用，f_s 与 f_r 在混频过程中，产生的信号除原信号频率外，还有二次谐波及两个频率的和频及差频分量。其中差频分量（f_r-f_s）就是我们需要的中频信号，可以用谐振回路选择出来，而将其他不需要的信号滤除掉。因为 465 kHz 中频信号的频率是固定的，所以本机振荡信号的频率始终比接收到的外来信号频率高出 465 kHz，这也是“超外差”得名的原因。

3）中频放大电路

又叫中频放大器，其作用是将变频级送来的中频信号进行放大，一般采用变压器耦合的多级放大器。中频放大器是超外差式收音机的重要组成部分，直接影响着收音机的主要性能指标。质量好的中频放大器应有较高的增益、足够的通频带和阻带（使通频带以外的频率全部衰减），以保证整机良好的灵敏度、选择性和频率响应特性。

4）检波和自动增益控制电路

收音机接收的经过调制的高额振荡电流，这种电流通过收音机的耳机或扬声器，并不能使它们振动而发声，为什么呢？假定某一个半周期电流的作用是使振动片向某个方向运动，下一个半周期电流就以几乎同样大的作用使振动片向反方向运动。高频电流的周期非常短，半周期更短，而振动片的惯性相当大，所以在振动片还没有来得及在电流的作用下向某个方向运动的时候，就立刻有一个几乎同样大的作用要使它向反方向运动，结果振动片实际上不发生振动，要听到声音，必须从高频振荡电流中“检”出声音信号，使扬声器（或耳机）中的动片随声音信号振动。

从接收到的高频振荡电流中“检”出所携带的调制信号过程，叫作检波。检波是调制的逆过程，因此也叫解调。由于调制的方法不同，检波的方法也不同。检波之后的信号再经过放大、重现，我们就可以听到或看到了。

音频信号通过音量控制电位器送往音频放大器，而直流分量与信号强弱成正比，可将其反馈至中放级实现自动增益控制（简称 AGC）。收音机中设计 AGC 电路的目的是：接收弱信号时，使收音机的中放电路增益增高，而接收强信号时自动使其增益降低，从而使检波前的放大增益随输入信号的强弱变化而自动增减，以保持输出的相对稳定。

5）音频放大电路

又叫音频放大器，它包括低频电压放大器和功率放大器。一般收音机中有一至两级低频电压放大。两级中的第一级称为前置低频放大器，第二级称为末级低频放大器。低频电压放大级应有足够的增益和频带宽度，同时要求其非线性失真和噪声都要小。功率放大器用来对音频信号进行功率放大，用以推动扬声器还原声音，要求它的输出功率大，频率响应宽，效率高，而且非线性失真小。

收音机一般采用甲乙类推挽功率放大器，按照放大器与负载的耦合方式不同，具体来说有变压器耦合、电容耦合（OTL）、直接耦合（OCL）等几种形式的功率放大器。由于采用集成电路作为功率放大器具有体积小、功耗小、可靠性高、稳定性好、检修调试方便等优点，所以应用广泛。

以七管半导体超外差式调幅收音机为例，介绍整机电路的工作原理，如图 4-6-2 所示。当调幅信号感应到 B_1 及 C_1 组成的天线调谐回路时，选出我们所需的电信号 f_1 进入 VT_1（9018H）三极管基极；本振信号调谐在高出 f_1 频率一个中频的 f_2（f_1+465 kHz），若 f_1=700 kHz 则 f_2=700+465 kHz=1 165 kHz 进入 VT_1 发射极，由 VT_1 三极管进行变频，通过 B_3 选取出 465 kHz 中频信号经 VT_2 和 VT_3 二级中频放大，进入 VT_4 检波管，检出音频信号经 VT_5（9014）低频放大和由 VT_6、VT_7 组成功率放大器进行功率放大，推动扬声器发声。图中 VD_1、VD_2（1N4148）组成 1.3±0.1 V 稳压，固定变频，一中放、二中放、低放的基极电压，稳定各级工作电流，以保持灵敏度。VT_4（9018）三极管 PN 结用作检波。R_1、R_4、R_6、R_{10} 分别为 VT_1、VT_2、VT_3、VT_5 的工作点调整电阻，R_{11} 为 VT_6、VT_7 功放级的工作点调整电阻，R_8 为中放的 AGC 电阻，B_3、B_4、B_5 为中周（内置谐振电容），既是放大器的交流负载又是中频选频器，该机的灵敏度、选择性等指标靠中频放大器保证。B_6、B_7 为音频变压器，起交流负载及阻抗匹配的作用。

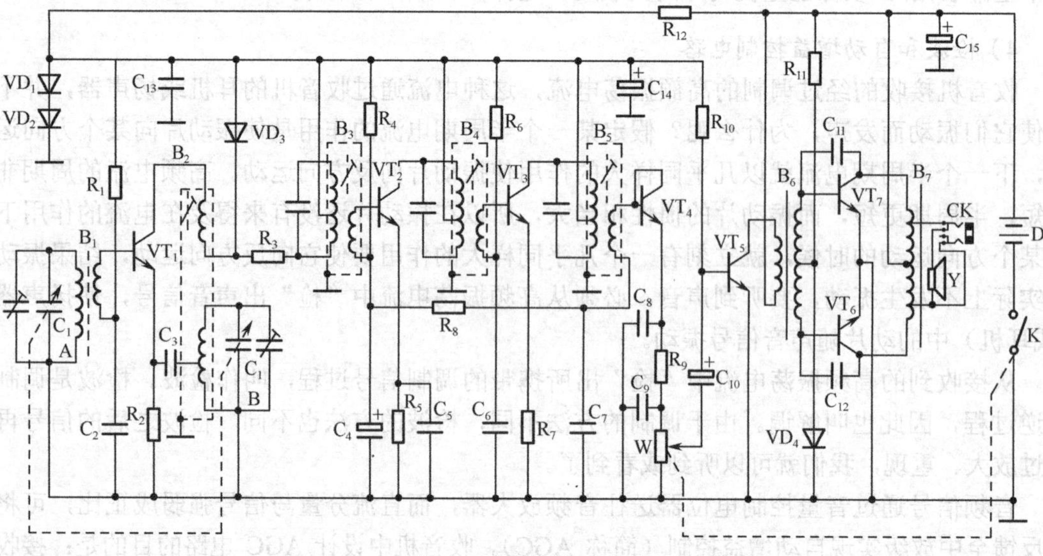

图 4-6-2　七管半导体超外差式收音机的整机图

2. 收音机主要技术参数调试

收音机的性能指标包括的内容很多，这里只介绍几项主要性能指标及其测量方法。

1）测量中频频率

将收音机调在最低端（双连电容动片全部旋入），音量控制最大，在“465kHz”附近调节高频信号发生器输出信号的频率，使收音机输出最大，这时信号发生器所指示的频率即为实际的中频频率。

2）测量频率范围

将收音机的调谐指针调至最低端，在“525 kHz”附近调节高频信号发生器输出信号的频率，当收音机输出最大时，与信号发生器相对应的频率即为低端频率。再将收音机的调谐指针调到最高端，在“1 605 kHz”附近调节高频信号发生器输出信号的频率，收音机输出最大时，与信号发生器相对应的频率即为高端频率。测出最高、低端频率，即知道了收音机的频率范围（应比要求略宽）。

3）测量灵敏度（mV/m）

灵敏度是衡量收音机接收弱信号能力的指标，使用磁性天线时，其单位为 mV/m（毫伏/米）。在扬声器输出电压相同的情况下，mV/m 数值越小，表示收音机灵敏度越高。收音机的灵敏度一般用相对灵敏度表示，即用收音机输出信号的信噪比为 20 dB、输出功率为标准功率（10 mW）时的输入信号的大小来表示。

中波收音机一般选择 600 kHz、1 000 kHz 和 1 600 kHz 三个频率作为灵敏度测试点。将被测收音机调谐指针置于各测试点，信号发生器输出载波为 1 000 kHz 的调幅信号，用毫伏表监测扬声器两端输出电压。调节信号发生器输出信号强度，使收音机输出电压为 0.28 V（8 Ω、0.28 V 时，即为标准功率为 10 mW），读取此时信号发生器输出信号强度为 E_1。再去掉调制信号（将高频信号发生器置于等幅输出），收音机只有噪声输出，反复调节信号发生器输出信号强度和收音机的音量电位器，使收音机的噪声输出电压为 $E_1/10$（即 0.028 V）。此时，高频信号发生器的输出电压 E_2 即为收音机信噪比为 20 dB 时的相对灵敏度。

4）测选择性

选择性是指收音机从各种电波中选取欲接收电台信号的能力。广播电台一般按 10 kHz 的间隔分布，所以选择性也用输入信号失谐±10 kHz 时的灵敏度下降程度（dB）来衡量。调节被测收音机，使指针对准 1 000 kHz，按照灵敏度的测量方法，由信号发生器输出载波 1 000 kHz 的调幅波，调节信号发生器输出强度，使收音机输出 0.28 V，此时，信号发生器输出电压为 E_1；调偏高频信号发生器的载频±10 kHz，此时收音机输出降低，增加信号发生器输出信号强度，使收音机输出仍为 0.28 V，此时信号发生器输出信号为 E_2，即选择性为 $20\lg E_2/E_1$。

在上述测试、检验过程中要做好记录，并与说明书中的技术性能参数相比较，应达到所要求的灵敏度、选择性要求，对于不能达到要求的应分析原因。

单元测试题 4

一、选择题

1．下列电路中属于非线性高频电路的是（　　）。

A．宽频带放大器　B．小信号谐振放大器

C．高频功率放大器　D．宽频带放大器与高频功率放大器

2．下列电路中属于高电平调幅的是（　　）。

A．二极管开关调幅电路　B．二极管平衡调幅电路

C．模拟乘法器调幅电路　D．集电极调幅电路

3．下列放大器中选择性最好的是（　　）。

A．单调谐放大器　B．双调谐放大器

C．RC 宽带放大器　D．低 Q 值宽带放大器

4．调频广播与调幅广播相比，（　　）。

A．传播距离远　B．调制过程简单

C．音质较差　D．抗干扰能力强

5．鉴相器是将两个信号的（　　）变成电压的过程。

A．频率差　B．相位差　C．振幅之差　D．以上均不对

6．正弦振荡器产生自激振荡（　　）。

A．要求电路中要有正反馈

B．要求放大器的电压增益小于反馈网络的衰减信号

C．要求反馈信号与原放大器输入信号反相

D．一旦形成，可一直无条件延续下去，除非断电

7．自动增益控制电路常用英文字母（　　）表示。

A．AGC　B．ANC　C．ARC　D．APC

8．常用的正弦波振荡器中，频率稳定度最高的是（　　）振荡器。

A．RC 桥式　B．电感三点式

C．改进型电容三点式　D．石英晶体

9．同步调谐放大器中，单调谐放大器级数增加时，其（　　）。

A．矩形系数减小，通频带变窄　B．谐振增益增大，通频带变宽

C．选择性改善，通频带变宽　D．矩形系数增大，稳定性下降

10．在超外差收音机中，要求本振频率 f_L、高频信号频率 f_C、中频信号频率 f_I 之间的正确关系是（　　）。

A．$f_I=f_C-f_L$　B．$f_I=f_L-f_C$　C．$f_L=f_C-f_I$　D．$f_L=f_I-f_C$

11．为了改善系统性能，实现信号的远距离传输及信道多路复用，通信系统广泛采用（　　）。

A．无线通信　B．光缆信道　C．调制技术　D．高频功率放大

12．单调谐放大器中，并联谐振回路作为负载时，常采用抽头接入，其目的是（　　）。

A．展宽频带　　B．提高工作效率

C．减小矩形系数　　D．减小晶体管及负载对回路的影响

13．正弦波振荡器的作用是在（　　）情况下，产生一定频率和幅度的正弦信号。

A．外加输入信号　　B．没有输入信号

C．没有直流电源电压　　D．没有反馈信号

14．调制信号的频率范围为 $F_1 \sim F_n$，用来进行调幅，产生的普通调幅波的带宽为（　　）。

A．$2F_1$　　B．$2F_n$　　C．F_n-F_1　　D．F_n+F_1

15．二极管峰值包络检波电路中，产生惰性失真的原因是（　　）。

A．输入信号过大　　B．输入信号调幅系数过小

C．R_C 过大　　D．R_L 过大

16．变容二极管直接调频电路中，变容二极管应工作在（　　）偏置状态。

A．正向　　B．零　　C．反向

17．间接调频是利用调相来实现调频的，但它应先对调制信号进行（　　）。

A．放大　　B．微分　　C．积分　　D．移相 90°

18．同步检波电路中同步信号与需解调已调信号的载波（　　）。

A．同频　　B．同相　　C．同频同相　　D．同幅度

二、判断题

1．采用间接调频是提高中心频率稳定度的一种简便而有效的办法。（　　）

2．调频波的幅度随低频信号幅度的变化而变化。（　　）

3．在接收机中，当接收机的输出功率为规定的标准功率时，在输入端所需的场强越小，说明其灵敏度越差。（　　）

4．延迟 AGC 是指输入信号不大时 AGC 起作用，当输入信号电平超过某一值时 AGC 就不起作用。（　　）

5．LC 谐振回路 Q 值越小，选择性越好。（　　）

6．在对调频收音部分的性能测试前，将调频部分的机内、机外天线断开，把相应的标准模拟天线接到整机与调频信号发生器之间，音调控制器置平直位置。（　　）

7．超外差接收机高端台接收不到是由于频率覆盖没调整好。（　　）

8．灵敏度是指接收机在正常工作时接收微弱信号的能力。（　　）

9．LC 谐振回路中，电容量增大时，谐振频率下降，品质因数将增大。（　　）

10．正弦波振荡器用于产生一定频率和幅度的信号，所以振荡器工作时不需要接入直流电源。（　　）

三、简答计算题

1．对鉴频器的性能有哪些要求？

2．调幅收音部分的主要技术指标有哪些？

3．画出超外差调幅收音机的基本框图。

4．简述鉴频的实现方法。

5．简述锁相环路的组成部分。

6．简述调幅收音机的中频调试步骤。

7．如何调试调幅收音机的覆盖范围？

8．如何调试调幅收音机的跟踪范围？

第5章 电子测量原理

5.1 电子测量的主要内容

测量是指为确定被测对象的量值而进行的实验过程。电子测量是指以电子技术作为理论依据、以电子测量仪器设备为工具进行的测量。在电子产品制造过程中，从产品研发到流水线生产，再到售后服务等，每个环节都要用到电子测量仪器进行测量。电子产品制造业的从业人员应具备电子测量的基本知识和电子测量仪器的操作技能。

电子测量的内容主要有：

（1）电能量的测量：如电流、电压、功率等的测量。

（2）电路、元器件参数的测量：如电阻、电感、电容、阻抗的品质因数、电子器件参数等的测量。

（3）电信号特性的测量：如频率、波形、周期、时间、相位、谐波失真度、调幅度及逻辑状态等的测量。

（4）电子设备性能的测量：如放大倍数、衰减量、灵敏度、通频带、噪声指数等的测量。

（5）特性曲线的显示：如幅频特性、器件特性等特性曲线的测量。

5.2 测量误差与数据处理

测量的目的就是希望获得被测量的实际大小，即真值。所谓真值，就是在一定的时间和环境条件下，被测量本身所具有的真实数值。实际上，由于测量设备、测量方法、测量环境和测量人员的素质等条件的限制，测量所得到的结果与被测量的真值之间会有差异，这个差异就称为测量误差。

5.2.1 测量误差的表示方法

测量误差有两种表示方法：绝对误差和相对误差。

1. 绝对误差

由测量所得到的测量值 X 与被测量的真值 A_0 之差，称为绝对误差，用 ΔX 表示，即

$$\Delta X=X-A_0 \tag{5-2-1}$$

由于测量结果 X 总含有误差，X 可能比 A_0 大，也可能比 A_0 小。因此，ΔX 既有大小，又有正负符号，其量纲和测量值相同。

这里说的测量值，是指测量仪器的读数装置所指示出来的被测量的数值，所以也称为示值。一般情况下，示值和仪器的读数有区别。读数是指从仪器刻盘度、显示器等读数装置上直接读到的数字，示值是该读数表示的被测量的量值，常常需要加以换算。真值是一个理想的概念，一般来说，是无法精确得到的。因此，实际应用中通常用实际值 A 来代替真值 A_0。实际值是根据测量误差的要求，用高一级或数级的标准仪器或计量器具测量所得之值，这时绝对误差可按下式计算：

$$\Delta X=X-A \tag{5-2-2}$$

2. 相对误差

绝对误差虽然可以说明测量结果偏离实际值的情况，但不能确切反映测量的准确程度。例如，对分别为 10 Hz 和 1 MHz 的两个频率进行测量，绝对误差都为+1 Hz，但两次测量结果的准确程度显然不同。因此，需引出相对误差的概念。

相对误差定义为绝对误差与被测量的真值之比，用 γ 表示。

$$\gamma=\frac{\Delta X}{A_0}\times 100\% \tag{5-2-3}$$

相对误差没有量纲，只有大小及符号。

5.2.2 测量误差的来源

1. 仪器误差

由于仪器本身及其附件的电气和机械性能不完善而引入的误差称为仪器误差。仪器仪表的零点漂移、刻度不准确和非线性等引起的误差以及数字式仪表的量化误差都属于此类。

2. 使用误差

由于仪器的安装、布置、调节和校正不当等所造成的误差。如把要求水平放置的仪器垂直放置、接线太长、未装阻抗匹配连接线、接地不当等都会产生使用误差。

3. 环境误差

由于温度、湿度、电源电压、电磁场等各种环境因素与仪器仪表要求的条件不一致而

引起的误差。

4. 人身误差

由于测量者的分辨能力、工作习惯和身体素质等原因引起的误差。某些借助人耳、人眼来判断结果的测量以及需要进行人工调整等的测量工作，均会产生人身误差。

5. 方法误差

由于测量方法或者仪器仪表选择不当所造成的误差称为方法误差。如用低内阻的万用表测量高内阻电路的电压时所引起的误差就属于此类。

6. 理论误差

测量时，依据的理论不严格或者应用近似公式等造成的误差称为理论误差。

5.3 常用测量仪器及注意事项

电子测量仪器一般分为专用仪器和通用仪器两大类。通用仪器按照功能可分类如下。

1. 信号发生器

信号发生器主要用来提供各种测量所需的信号。根据用途的不同，有各种波形、各种频率和各种功率的信号发生器，如调频调幅信号发生器、脉冲信号发生器、函数信号发生器等。

2. 电压测量仪器

电压测量仪器是用于测量信号电压的仪器，如低频毫伏表、高频毫伏表、数字电压表等。

3. 信号分析仪器

信号分析仪器主要用来观测、分析和记录各种电量的变化，如示波器和频谱分析仪等。

4. 频率、时间和相位测量仪器

频率、时间和相位测量仪器主要用来测量电信号的频率、时间间隔和相位差。这类仪器有各种频率计、相位计等。

5. 网络特性测量仪

网络特性测量仪有频率特性测试仪及网络分析仪等，主要用来测量电气网络的各种特性。这些特性主要指频率特性、阻抗特性、功率特性等。

6. 电子元器件测试仪

电子元器件测试仪主要用来测量各种电子元器件的各种电参数是否符合要求。根据测试对象的不同，可分为晶体管测试仪、集成电路（模拟、数字）测试仪和电路元件（如电阻、电感、电容）测试仪等。

7. 电子测量仪器使用注意事项

电子测量仪器的正确使用，是保证仪器的使用寿命、防止仪器损坏、提高测量准确度的重要前提。使用电子测量仪器时，应严格遵循仪器的操作方法、步骤及操作中应该注意的问题。非法操作和使用仪器，都有可能导致测量误差增大或使被测电路、元器件及电子测量仪器损坏。因此使用前应仔细阅读仪器使用说明书，说明书上会给出仪器的技术指标、操作步骤及注意事项等。

1）仪器使用环境要求

电子测量仪器的操作环境是否良好直接影响到仪器的性能及使用寿命。各种仪器应在规定的正常工作条件下使用，即要求仪器的放置位置正常，无外界电场和磁场的影响。另外还应满足仪表本身规定的特殊条件，例如恒温、防尘、防震等。①场地应保持清洁少尘。②静电防护。操作人员在使用仪器时也应佩戴防静电腕带。③满足温湿度要求。电子器件在工作过程中要散发热量，电子仪器本身也有一定范围的工作温度。要仔细阅读操作手册，确保仪器在规定的温湿度环境下工作。

2）仪器通电前后注意事项

仪器开机前，须检查仪器的量程、频段、衰减等旋钮是否打在合适位置。为了确保人身和仪器的安全，仪器的电源插头连接线等绝缘层应完好无损，接地要良好。仪器不使用时，应在断电条件下存放。如仪器内有电池时应将电池取出，防止电池漏液腐蚀机芯。接通电源后，不能敲打仪器机壳，不能用力拖动。如要移动仪器设备，应首先切断电源，然后轻轻移动。有些仪器使用前要充分预热。

3）仪器使用前的校准

大多数指针式仪表设有机械零位校正，校正器的位置通常装设在指针转轴对应的外壳上，当线圈中无电流时，指针应指在零的位置。如果指针在不通电时不在零位，应当调整校正器旋钮改变游丝的反作用力矩使指针指向零点。仪表在校正前要注意仪表的放置位置必须与该表规定的位置相符。如规定位置是水平放置，则不能垂直或倾斜放置，否则仪表指针可能不是指向零位，这不属于零位误差。在放置正确的前提下再确定是否需要调零，并且保证在全部测量过程中仪表都放置在正确位置，以保证读数的正确性。

4）注意仪器的阻抗

作为信号源一类的仪器，其输出阻抗都是很低的，如高频信号发生器典型值是 50 Ω，扫频仪的扫频输出端典型值是 75 Ω。之所以信号源的输出阻抗一般都做得很低，是因为信号源要将自己的信号耦合到被测电路上。一般，在低频测量中，并不是非要阻抗匹配不可。大多数情况是被测电路的输入阻抗比信号源的输出阻抗大得多。而在高频情况下，一般是非要阻抗匹配不可，否则由于反射波的影响，会造成耦合到被测电路上的信号幅度与馈线的长短有关，从而会造成耦合到被测电路输入端的信号幅度与信号源上的指示值不同，这就会造成测量结果的不正确。当测量频率上升到几十兆乃至上百兆赫兹时，这种影响就会变得显著。例如，对于扫频仪，当进行“零分贝校正”时，如果阻抗不匹配，则在频率较低的频段，屏幕上的扫描线是直的（不是指基线），但是在较高频率的频段，扫描线就会变得起伏不平。尤其对于宽频带测量，就会带来较大的误差。

作为电压表（如晶体管毫伏表）或示波器一类的从被测电路上取得信号来测量的仪器，一般的输入阻抗都较高，典型值为 1 MΩ，有的（如示波器）还标有输入电容（如

25 pF)。之所以它们的阻抗要做得较高，是因为这样可以使得它们对被测电路的影响较小。但是，当被测电路的输出阻抗大到与它们的输入阻抗相比拟时，则仪器的输入阻抗对被测电路的影响就变得显著了，这时测量结果往往不准确。对于仪器的输入电容来说，在低频情况下对测量没有什么大的影响，但是在高频情况下，有时就得考虑。

5）避免损坏仪器

在仪器的使用中，不正确的操作可能造成对仪器的损坏。而且，这种情况的发生有时似乎是莫名其妙的。对于信号源一类的仪器，不能随便将其输出端短路。尽管对于信号源的电压输出端子来说，将其输出端短路一般并不会损坏仪器，但是也应该养成不随便将输出端短路的习惯。

对于毫伏表或示波器一类的仪器，要注意耦合到其输入端上的电压不可超过其最大允许值。这类仪器一般并不会因此而损坏，因为它们的输入端的最大允许值往往较大，很少有耦合到其输入端的电压达到超过其输入端最大允许值的情况。但是对于频率计就不同了，很多频率计能够工作在 1 000 MHz 的频率上，而为了达到这么宽的频率范围，其前级电路放大器中所使用的管子必须是高频小功率管，它的耐压值不大，而由于某种原因要工作在如此高的频率上，故不容易在其输入端设置保护电路（这会导致其工作频率下降），因此只要在其输入端馈入稍大的电压（如十几伏甚至更低），就极易导致前级电路中管子的损坏，从而造成仪器的损坏。

6）注意仪器的“接地”与“共地”

电子仪器“接地”与“共地”是抑制干扰、确保人身和设备安全的重要技术措施。这里所说的“接地”是指电子仪器相对零电位点接大地。为防止雷击可能造成的设备损坏和人身危险，电子仪器的外壳通常应接大地，而且接地电阻越小越好。在测量过程中，使用电子电压表和示波器等高灵敏度、高输入阻抗仪器，若仪器外壳未接地，当人手或金属物触及高电位端时，会使仪器的指示电表严重过负荷，可能损坏仪表。如果仪器外壳接大地，则漏电流自电源经变压器和机壳到大地形成回路，而不流经仪器的输入电阻，所以上述影响就消除了。所谓“共地”，即各台电子仪器及被测装置的地端，按照信号输入、输出的顺序可靠地连接在一起。特别是当各测试仪器的外壳通过电源插头接大地时，若未“共地”，会造成被测信号短路或毁坏被测电路元器件。总之，电子测试系统中各仪器应该“接地”又“共地”，这样既能够消除工频干扰，又能够抑制其他外界干扰。

所谓“共地”，即各台电子仪器及被测装置的地端，按照信号输入、输出的顺序可靠地连接在一起，如图 5-3-1 所示。

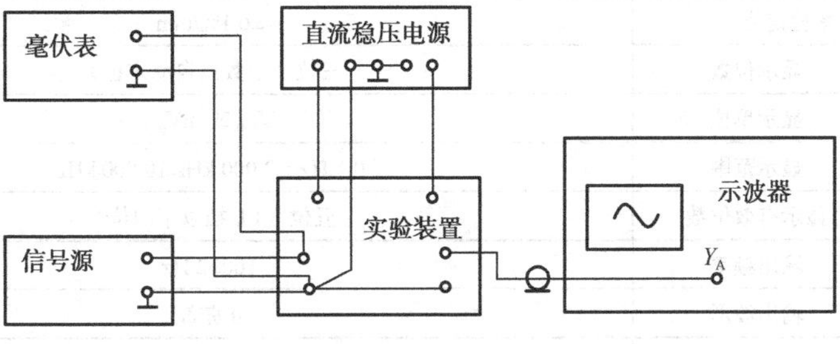

图 5-3-1　实训仪器和装置“共地”示意图

7）注意仪器的探头与馈线

每个仪器都有自己的探头或馈线。有的仪器的探头里含有某种电路（如衰减器、检波器等），这种仪器探头一般不能与别的仪器的探头互换。在低频测量中，探头或馈线的使用不是那么严格；但在高频测量中，探头或馈线的使用就要严格得多。首先是匹配问题，如扫频仪的扫频输出端的馈线有两种：一种是没有匹配电阻的，另一种则是有匹配电阻的。使用时要根据被测电路输入阻抗来确定用什么馈线。对任何仪器，在高频测量中都不能用任意的两根导线来代替匹配电缆的使用。另外，有的馈线或探头较短，这是因为高频测量中不能使探头过长，否则会影响测量结果，故不可随意加长探头。但在低频测量中（如1 MHz 以内），探头加长一些对测量结果的影响不大。

5.4 电子测量基本技能

5.4.1 信号发生器的使用

凡是产生测试信号的仪器均称为信号发生器，也称为信号源。它用于产生被测电路所需特定参数的电测试信号。信号源主要给被测电路提供所需要的已知信号，然后用其他仪表测量感兴趣的参数。

1. 函数信号发生器

1）函数信号发生器主要技术参数

SP1641B 型函数信号发生器主要技术参数见表 5-4-1。

表 5-4-1 SP1641B 型函数信号发生器主要技术参数

项目		技术参数
主函数输出频率		0.1 Hz～3 MHz 按十进制共分八挡，每挡均以频率微调电位器进行频率调节
输出阻抗		50 Ω
输出信号波形		正弦波、三角波、方波（对称或非对称输出）
输出信号幅度		不衰减：（1～20 V_{p-p}）±10%，连续可调 衰减 20 dB：（0.1～2 V_{p-p}）±10%，连续可调 衰减 40 dB：（10～200 mV_{p-p}）±10%，连续可调 衰减 60 dB：（1～20 mV_{p-p}）±10%，连续可调
输出信号特征	正弦波失真度	<1%
	三角波线性度	>99%（输出幅度的 10%～90%区域）
输出信号频率稳定度		±0.1%/min
幅度显示	显示位数	三位（小数点自动定位）
	显示单位	V_{p-p} 或 mV_{p-p}
频率显示	显示范围	0.1 Hz～3 000 kHz/10 000 kHz
	显示有效位数	五位（1 k 挡以下四位）
点频	输出频率	100±2 Hz
	输出波形	正弦波
	输出幅度	≈2V_{p-p}

2）函数信号发生器的面板

SP1641B 型函数信号发生器的面板如图 5-4-1 所示。

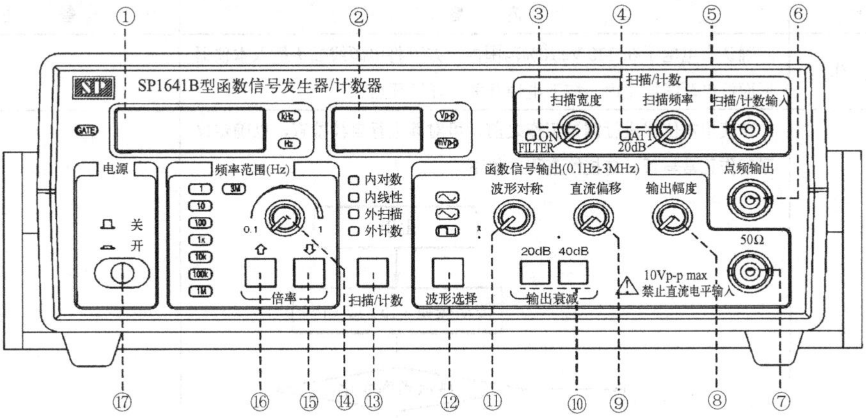

图 5-4-1　SP1641B 型函数信号发生器的面板

SP1641B 型函数信号发生器的面板控件功能名称见表 5-4-2。

表 5-4-2　SP1641B 型函数信号发生器的面板控件名称

序　号	名　　称
①	频率显示窗口
②	幅度显示窗口
③	扫描宽度调节旋钮
④	扫描速率调节旋钮
⑤	扫描/计数输入插座
⑥	点频输出端
⑦	函数信号输出端
⑧	函数信号输出幅度调节旋钮
⑨	输出信号直流电平偏移调节旋钮
⑩	输出波形对称性调节旋钮
⑪	输出幅度衰减开关
⑫	输出波形选择按钮
⑬	“扫描/计数”按钮
⑭	频率微调旋钮
⑮	倍率选择按钮
⑯	倍率选择按钮
⑰	整机电源开关

3）函数信号发生器的操作规程

SP1641B 型函数信号发生器的操作规程见表 5-4-3。

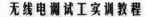

表 5-4-3　SP1641B 型函数信号发生器操作规程

SP1641B 型函数信号发生器操作规程		
步　骤	内　容	备　注
1. 准备工作	确认市电电压在 220 V±10%范围内，方可将电源线插头插入本仪器后面板电源线插座内。按下电源开关，开机预热	
2. 自校检查	在使用本仪器进行测试工作之前，可对其进行自校检查，以确定仪器工作正常与否。自校检查程序如下 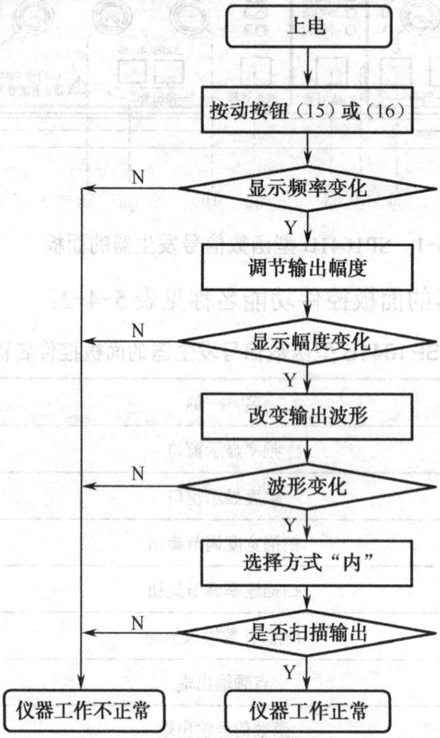 	
3. 主函数信号输出	（1）以终端连接 50 Ω匹配器的测试电缆，由前面板插座⑦输出函数信号； （2）由倍率选择按钮⑮或⑯选定输出函数信号的频段，由频率微调旋钮调整输出信号频率，直到所需的工作频率值； （3）由输出波形选择按钮⑫选定输出函数的波形，分别获得正弦波、三角波、脉冲波； （4）由信号幅度选择器⑪和⑧选定和调节输出信号的幅度； （5）由信号电平设定器⑨选定输出信号所携带的直流电平； （6）输出波形对称调节器⑩可改变输出脉冲信号占空比，与此类似，输出波形为三角或正弦时可使三角波调变为锯齿波，正弦波调变为正与负半周分别为不同角频率的正弦波形，且可移相 180°	其他用途： 1．点频正弦信号输出：（1）输出标准的正弦波信号，频率为 100 Hz，幅度为 $2V_{p-p}$（中心电平为 0）；（2）以测试电缆（终端不加 50 Ω匹配器）由输出插座⑥输出。 2．外测频功能： （1）“扫描/计数”按钮⑬选定为“外计数方式”；（2）用本机提供的测试电缆，将函数信号引入外部输入插座⑤，观察显示频率应与内测量时相同

续表

SP1641B 型函数信号发生器操作规程		
步 骤	内 容	备 注
4. 使用完毕	关闭电源，整理附件，放置整齐	
注意事项	输出小信号时，先按下衰减按钮（分为 20 dB、40 dB，单按下 20 dB 衰减 10 倍，单按下 40 dB 衰减 100 倍，同时按下 20 dB 和 40 dB 衰减 1 000 倍）	

4）函数信号发生器的使用

（1）50 Ω主函数信号输出的测试：调节 SP1641B 函数信号发生器的有关旋钮，使输出符合要求的正弦波。用 CA9020 型双踪示波器测量上述信号的频率和峰-峰值，最后将测得的数据记录入表 5-4-4 中。

表 5-4-4 SP1641B 型函数信号发生器的正弦波输出

信号发生器输出	示波器观察的波形图	示波器测其频率（Hz）	频率相对误差	示波器测其峰-峰值（V）	电压相对误差
f=1 kHz，$V_{p\text{-}p}$=1.0 V					
f=10 kHz，$V_{p\text{-}p}$=5.0 V					

（2）输出三角波和方波，频率均为f=1 kHz，峰-峰值均为 $V_{p\text{-}p}$=3.0 V。用 CA9020 型双踪示波器测量上述信号的波形，结果填入表 5-4-5 中。

表 5-4-5 SP1641B 型函数信号发生器的三角波和方波输出

输出信号名称	示波器观察的波形图	示波器测其频率（Hz）	频率相对误差	示波器测其峰-峰值（V）	电压相对误差
三角波					
方波					

（3）点频正弦信号输出的观测：用 CA9020 型双踪示波器观察 SP1641B 型函数信号发生器的点频正弦信号输出，测量结果填入表 5-4-6 中。

表 5-4-6 SP1641B 型函数信号发生器的点频输出

信号发生器输出	示波器观察的波形图	示波器测其频率（Hz）	频率相对误差	示波器测其峰-峰值（V）	电压相对误差
f=100 Hz，$V_{p\text{-}p}$=2 V					

（4）外测频功能的测试：用另外一台信号发生器产生几个信号，用 SP1641B 型函数信号发生器测量信号的频率，将测量结果填入表 5-4-7 中。

表 5-4-7 SP1641B 型函数信号发生器的计数功能

被 测 信 号	SP1641B 测其频率	示波器测频	相 对 误 差
正弦波f=1 kHz			
方波f=10 kHz			

2. 高频信号发生器

1）高频信号发生器的面板

SG1052S 型高频信号发生器的面板如图 5-4-2 所示。

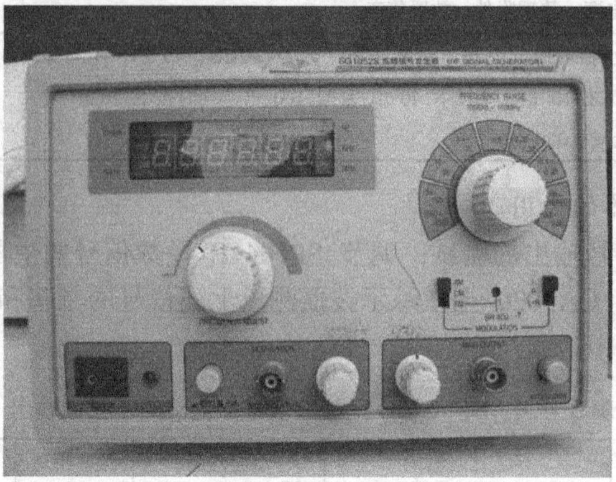

图 5-4-2　SG1052S 型高频信号发生器的面板

2）高频信号发生器的操作规程

SG1052S 型高频信号发生器的操作规程见表 5-4-8。

表 5-4-8　SG1052S 型高频信号发生器操作规程

分　类	内　容	备　注
1．开机预热	打开电源开关，指示灯亮，预热 3～5 min	
2．音频信号使用	将频段选择开关置于“1”，调制开关置于“载频（等幅）CM”，音频信号由音频输出插座输出，根据需要调节信号幅度	
3．调频立体声信号发生器的使用	将频段选择开关置于“1”，调制开关置于“载频”	切忌置于“调频”，否则，就要影响立体声发生器的分离度
4．调频调幅高频信号发生器的使用	① 将频段选择开关按需置于选定频段，调制开关按需选于调幅、载频（等幅）和调频，高频信号输出幅度调节由电平调节，高频信号由插座输出。 ② 调制度的调节：选择 AM 调幅状态，调节调制度旋钮即可改变调制度。 ③ 频宽调节：在中频放大器和鉴频器正常工作条件下，将高频信号发生器的频率调在中频频率上，调节“频宽调节”从小（向顺时针方向旋转）开大，使示波器的波形不失真，即观察波形法、听声音法，是将频宽调节从小调到声音最响时，就不调大了，稍调小一点即可，如在调节中频放大器和鉴频器的过程中调节“频宽调节”，随中频、鉴频的调试过程随时调节“频宽调节”直到都调好	

5.4.2　示波器的使用

利用示波器能观察各种不同信号幅度随时间变化的波形曲线，还可以用它测试各种不同的电量，如电压、频率、周期、相位和调幅度等。示波器可分为模拟示波器和数字示波器两大类。

1. 模拟示波器

1）示波器主要技术指标

CA9020 型示波器主要技术指标见表 5-4-9。

表 5-4-9　CA9020 型示波器主要技术指标

项　目	内　容
1.垂直系统	灵敏度：5 mV/div～5 V/div，按 1-2-5 顺序分 12 挡；上升时间：17.5 ns；带宽（-3 dB）：DC-20 MHz；输入阻抗：1 MΩ/25 pF，经 10∶1 探极输入时为 10 MΩ±5%、16±2 pF；最大输入电压：300 V（DC+AC peak）；工作方式：Y1、Y2、DUAL（交替或断续）、ADD
2.触发系统	触发源：内、外；内触发源：Y1、Y2、电源、交替触发；触发方式：常态、自动、电视
3.水平系统	扫描速度：0.2 s/div～0.2 μs/div，按 1-2-5 顺序分 19 挡； 扩展×10
4.校正信号	波形：对称方波；幅度：$2V_{p\text{-}p}$±2%；频率：1 kHz±2%

2）模拟示波器的面板

CA9020 型模拟示波器的面板如图 5-4-3 所示。

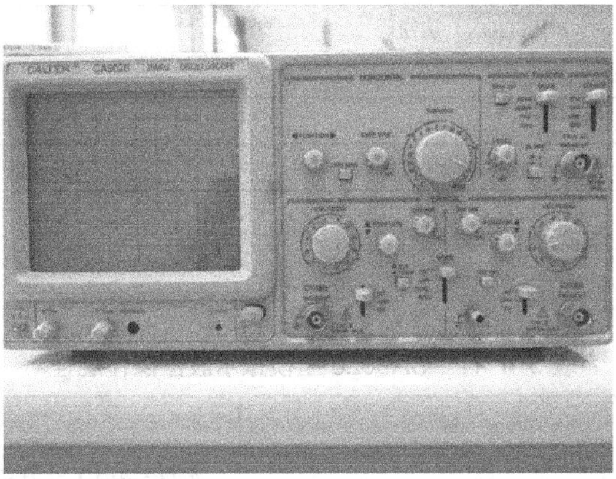

图 5-4-3　CA9020 型示波器前面板图

CA9020 型示波器的面板控件名称见表 5-4-10。

表 5-4-10　CA9020 型示波器的面板控件名称

	名　称
电源和显示部分	辉度（INTENSITY）
	聚焦（FOCUS）
	光迹旋转（ROTATION）
	校正（CAL）
	电源指示灯
	电源开关

续表

	名　称
Y系统	CH1 移位/CH2 移位（POSITION）
	（垂直）方式（MODE）选择开关
	垂直衰减开关（VOLTS/DIV）
	垂直微调（VAR）
	耦合方式（AC−DC−GND）
	CH1/X 插座
	CH2/Y 插座
	接地
触发系统	外触发输入（EXT）插座
	触发源（SOURCE）
	（触发）极性（SLOPE）
	（触发）电平（LEVEL）旋钮
	触发方式（TRIG MODE）
	交替触发
X系统	扫速（SEC/DIV）选择
	水平微调（VAR）旋钮
	X 移位（POSITION）旋钮
	荧光屏
	扫描扩展
	CH2 反相（CH2 INV）开关

3）模拟示波器的操作规程

CA9020 型模拟示波器的操作规程见表 5-4-11。

表 5-4-11　CA9020 型模拟示波器操作规程

步　骤	内　容	备　注
1．辉度调节	调辉度旋钮	辉度要适中，不宜过亮，且光点不应长时间停留在同一点上，以免损坏荧光屏
2．聚焦调节	调聚焦旋钮	应使用光点聚焦，不要用扫描线聚焦。如果用扫描线聚焦，很有可能只在垂直方向上聚焦，而在水平方向上并未聚焦
3．光迹水平位置调整	用小的“一”字起子调整前面板上的“光迹旋转”电位器，使扫描线与水平刻度线平行	如果显示的光迹与水平刻度线已平行，则此步骤不需要
4．探极补偿及仪器自校	将探极一端（BNC 插头）接到 CH1 连接插座，探极的另一端（带钩）钩在校准信号输出插座上，垂直方式开关置于“CH1”，调整探极上的微调电容器，使显示波形正确平顶。当偏转因数为 0.1 V/div，时基因数为 0.5 ms/div 时，观察到的显示波形应为幅度为 5 格、周期为 2 格的方波	探头要专用，且使用前要校正。常用的探头为无源探头。应检查探头是否是 10∶1，若放在×10 位置，读取电压幅值读数应×10

续表

步　骤	内　容	备　注
5．连接被测电路	将探极的接地夹接到被测电路的地线上。将探头（带钩端）接到被测电路的测试点	当信号幅度较小时，应当使用屏蔽线以防外界干扰信号影响；当测量脉冲和高频信号时，必须用高频同轴电缆连接
6．进行测量	调整 Y 轴灵敏度和扫描时基旋钮，使波形大小适当，便于读数。注意扫描稳定度、触发电平和触发极性等旋钮的配合调节使用	应在示波管屏幕的有效面积内进行测量，最好将波形的关键部位移至屏幕中心区域观测。这样可以避免因示波管的边缘弯曲而产生测量误差
7．记录测量结果	读取并记录屏幕上观察到的波形及相关参数	
8．使用结束	关闭电源，整理附件，放置整齐	
注意事项	1．读取电压幅值时，应检查 V/div 开关上的微调旋钮是否顺时针旋到底（校准位置）。 2．读取周期时，应检查 time/div 开关上的微调旋钮是否顺时针旋到底（校准位置）	使用环境温度：0～40 ℃，湿度：85%RH。 给定的允许最大输入电压值是峰-峰值，而不是有效值

4）模拟示波器的使用

（1）示波器的探极补偿调整

① 用专用探头将示波器本机校准信号（CAL）接入示波器 CH1 插座，并将探头衰减开关拨至“×10”挡。

② 观察波形补偿是否适中，否则调整探头补偿元件，如图 5-4-4 所示。

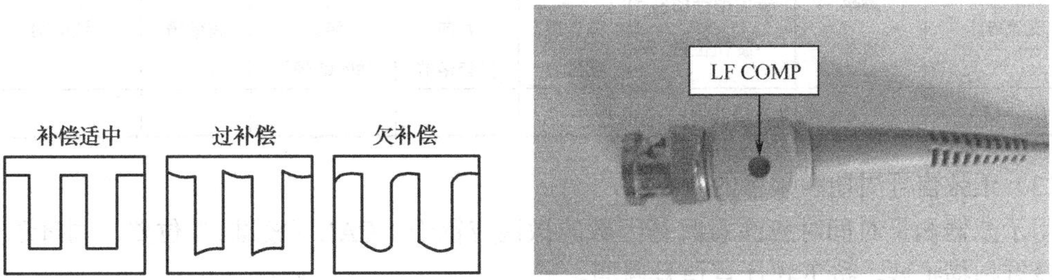

（a）波形　　（b）调整位置

图 5-4-4　探极补偿调整

记录相关参数，绘出波形图，填于表 5-4-12 中。注意：将垂直和水平微调旋钮均打在校正位置（CAL）。

表 5-4-12　示波器校准信号的测试

被测信号	垂直偏转因数（V/div）	峰-峰高度（div）	峰-峰电压（V_{p-p}）	时基因数（t/div）	一个周期长度（div）	周期（ms）	频率（Hz）	波形图
校正信号								

（2）交流电压峰-峰值测量

电压测量方法是先在示波器屏幕上测出被测电压的波形高度，然后和相应通道的偏转因数相乘即可。测量时应注意将垂直偏转因数的微调旋钮置于“校准”位置（顺时针旋到底），还要注意输入探头衰减开关的位置。按下式计算被测信号的电压峰-峰值。

$$U_{p\text{-}p}=\text{垂直方向的格数}\times\text{垂直偏转因数}\times\text{探头衰减系数} \tag{5-4-1}$$

例如，在图 5-4-5 中，测出 A、B 两点垂直格数为 4.2 格，用 10∶1 探极，垂直偏转因数为 0.2 V/DIV，则 $U_{p\text{-}p}=0.2\times4.2\times10=8.4$ V。

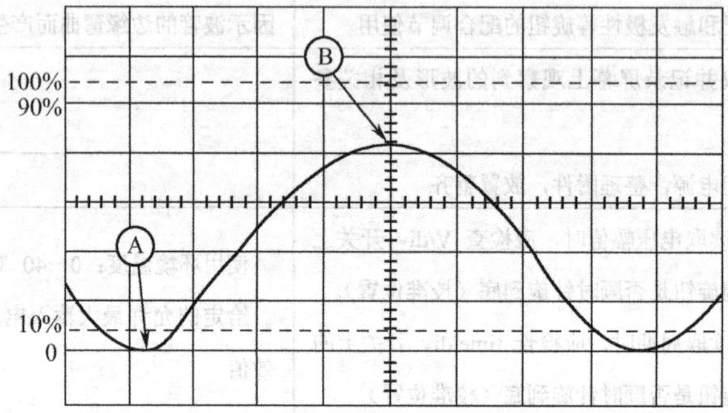

图 5-4-5　电压峰-峰值的测量

用函数信号发生器提供测试信号（例如正弦波 $f=10$ kHz，$U_{p\text{-}p}=3$ V）。将测量结果填入表 5-4-13 中。

表 5-4-13　交流电压的测试

交流电压	探极衰减	垂直偏转因数旋钮位置	垂直微调旋钮位置	垂直方向偏转格数	测试结果（峰-峰值）	有效值	波形图
$U_{P\text{-}P}=3$ V							

（3）正弦信号周期和频率的测量

用示波器测量时间时应注意时基因数的微调应置于“CAL（校准）”位置，同时还要注意有没有扫描扩展。按下式计算信号周期。

$$\text{周期（s）}=\frac{\text{两点之间水平距离（格）}\times\text{扫描时间因数（时间/格）}}{\text{水平扩展倍数}} \tag{5-4-2}$$

例如，在图 5-4-6 中，测得 A、B 两点的水平距离为 8 格，扫描时间因数为 2 μs/DIV，水平扩展为“×1”，则

$$\text{周期}=\frac{8\times2}{1}=16\ \mu s$$

该信号的频率为

$$f=\frac{1}{T}=\frac{1}{16\times10^{-6}}=62.5\ \text{kHz}$$

这种测量精确度不太高，常用作频率的粗略测量。用函数信号发生器提供测试信号，将测量结果填入表 5-4-14 中。

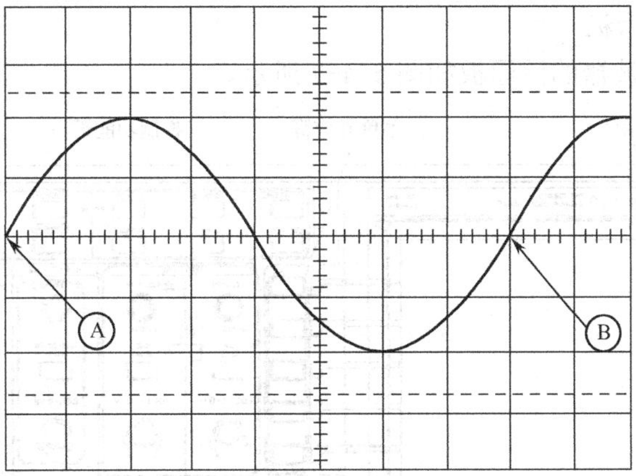

图 5-4-6　信号周期的测量

表 5-4-14　正弦波的周期和频率的测量

交流信号	时基因数旋钮挡位	时基微调旋钮挡位	一个周期长度	周期	频率	波形图
$f=10\ \text{kHz}$，$U_{\text{p-p}}=3\ \text{V}$						

2. 数字示波器

1）数字示波器的技术指标

CA1022 型数字示波器的技术指标见表 5-4-15。

表 5-4-15　CA1022 型数字示波器的技术指标

类　别	名　称	指 标 内 容
输入	输入耦合	直流、交流或接地（AC、DC、GND）
	输入阻抗	1 MΩ±3%与 20±6 pF 并联
	探头衰减系数设定	1×、10×、100×
	最大输入电压	400 V（DC+Vpk）
垂直系统	灵敏度	2 mV/div～5 V/div
	模拟带宽	25 MHz
	垂直分辨率	8 bit　A/D 转换器
水平系统	取样率	500 S/s～10 MS/s
	记录长度	25 k 个取样点
	扫描时间因数范围	5 ns/div～5 s/div 按 1-2-5 进制
触发系统	触发类型	边沿、视频
	触发源	CH1、CH2、EXT（外触发）
	触发电平范围	内触发时为屏幕中心±8div
测量	光标测量	光标间电压差、时间差
	自动测量	峰-峰值、平均值、频率、周期

2）数字示波器的面板

CA1022 型数字示波器的前面板如图 5-4-7 所示。

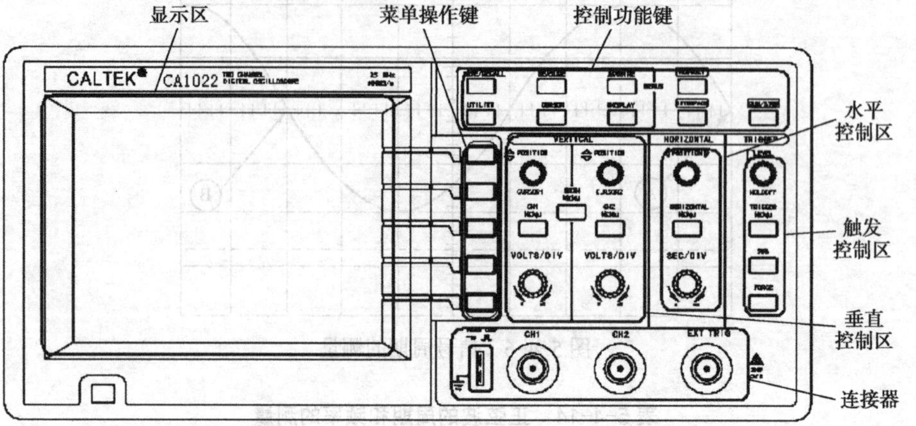

图 5-4-7　CA1022 型数字示波器的前面板图

3）数字示波器的使用

（1）仪器初始化校准

操作步骤如下：

① 按下电源开关。

② 按“UTILITY（辅助功能）”键，显示下一级菜单，选择“中文”菜单界面。

③ 按“自校正”菜单操作键，机器进行自校正。

④ 用示波器专用探头将“PROBE COMP”（探极补偿器）端连接到 CH1 探头连接器。

⑤ 按“CH1 MENU”键，将“探头”设定为“10×”，并将探头上的开关拨至“×10”位置。

⑥ 按“AUTOSET（自动设定）”键，调节“VOLTS/DIV”、“SEC/DIV”和“POSITION”旋钮，使显示方波的周期为一格、幅值为一格，读出 CH1 垂直标尺的读数和主时基设定值（M），画出其波形图并填入表 5-4-16 中。

表 5-4-16　校正信号参数及波形

CH1	M	幅　度	频　率	波　形

（2）使用“MEASURE（测量）”进行自动测量

调节信号发生器，使其输出 1 kHz、$2V_{p\text{-}p}$ 的正弦波，用“MEASURE”功能测量信号的相关参数。将测试结果填入表 5-4-17 中。

表 5-4-17　MEASURE 自动测量

正弦信号	探极衰减	测试结果				波 形 图
		频率	周期	峰-峰值	均方根值	
1 kHz、$2V_{p\text{-}p}$						

（3）使用“CURSOR（光标）”进行手动测量

调节信号发生器，使输出 1 kHz、5V_{p-p} 的方波，送入示波器 CH1 通道。用“CURSOR”功能测试其脉冲宽度、幅度和上升时间。将测试结果填入表 5-4-18 中。

表 5-4-18 “光标”法测量脉宽

方波信号	探极衰减	光标 1 数据	光标 2 数据	脉宽（增量）
1 kHz、5V_{p-p}				

（4）测量方波的脉冲幅度

测试结果填入表 5-4-19 中。

表 5-4-19 “光标”法测量脉冲幅度

方波信号	探极衰减	光标 1 数据	光标 2 数据	脉冲幅度（增量）
1 kHz、5V_{p-p}				

5.4.3 电子计数器的使用

电子计数器可以测量频率、周期、时间间隔、频率比、累加计数等。

1. 电子计数器的内部结构与工作原理

电子计数器的内部组成框图如图 5-4-8 所示。

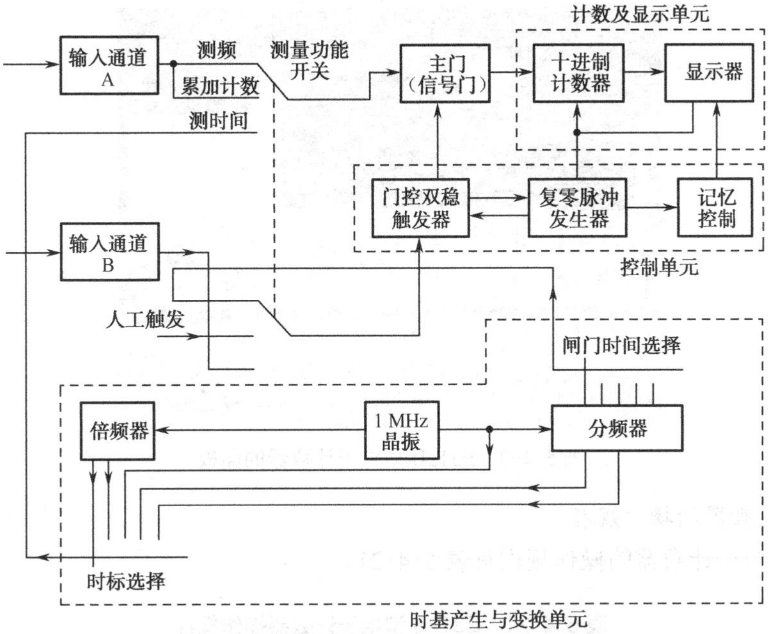

图 5-4-8 电子计数器的内部组成框图

电子计数器由输入通道、时基产生与变换单元、主门、控制单元、计数及显示单元等组成。电子计数器的基本功能是频率和时间测量，但测量频率和时间时，加到主门和控制单元的信号源不同，测量功能的转换由开关来操纵。累加计数时，加到控制单元的信号则由人工控制。至于计数器的其他测量功能，如频率比测量、周期测量等则是基本功能的扩展。

2. 通用电子计数器

1）电子计数器的技术指标

E312B 型电子计数器的技术指标见表 5-4-20。

表 5-4-20　E312B 型电子计数器主要技术指标

项　　目	内　　容
1. 功能	测频、测周、计数、频率比、自校
2. 测频范围	0.1 Hz～10 MHz
3. 测周范围	100 ns～10 s
4. 测时范围	200 ns～10s/1000 s
5. 灵敏度典型值	30 mV_{rms}（DC 输入，调节触发电平，<100 MHz）
6. 动态范围	30 mV_{rms}～3 V_{rms}（<10 MHz），50 mV_{rms}～1 V_{rms}（≥10 MHz）
7. 输入阻抗	1 MΩ/45 pF
8. 显示	8 位 VFD 全功能显示
9. 时基	100 MHz（100 ns）恒温晶振

2）电子计数器的面板

E312B 型电子计数器的面板如图 5-4-9 所示。

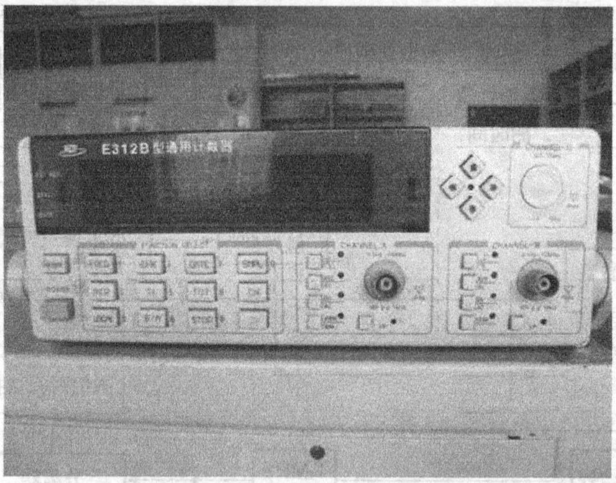

图 5-4-9　E312B 型电子计数器的面板

3）电子计数器的操作规程

E312B 型电子计数器的操作规程见表 5-4-21。

表 5-4-21　E312B 型电子计数器操作规程

步　骤	内　　容	备　　注
1. 接通电源	按下“POWER”开关，仪器进入初始化，并显示本仪器的型号“E312B”	初始化结束后，仪器进入“CHK”状态，显示“10.000 000 MHz”

续表

E312B 型电子计数器操作规程		
步　骤	内　容	备　注
2. 接入信号	把被测信号接入电子计数器相应通道	
3. 进行测量	（1）频率测量：按下“FREQ”键，显示“FREQ”和“CHA”，选择“GATE”键，显示“GATE TIME”闪动，采用〈←→〉键来选择所需要的闸门时间。按一下依次为 10 ms、100 ms、1 s 和 10 s，按“#”键确定合适的闸门时间	仪器内部已预置“GATE=1 s”。改变闸门时间，测量结果不变，但有效数字位数改变，测量精确度随之变化
	（2）周期测量：按下“PER”键，显示“PER”和“CHA”，选择“GATE”键，显示“GATE TIME”闪动，采用〈←→〉键来选择所需要的闸门时间，按〈#〉键确认	
	（3）脉冲宽度测量：按下“TI”键，显示“TI”，选择“COM”，按 CHANNEL B 中的 COM 按键，使灯亮，显示 CHA；选择合适的触发沿，CHA 和 CHB 是联锁的，即一个是上升沿，另一个必是下降沿	建议使用 DC 耦合方式，根据测量需要设定触发电平
	（4）B/A 测量：按下“B/A”键，显示“B/A”和 CHA B，将频率较高的信号输入 B 通道	保证 $f_B>f_A$
	（5）TOT 累加计数：按下“TOT”键，显示“TOT”和 CHA，对通道 A 输入信号进行计数；再按“TOT”键，计数结束；结束后再按“TOT”键，从零开始重新计数。在计数过程中，按“STOP”键，计数暂停，再按“STOP”键，计数在原来计数结果的基础上重新累计	选择合适的衰减量，保证 CHANNEL A 中的 LP 灯闪跳
4. 记录测量结果	读取并记录屏幕上显示出的测量结果	
5. 使用结束	关闭电源，整理附件，放置整齐	

3. 电子计数器的使用方法

1）仪器自检

按“CHK”键，观察屏幕显示“10.000 000 MHz”，仪器自检通过。

2）测量频率

用函数信号发生器产生一个频率为 130 kHz 的方波信号，改变电子计数器的闸门时间进行该信号的频率测量，测量结果填入表 5-4-22 中。

表 5-4-22　测量频率

Gate Time	10 ms	100 ms	1 s	10 s
被测信号频率				

3）测量周期

用函数信号发生器产生一个频率为 130 kHz 的方波信号，改变电子计数器的闸门时间进行该信号的周期测量，测量结果填入表 5-4-23 中。

表 5-4-23 测量周期

Gate Time	10 ms	100 ms	1 s	10 s
被测信号周期				

4）测量脉宽

用函数信号发生器产生两个频率为 130 kHz、50 kHz 的方波信号，电子计数器的闸门时间选择为 10 s，分别对两个信号进行脉宽测量，测量结果填入表 5-4-24 中。

表 5-4-24 测量脉宽

被测信号频率	脉 宽
130 kHz	
50 kHz	

5）B/A 测量

用函数信号发生器产生两个频率为 140 kHz、70 kHz 的方波信号。电子计数器的闸门时间选择为 10 ms，确定这两个信号分别从哪个通道送入，并测量这两个信号的频率比。将测量结果填入表 5-4-25 中。

表 5-4-25 B/A 测量

f_A	f_B	f_B/f_A

5.4.4 扫频仪的使用

扫频仪的全称为频率特性测试仪，它利用扫频测量法，可直接在屏幕上显示被测电路的频率特性曲线。扫频仪广泛地应用于无线通信、广播电视、电子工程等领域。

1. 扫频仪的内部结构

扫频仪的原理框图与工作波形如图 5-4-10 所示。

（1）扫描电压发生器：用来产生扫描电压。一方面为示波器 X 偏转板提供扫描信号；另一方面又用来控制扫频信号发生器，使其产生扫频信号。

（2）扫频信号发生器：用来产生扫频信号。所谓扫频信号是指信号的频率随时间从低到高周期性地变化。

（3）频标形成电路：用来产生频率标志信号，即在被显示的频率特性曲线上附加频率标记。利用“频标”来确定曲线上任一点所对应的频率值。

2. 扫频仪的工作原理

在图 5-4-10（a）中，扫频信号加至被测电路，检波探头对被测电路的输出信号进行峰值检波，并将检波所得信号送往示波器 Y 放大电路，该信号的幅度变化正好反映了被测电路的幅频特性，因而在屏幕上能直接观察到被测电路的幅频特性曲线。扫频仪各关键点的信号波形如图 5-4-10（b）所示。

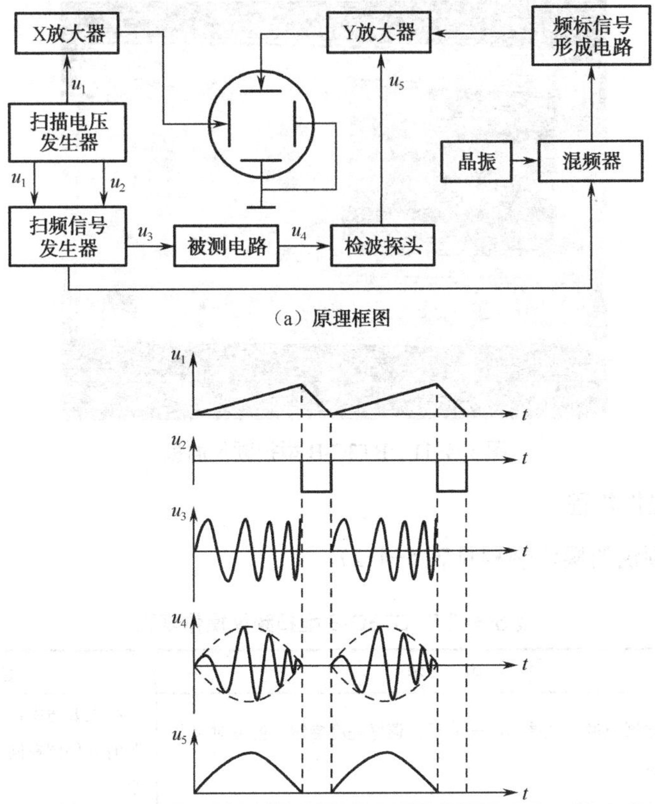

(a) 原理框图

(b) 波形图

图 5-4-10　扫频仪的原理框图与工作波形

3. 扫频仪的主要技术指标

BT3C-B 型扫频仪的主要技术指标如表 5-4-26 所示。

表 5-4-26　BT3C-B 型扫频仪的主要技术指标

项　目	技 术 指 标
1. 有效频率范围	1～300 MHz
2. 扫频方式	全扫、窄扫、点频三种工作方式
3. 中心频率	窄扫中心频率在 1～300 MHz 范围内连续可调
4. 扫频宽度	全扫：优于 300 MHz 窄扫：±1～20 MHz 连续可调 点频：1～300 MHz 连续可调
5. 输出阻抗	75 Ω
6. 输出衰减	粗衰减 10 dB×7 步进，误差优于±2%*A*±0.5 dB，*A* 为示值 细衰减 1 dB×9 步进，误差优于±0.5 dB
7. 标记种类	菱形标记：给出 50 MHz、10 MHz、1 MHz 间隔三种菱形标记；外频率标记：仪器外频标记输入端输入约 6 dBm 的 10～300 MHz 正弦波信号

4. 扫频仪的面板

BT3C-B 型扫频仪面板如图 5-4-11 所示。

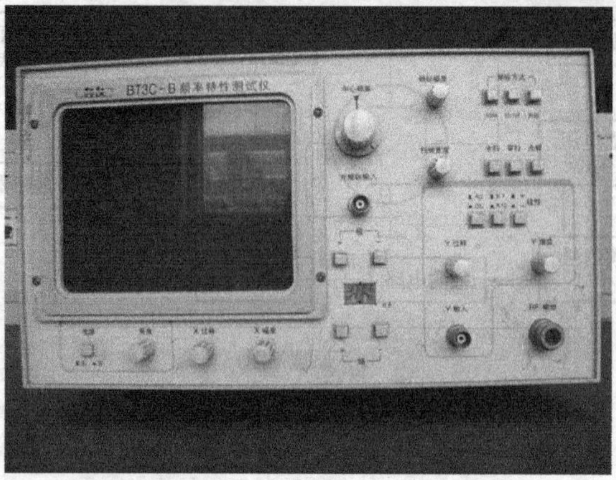

图 5-4-11　BT3C-B 型扫频仪面板

5. 扫频仪的操作规程

BT3C-B 型扫频仪的操作规程见表 5-4-27。

表 5-4-27　BT3C-B 型扫频仪操作规程

步　骤	内　容	备　注
1. 接通电源	仪器接通电源，预热 10 min 后，调好亮度旋钮，便可对仪器进行检查	亮度要适中，不宜过亮，且光点不应长时间停留在同一点上，以免损坏荧光屏
2.频标的检查	将频标选择开关置于 10.1MHz 挡。扫描基线上应呈现若干个菱形频标信号，调节频标幅度旋钮，可以均匀地改变频标的大小	
3.频偏的检查	将“扫频宽度”旋钮由最小旋到最大时，荧光屏上呈现的频标数，应满足±0.5～±7.5 MHz 连续可调	
4.进行零分贝校正	将“输出衰减”的粗细衰减均置 0 dB，“Y 衰减”置“1”，将扫频输出和 Y 输入连接，调整“Y 增益”旋钮，使扫描基线与扫频信号线之间的距离为一定的格数，固定“Y 增益”旋钮的位置	在测量电路的增益时，“Y 增益”旋钮不能再改变
5.连接被测电路	将扫频仪“RF 输出”信号接至被测电路的输入端，被测电路的输出端接至扫频仪的“Y 输入”端	将探极的接地夹接到被测电路的地线上，将探头（带钩端）接到被测电路的测试点
6.进行测量	选择适当的频标，调节“中心频率”、“扫频宽度”、“输出衰减”等旋钮，直到屏幕显示的幅频曲线高度与零分贝校正时高度相等，此时 LED 显示的 dB 数即为被测电路的增益	
7.记录测量结果	读取并记录屏幕上观察到的波形及相关参数	
8.使用结束	关闭电源，整理附件，放置整齐	

6. 扫频仪的使用

1）扫频仪使用前的检查

按下“电源”开关，预热 5～10 min，进行下列调整。

（1）调节“亮度”旋钮，使扫描线亮度适中。

（2）检查仪器内部频标。将“频标方式”开关置于“10.1 MHz”处，此时扫描基线上呈现相应的频标信号。调节“频标幅度”旋钮，使频标幅度适中。

（3）“零频”频标的识别。将“频标方式”的“10.1 MHz”按键按下，“频标幅度”旋钮旋至适中，“全扫　窄扫　点频”开关置于“窄扫”位置。调节“中心频率”旋钮，使中心频率在起始位置附近，将“频标方式”的“外接”按键按下，其他频标信号随即消失，此频标仍然存在，则此频标为“零频”频标。

2）测试单调谐放大电路的幅频特性曲线

（1）单调谐放大器电路原理图如图 5-4-12 所示。

（2）将扫频仪与单调谐放大电路正确连接，如图 5-4-13 所示。

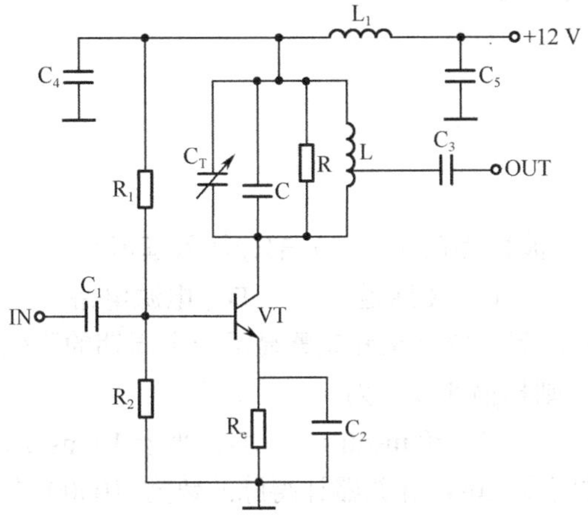

图 5-4-12　单调谐放大器电路原理图

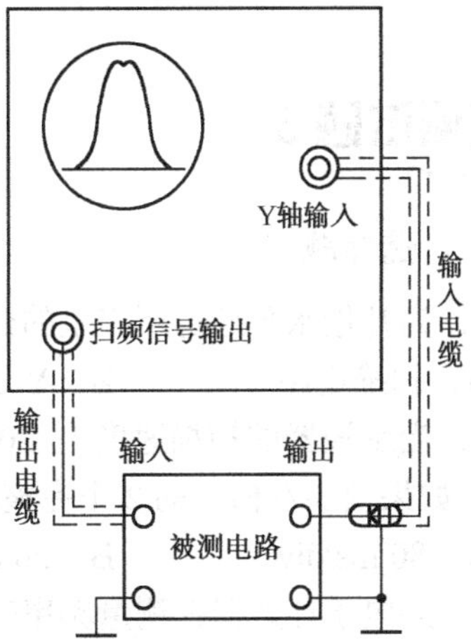

图 5-4-13　测试电路连接图

即扫频仪的扫频输出信号作为被测电路的输入信号，将被测电路的输出作为扫频仪的 Y 输入信号。

（3）增益测量：先将扫频仪检波探头与扫频信号输出端短接，将“Y 方式选择”置于“×10”（相当于衰减 20 dB）位置，调节“Y 增益”旋钮，使图形高度为 *H* 格（如 5 格），记下此时扫频信号输出衰减 LED 显示的读数，设为 *A* dB。然后，接入单调谐放大电路，在不改变“Y 方式选择”及“Y 增益”旋钮位置的前提下，调节“粗、细衰减”按键，使图形高度仍保持为 *H* 格。若此时输出衰减 LED 显示的读数为 *B* dB，则放大器增益 $K=B-A$（dB）。将测量结果填入表 5-4-28 中。

表 5-4-28　增益的测量

图形高度	*A*	*B*	增　益

（4）带宽测量：观察扫频仪屏幕显示的单调谐放大器的幅频特性曲线，利用频标读出其谐振频率和频带宽度。测量带宽时，先调节扫频仪“粗、细”衰减按键和调整“Y 增益”旋钮，使幅频特性曲线的顶部与屏幕上某一水平刻度线相切，如图 5-4-14（a）中与 *AB* 线相切；然后调节“细”衰减按键将扫频仪输出衰减减小 3 dB，则荧光屏上显示曲线高

度升高，与刻度线 AB 有两个交点，如图 5-4-14（b）所示。

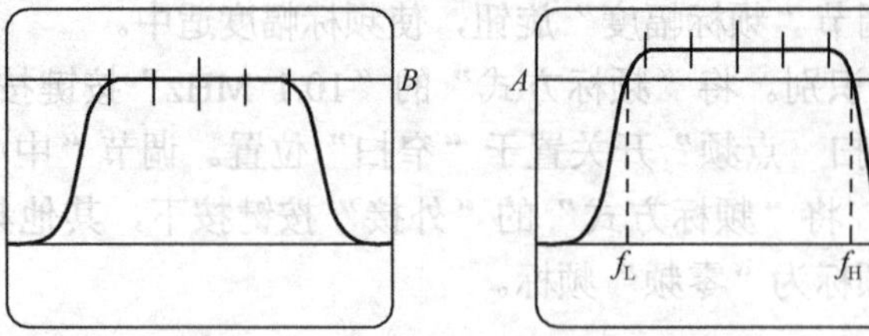

图 5-4-14 测量带宽示意图

读出图中两个交点的频率 f_L 和 f_H，则带宽为

$$BW = f_H - f_L \tag{5-4-3}$$

单元测试题 5

一、选择题

1．为补偿水平通道所产生的延时，通用示波器都在（　　）部分加入延迟线。

A．扫描电路　　B．Y 通道　　C．X 通道　　D．电源电路

2．当示波器的扫描速度为 20 ms/div 时，荧光屏上正好完整显示一个周期的正弦信号波形；如果要显示信号的 2 个完整周期波形，则扫描速度应为（　　）。

A．80 ms/div　　B．20 ms/div　　C．40 ms/div　　D．小于 10 ms/div

3．某电子计数器在测量频率时，闸门时间取 10s，计数器计得脉冲数为 10000 个，则被测信号频率是（　　）。

A．1.0 kHz　　B．1.00 kHz　　C．10.000 kHz　　D．1.000 0 kHz

4．用李沙育图形法测频率。在 X 轴和 Y 轴分别加上正弦波信号，若显示的图形为一个向左倾斜的椭圆，则 f_y/f_x（即 Y 轴信号频率与 X 轴信号频率之比）为（　　）。

A．2∶1　　B．1∶1　　C．3∶2　　D．2∶3

5．示波器的核心部件是（　　）。

A．Y 偏转板　　B．电源　　C．X 偏转板　　D．示波管

6．示波器的 Y 轴偏转因数旋钮置 0.2 V/div，探头对信号有 10 倍衰减，仪器显示的正弦波形高度 $U_{p\text{-}p}$ 为 7 div，则此信号的有效值约为（　　）。

A．1.4 V　　B．2.8 V　　C．7.0 V　　D．5.0 V

7．设示波器水平和垂直偏转灵敏度相同，在 X、Y 输入端加的电压分别为：$U_X=A\sin(\omega t+45°)$，$U_Y=A\sin\omega t$，则荧光屏上显示的 X-Y 图形是（　　）。

A．圆　　B．椭圆　　C．斜线　　D．水平直线

8．若示波器荧光屏上出现的李沙育图形是一个正圆，则加在示波器 X、Y 偏转板上的两个正弦信号的相位差为（　　）。

A．0°　　B．45°　　C．90°　　D．180°

9．如果示波管两对偏转板上均不加电压，则荧光屏上会出现（　　）。

A．中间一垂直线　　B．中间一水平线　　C．中间一亮点　　D．满屏亮

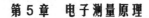

10．要测量一个 10 V 左右的电压，手头有两块电压表，其中一块量程为 150 V、1.5 级，另一块为 15 V、2.5 级，问选用哪一块合适？答：（　　）。

A．两块都一样　　B．150 V、1.5 级　　C．15 V、2.5 级　D．无法选择

二、判断题

1．使用示波器时辉度要适中，不宜过亮，且光点不应长时间停留在同一点上，以免损坏荧光屏。（　　）

2．在计数器中设置"自校"功能的目的是检查仪器工作是否正常。（　　）

3．示波器在"常态"下，若无输入信号时，在屏幕上可观察到扫描线。（　　）

4．交流电压的峰值就是其振幅值。（　　）

5．扫描发生器是示波器垂直通道中的重要组成部分。（　　）

6．某待测电流约为 80 mA。现有两个电流表，分别是：甲表 0.5 级，量程为 0～400 mA；乙表 1.5 级，量程为 0～100 mA。则用甲表测量误差较小。（　　）

7．利用双踪示波器观察两个频率较低的周期信号时，应选择"交替"显示方式，这样可避免信号在显示时发生闪烁。（　　）

8．用示波器进行电压测量时，一定要将 Y 轴偏转因数"微调"置"校准"位置，测量结果才准确。（　　）

9．示波器偏转因数粗调开关是通过改变衰减器的分压比来获得不同的偏转因数的。（　　）

10．扫频仪的频标形成电路，用来确定曲线上任一点对应的频率值。（　　）

三、简答计算题

1．两个电压的测量值分别为 102 V 和 11 V，对应的实际值分别为 100 V 和 10 V，求两个电压测量时的绝对误差和相对误差。

2．若测量 8 V 左右的电压，手头有两块电压表，其中一块量程为 100 V、0.5 级；另一块是 10 V、2.5 级。问选用哪一块电压表测量比较合适？

3．示波管由哪些部分组成？各部分的作用是什么？

4．简述示波器探极作用。如何进行探极校准？

5．已知示波器的偏转因数为 0.5 V/div，扫描时间因数为 0.1 ms/div。被测信号为正弦波，经过 10∶1 的衰减探头加到示波器，测得荧光屏上显示波形的总高度为 6 div，两个周期的波形在水平方向占 10 div。求该被测信号的频率 f 和有效值 U_{rms}。

6．用双踪示波器观测两个同频率正弦波 a、b，若扫描速度为 5 ms/cm，而荧光屏显示两个周期的水平距离是 8 cm，问：（1）两个正弦波的频率是多少？（2）若正弦波 a 比 b 相位超前 1 cm，那么两个正弦波相差为多少？

7．什么是"交替"显示和"断续"显示？各适用于什么场合？

8．示波器的"自动"与"常态"触发有何区别？

9．画出电子计数器测频率的原理框图。

10．使用扫频仪测量某一网络，当输出粗衰减及细衰减分别置于 0 dB 及 3 dB 时，屏幕上的曲线高度为 4 格；将扫频输出与检波探头对接，重调粗、细衰减分别为 20 dB 及 5 dB 时，两根水平亮线的距离仍为 4 格。问该被测网络是放大器还是衰减器？其放大倍数或衰减系数为多少？

第6章 无线电整机调试原理

6.1 CRT 彩色电视机工作原理

CRT 显像管电视已经发展了几十年，技术成熟，在亮度、对比度等画质方面表现得都比较出色，而且具有技术稳定、寿命长、可视角度大、反应速度快、色彩还原性好、价格低廉等特点。

6.1.1 CRT 彩色显像管

CRT 电视机的结构特点是有一真空管，里面有电子枪，电子枪射出 R、G、B 三束电子，电子在内部高压电场的引导下以及外部偏转线圈产生的磁场的作用下，产生扫描，电子束射到真空管前屏幕表面的内侧时，屏幕内侧的发光涂料受到电子束的轰击发光而产生图像，它主要由电子枪、荧光屏、显像管外偏转线圈等组成，外形结构如图 6-1-1 所示。

彩色显像管和黑白显像管在结构上有如下区别：

（1）黑白显像管电子枪有一个阴极，射出的是一注电子束；而彩色显像管电子枪有三个阴极，射出的是三注电子束（自会聚显像管的红、绿、蓝调制极是公用的）。

（2）黑白显像管荧屏上涂的是一种荧光粉，在高速电子束轰击下发白光；而彩色显像管荧屏上涂的是红、绿、蓝三种荧光粉，在三注电子束分别轰击下显示红、绿、蓝三种基色光。

图 6-1-1 自会聚彩色显像管外形结构

（3）彩色显像管在荧光屏后面约 10 mm 处设置一块金属板，金属板上有规律地打满小孔，称为荫罩板，荫罩板的作用是使红、绿、蓝三注电子束只能轰击与之对应的荧光粉；而黑白显像管内不设荫罩板。另外，彩色显像管采用精密特殊磁场偏转线圈与会聚调节等组件。

6.1.2 彩色电视机的框图结构

图 6-1-2 是 CRT 彩色电视接收机电路组成框图，它们一般由公共通道、伴音通道、解码电路、视放与显像管、扫描电路、电源电路及遥控系统七大部分组成。

公共通道的作用是对由天线接收电视台发射天线发射的高频信号进行选频（选取需要的电台）、高频信号放大、混频取得中频信号，再对中频信号进行足够的放大后检波，还原成黑白电视信号和第二伴音中频信号。

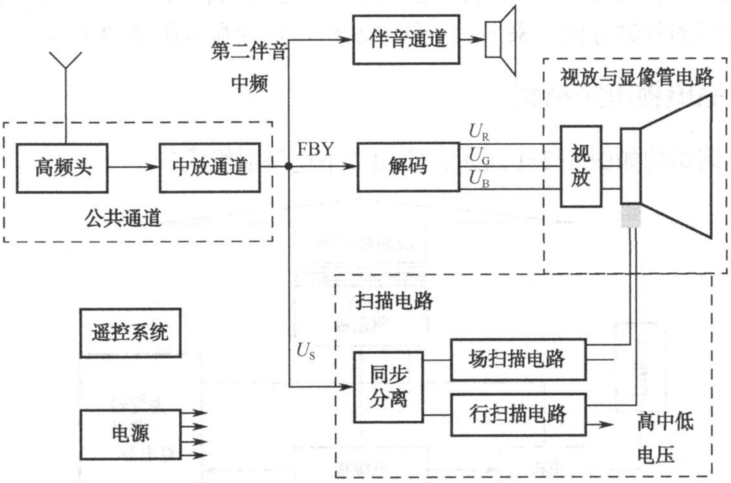

图 6-1-2 PAL 制彩色电视接收机电路组成

伴音通道的作用是伴音分离电路选出第二伴音中频信号，然后将第二伴音中频信号进行放大、鉴频、功放、还原成伴音。

解码电路的作用是将彩色全电视信号分解为亮度信号和色度信号，分别对亮度信号和色度信号进行处理，还原成三基色电压信号；解码电路由亮度通道、色度通道、副载波恢复电路、解码矩阵电路四大部分组成。

视放与显像管的作用是分离出全电视信号，由视频放大至足够大的幅度加至显像管的阴极与栅极之间，控制显像管的电子束变化，将图像电压信号还原成图像（扫描电路与显像管工作正常时）。

扫描电路的作用是从全电视信号中分离出复合同步信号，分别控制行、场扫描电路，使行、场扫描电路产生幅度足够、线性良好、与发送端同步的锯齿波电流给行、场偏转线圈，再由偏转线圈产生有规律变化的磁场去控制电子束水平与垂直方向的扫描运动，完成像素的有序摆放，实现重现图像；另外还产生显像管的供电电源、消隐脉冲等信号。

电源系统的功能就是向整机提供符合要求的各种直流电源。彩色电视机一般都使用开关式稳压电源。

遥控系统是电视机增加的附带控制系统，主要由微电脑控制器（CPU）、遥控电路等组成，作用是以微电脑为核心，实现对整机各部分正常工作的自动控制，并提供显示信号以方便观看者的调控。

6.2 液晶电视原理

液晶显示器有驱动电压低、被动显示、眼睛不易疲劳、无 X 射线和紫外线辐射、使用安全等特点，目前被广泛使用。

液晶即液态晶体，它是一种介于固体和液体之间的一种中间状态，液晶本身不发光，当液晶分子的某种排列状态在电场作用下变为另一种排列状态时，液晶的光学性质随之改变而产生光被电场调制的现象，称为液晶的电光效应。

液晶显示器件就是利用液晶本身的这些特性，适当地利用电压，来控制液晶分子的转动，进而影响光线的行进方向，来形成不同的灰阶，作为显示影像的工具。

6.2.1 液晶电视电路结构

液晶电视电路结构如图 6-2-1 所示，它由如下电路板组成：

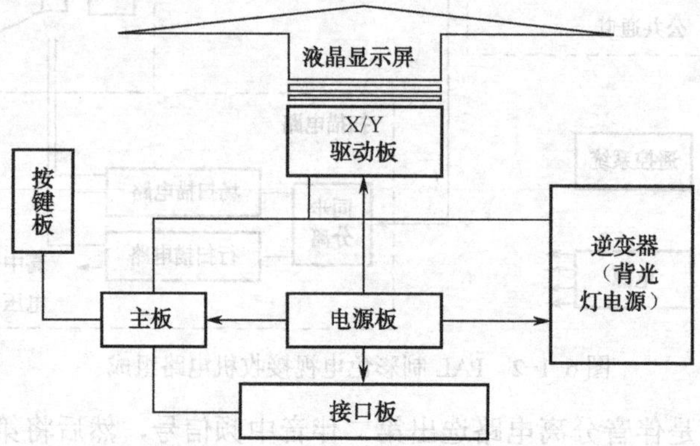

图 6-2-1　液晶电视电路结构图

电源板：用于将 90～240 V 的交流电压转变为 24 V、12 V、24 V、12 V、2.6 V 等直流电供给电视机工作。

主板（也叫驱动板）：主要用以接收、处理从外部送进来的模拟或者数字各种信号，并通过屏线送出信号去控制液晶屏（PANEL）正常工作，它是液晶显示器的检测控制中心和大脑。

逆变板（也叫背光板电源），又叫电压升压板：用于将主板或电源板输出的 24 V、12 V 的直流电压转变为背光灯冷阴极荧光灯需要的高频的高压交流电，是一种 DC-AC 的变压器，用于点亮背光灯。本机采用冷阴极荧光灯管（CCF），该灯管的工作电压很高，正常工作时的电压为 600～800 V，而启动电压则高达 1 500～1 800 V，工作电流则为 6～11 mA。

接口板上装有各种信号出入口；按键板是手键安装地方。

6.2.2 液晶显示屏

液晶显示屏包括液晶面板和背光模组。

（1）液晶面板由偏光片（Polarizer）、玻璃基板（Substrate）、彩色滤色膜（Color Filters）、电极（TFT）、液晶（LC）、定向层（Alignment layer）组成。

偏光片：分为上偏光片和下偏光片，上、下两偏光片相互垂直。其作用就像是栅栏一般，会阻隔掉与栅栏垂直的光波分量，只准许与栅栏平行的光波分量通过。玻璃基板：分上玻璃基板和下玻璃基板，主要用于夹住液晶。对于 TFT-LCD，在下面的那层玻璃腐蚀有薄膜晶体管（Thin Film Transistor，TFT），而上面的那层玻璃则贴有彩色滤光膜。彩色滤色膜：产生红、绿、蓝三种基色光，再利用红、绿、蓝三基色光的不同混合，便可以混合出各种不同的颜色。

（2）背光模组由冷阴极荧光灯（CCFL）、导光板（Wave guide）、扩散板（Diffuser）、棱镜片（Lens）等组成。背光模组的作用是将光源均匀地传送到液晶面板，背光模组各部分作用如下：

冷阴极荧光灯：英文名 Cold Cathode Fluorescent Lamps，简称 CCFL。它是 U 管状，由硬质玻璃制成，灯管内含有适量的水银和惰性气体，内壁涂有高光效三基色荧光粉，两端各有一个电极。冷阴极荧光灯能够提供能耗低、光亮强的白光。导光板：它是背光模块的心脏，其主要功能在于导引光线方向，提高面板光辉度及控制亮度均匀。扩散板：主要功能就是要让光线透过扩散涂层产生漫射，让光的分布均匀化。棱镜片：负责把光线聚拢，使其垂直进入液晶模块以提高辉度，所以又称增亮膜。

6.3 机顶盒原理

6.3.1 数字机顶盒的概念与分类

机顶盒（Set Top Box，STB）是指利用网络（电视网络或信息网络）作为传输平台，以电视机作为用户终端，用来增强或扩展电视机功能的一种信息设备。由于人们通常将它放置在电视机的上面，所以被称为机顶盒。

根据传输媒介的不同，数字电视机顶盒分为：数字卫星机顶盒（DVB-S）；地面数字电视机顶盒（DVB-T）；有线电视数字机顶盒（DVB-C）。根据图像清晰度的不同，机顶盒分为：标清机顶盒、高清机顶盒。根据是否双向互动，机顶盒又可分为：单向机顶盒、双向互动机顶盒。

6.3.2 DVB 机顶盒的工作原理

数字电视机顶盒的工作原理其实就是上行处理的逆向还原过程，图 6-3-1 为一上行信号（前端）的信号流程，即广播资源服务信道（射频信号）的形成。

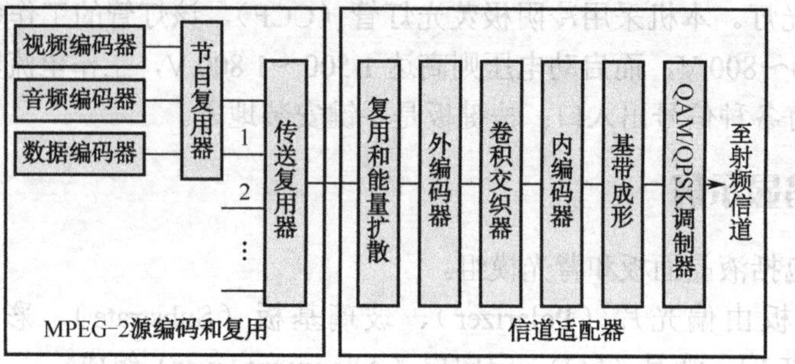

图 6-3-1　上行信号框图

数字电视机顶盒的基本功能是可接收数字电视信号和处理 MPEG-2 标准的数字视/音频信号，并将其转换成为模拟电视信号（或电视机可接收的信号）。它的工作过程如图 6-3-2 所示。

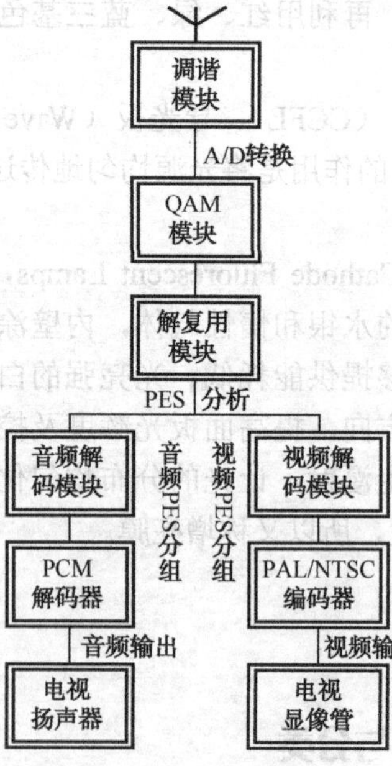

图 6-3-2　数字电视机顶盒工作原理图

1. 调谐模块（tuner）

数字电视机顶盒中的信道解码电路相当于模拟电视机中的高频头和中频放大器。在数字电视机顶盒中，高频头是必需的，不过调谐范围包含卫星频道、地面电视接收频道、有线电视增补频道。根据 DTV 目前已有的调制方式，信道解码应包括 QPSK、QAM、OFDM、VSB 解调功能。通过天线接收到射频信号并下行变频为中频信号，高频头是通过 I^2C 总线技术来控制进行选台的（调谐）。

2. 信道解码

中频信号经滤波、放大、A/D 转换为数字信号后送入 QAM 解调模块进行解调（这里以 DVB-C 为例，具体用什么解调就是看原来采用了哪种调制方式，而不同的传输介质决定了采用不同的调制方式），DVB 的信道编码是采用 RS（Reed Solomon 外编码）+卷积交织（内编码）方式，调制则采用 64QAM 方式，因此机顶盒必须要完成 QAM 解调、RS 解码和解交织（纠错处理）的过程，并输出 MPEG 传输流的串行和并行数据。

3. MPEG-TS 解复用

信源在进入有线电视网络前完成两级编码，一是传输用的信道编码，另一级是音、视频信号的信源编码和所有信源封装成传输流。为了提高信道利用率，使多个信号沿同一信道传输而互相不干扰，称多路复用。目前采用较多的是频分多路复用和时分多路复用。频分多路复用用于模拟通信，如载波通信，时分多路复用用于数字通信，如 PCM 通信。而这里的 MPEG-TS 流就是采用了复用技术，MPEG 多路复用器将各路节目流、数据流复合在一起，以 188 B 为一帧的 MPEG2 数据格式发送到射频调制器并提供电子节目单（EPG)）。

解复用模块接收 MPEG-TS 流，并从中抽出一个节目 PES（Packetized Elementary Stream，一种 MPEG 通信协议）数据，包括视频 PES、音频 PES、数据 PES，并将音频和视频数据直接送给 MPEG-2 解码器进行解码。解复用模块中包括一个解扰（解密）引擎，可对加扰的数据进行解扰，其输出是已解扰 PES。

4. 信源 MPEG-2 解码

解复用模块送出的数据是压缩的视频 PES 数据和音频 PES 数据，必须由 MPEG-2 解码器对 PES 数据进行解压缩。在视频处理上要完成主画面、子画面解码，最好具有分层解码功能。图文电视可用 APHA 迭显功能选加在主画面上，这就要求解码器能同时解调主画面图像和图文电视数据，要有很高的速度和处理能力。OSD 是一层单色或伪彩色字幕，主要用于用户操作提示。在音频方面，由于欧洲 DVB 采用 MPEG-2 伴音，美国的 ATSC 采用杜比 AC-3，因而音频解码要具有以上两种功能。

5. 视频解码

视频解码器的功能是将已解码的 MPEG2 数字视频信号转换为模拟电视信号，这些信号经过一个低通滤波器送到电视机的 A/V 插口上进行播放。

6. 音频 DAC

音频 DAC 的功能是将已解码的数字 PCM 数据解码成立体声模拟信号。

6.3.3 DVB 机顶盒的结构

数字电视机顶盒硬件部分多采用模块化设计，一般可分为五个模块，分别是接收前端模块、主模块、电缆调制解调器模块、音视频输出模块和外围接口模块，如图 6-3-3 所示。

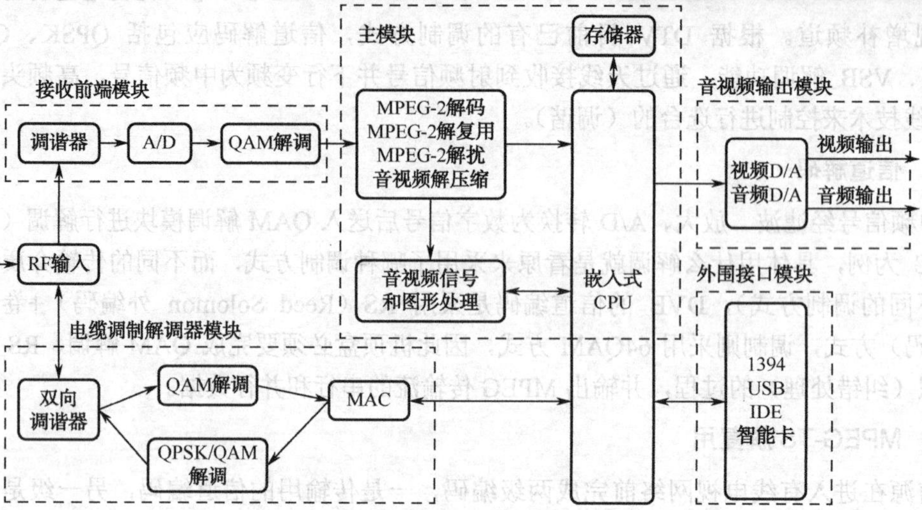

图 6-3-3　数字机顶盒硬件结构

其中，接收前端模块包括调谐器和 QAM 解调器，该部分可以从射频信号中解调出 MPEG-2 传输流。主模块是整个数字电视机顶盒的核心部分，解码部分可对传输流进行解码、解复用、解扰等操作，而嵌入式 CPU 和存储器用来运行和存储软件系统，并对各个模块进行控制，嵌入式 CPU 是数字电视机顶盒的心脏，当数据完成信道解码以后，首先要解复用，把传输流分成视频、音频，使视频、音频和数据分离开。在数字电视机顶盒专用的 CPU 中集成了 32 个以上可编程 PID 滤波器，其中两个用于视频和音频滤波，其余的用于 PSI、SI 和 Private 数据滤波。CPU 是嵌入式操作系统的运行平台，它要和操作系统一起完成网络管理、显示管理、有条件接收管理（IC 卡和 Smart 卡）、图文电视解码、数据解码、OSD、视频信号的上下变换等功能。电缆调制解调器模块由一个双向调谐器、下行 QAM 解调器、上行 QPSK/QAM 调制器和媒体访问控制（MAC）模块组成，该部分实现电缆调制解调的所有功能。音视频输出模块中对音视频信号进行 D/A 转换还原出模拟音视频信号，并在常规彩色电视机上输出。外围接口模块则提供了丰富的外部接口，包括高速串行接口 1394、通用串行接口 USB 等。音视频解码由硬件实现，而机顶盒与个人计算机的互联以及和 Internet 的互联则由软件实现。

数字电视机顶盒技术中软件技术占有更为重要的位置，除了音视频的解码由硬件实现外，包括电视内容的重现、操作界面的实现、数据广播业务的实现，直至机顶盒和个人计算机的互联以及和 Internet 的互联都需要由软件来实现，数字电视机顶盒软件主要包括以下几个部分，见图 6-3-4 与图 6-3-5。

硬件驱动层软件：驱动程序驱动硬件功能，如射频解调器、传输解复用器、A/V 解码器、OSD、视频编码器等。

嵌入式实时多任务操作系统：嵌入式实时操作系统是相对于桌面计算机操作系统而言的，它不装在硬盘中，系统结构紧凑，功能相对简单，资源开资较小，便于固化在存储器中。嵌入式操作系统的作用与 PC 上的 DOS 和 Windows 相似，用户通过它进行人机对话，完成用户下达的指令。

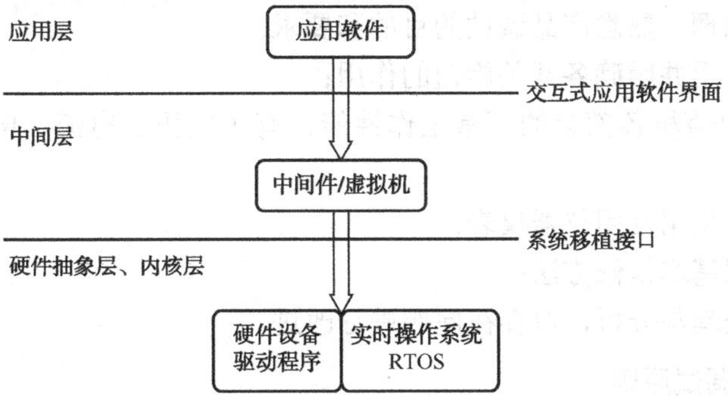

图 6-3-4 数字电视机顶盒软件结构图

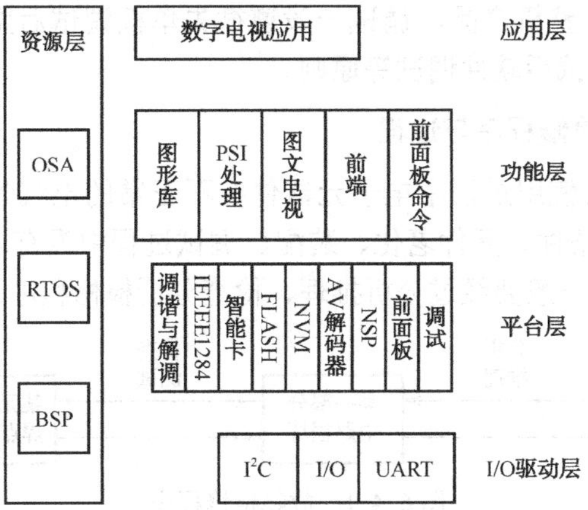

图 6-3-5 数字电视机顶盒软件构成

中间件：中间件是一种将应用程序与底层的操作系统、硬件细节隔离开来的软件环境，它通常由各种虚拟机来构成，如 HTML 虚拟机、JavaScript 虚拟机、Java 虚拟机、MHEG-5 虚拟机等。

应用软件：执行服务商提供的各种服务功能，如电子节目指南、准视频点播、视频点播、数据广播、IP 电话和可视电话等。上层应用软件独立于 STB 的硬件，它可以用于各种 STB 硬件平台，消除应用软件对硬件的依赖。

6.4 无线电整机调试技术

目前市场上电视机的种类及型号繁多，对于它们的检修却有其共同的规律，即检修准备、检修步骤、检修原则和基本检修方法是相似的。学习和掌握了这些规律性的东西，便可灵活地将这些方法应用到具体电视机的检修中，能较准确、迅速地找到故障点，达到事半功倍的效果。

6.4.1 无线电整机调试流程

1. 无线电整机调试前准备

对无线电整机调试前应做到：

（1）掌握线路原理，熟悉产品调试的目的和要求；

（2）正确调整使用并明确各开关旋钮的作用；

（3）了解无线电整机各部分的正常工作性能，有关电压、电流、电阻数据以及关键测试点部位；

（4）能正确操作使用常用仪器仪表；

（5）能熟练应用基本检修方法；

（6）调试数据处理与分析，对存在问题进行改进。

2. 无线电整机调试原则

对于无线电整机产品，由于各种整机电路的种类与性能不同，所以调试步骤不尽相同，对于比较复杂的电子整机产品，调试一般遵循先单板调试后整机调试，先电源板调试后专用板调试，先硬件调试后软件调试等原则。

3. 无线电整机故障检修程序与过程

无线电整机在生产与使用过程中电子元器件在不正常的电气条件（如电干扰与电噪声干扰等）、不正常的环境条件、元件老化、装配、调试过程中没有遵守工艺操作规程等因素产生故障，对于故障检修一般要经过分析推理、检查分析检修程序，见图 6-4-1。

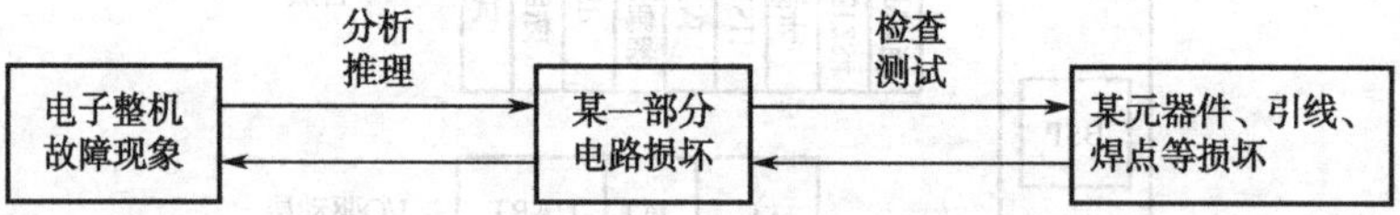

图 6-4-1　故障检修程序

检修无线电整机一般需经三个过程，即了解故障现象、分析故障部位、检查排除故障过程。

（1）了解故障现象：就是向送修人员询问损坏情况或直接观察，了解故障现象。

（2）分析故障部位：就是运用科学的态度和所学的理论知识分析故障现象，采用正确的检修方法检查压缩故障部位，从而进一步缩小故障范围，确定故障点。

（3）检查排除故障：就是运用正确的手段排除故障，并对机器进行全面检查，确定是否完全正常。

4. 判断故障部位的方法

无线电整机出现故障时，按照正确的检修步骤检查故障部位，可以迅速、准确地找到故障点，充分体现由大范围到小范围的逐步缩小过程。对无线电整机的检修可按部、级、路、点的压缩步骤进行，见图 6-4-2 压缩检查测试法。

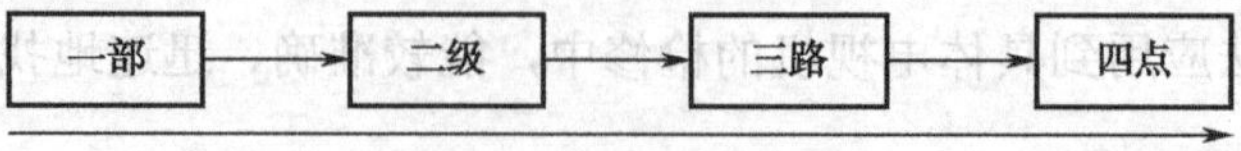

图 6-4-2　压缩检查测试法

一部：指机器的某一部分，就无线电整机而言可分为高频调谐器、中频通道、同步扫描电路、解码电路、电源及显像管附属电路等部分。当无线电整机出现故障后，先应判断故障在其中的哪一部分，从而确定故障的大致范围。

二级：一般来说一个部分由几级电路组成。如高频调谐中就有高放级、混频级和本振级，已判断出故障在高频调谐部分，那就需要进一步确定故障在高放级、本振级还是混频级。

三路：每一级电路均由几个具体回路组成。如对某级晶体管放大电路来讲，就有偏置电路、发射极电路、集电极电路等不同的回路。具体可根据检修的需要来划分，因此，当故障确定到某级后，还需压到该级的具体电路，使故障范围进一步缩小。

四点：指故障所在点，它包括元器件、引线、焊点等。总之，凡是可能造成故障的实际结构上所有的点均应包括在内。

6.4.2　无线电整机维修方法

掌握了检修原则和检修步骤后，还必须熟练掌握检修的基本方法。它是排除故障现象、检查缩小故障点的重要手段。它能有效地克服盲动性，并正确、迅速地排除故障。在无线电整机检修中常用的基本方法有：

1. 测量法

测量法是通过万用表测量故障点的电压、电流、电阻值并与正常值进行比较，用理论知识进行综合判断故障的方法，它是检查故障的基本方法。

1）电压测量法

电压测量法就是对怀疑有故障的电路进行电压检测，利用所测的数据与正常数据进行比较，根据电路工作原理进行逻辑推理判断的一种方法。电压测量法可检查电路中各点电压明显异常的故障，如晶体管损坏、电容严重损坏（击穿）和有关电路的开路、短路等。电压测量法在无线电整机电路中可用于振荡器、AGC 电路、晶体管放大电路、集成电路等。

不少电路在“静态”（无信号时电路的工作状态）和“动态”（有信号时电路的工作状态）下各点电压有明显的差异，检修中就可利用这些差别来检查压缩故障。例如，同步分离级通常情况下静态时处于截止或微导通状态，有正常信号输入时，同步分离管进入饱和导通状态。为此，可测同步分离电路输出端的直流电压。其方法是终止信号输入，使同步分离电路退出动态，观察该电压是否变化，从而确定该电路是否正常。能用动态法测量的电路有：预视放、振荡器、AGC 电路、AFT 电压等。

2）电流测量法

通过测量电流来判断故障的方法。通过测各级偏置电流、各级动态工作电流、电源总输出电流等来分析判断故障范围。电流测量可分为直接测量、间接测量、取样测量等。

（1）直接测量：通常用于小电流的测量，将电流表直接串接在所测电路中进行，依据实测电流与正常值进行比较，分析故障部位。

（2）间接测量：测量电路中某已知阻值电阻上的压降，间接求得电流值的方法。

（3）取样测量：在电路中没有合适的电阻可供测量，可利用一个合适功率的电阻串接在被测电流的回路中，根据测量取样电阻上的压降即可求得电流值。

3）电阻测量法

在路电阻测量法就是不将元件从印制板上焊下，而直接在印制板上测量元器件好坏的一种方法。在一个完整的电路中，不管其内部有多少回路和支路，当选中一条支路作为被测支路进行在路电阻测量时，可以把其余回路和支路都等效为一个与被测支路并联的外在电路。若外支路阻值已知或根据图纸得出估计值后，可求得被测支路的阻值。被测支路可以是电阻、电容、二极管或三极管的一个 PN 结。通常二极管正向电阻为几百至几千欧姆，反向电阻为几十至几百千欧姆；三极管 PN 结正反向电阻与二极管相同。

2. 信号注入追踪法

信号注入追踪法是利用信号源向无线电整机公共通道、伴音通道等信号通道从后级向前逐级注入信号，根据荧光屏和扬声器的反应来判断故障部位的方法。注入的信号可以是人体感应信号，可以是 50 Hz 交流信号或专用信号源信号。判断低频放大通道故障宜采用低频信号注入，如人体感应信号或 50 Hz 交流信号；判断中、高频通道故障则宜采用相应的中频和高频信号源注入信号。在没有专门的中、高频信号源时也可采用简单的接触电位差脉冲作为住入信号，这种方法通常称为干扰法。

用信号注入法追踪时，应注意以下几点：

（1）注入信号要与需检查通道各级工作频率相一致；

（2）注入信号不宜太强，应小于 1 V，防止损坏管子；

（3）了解信号注入相应各级通道时，屏幕和扬声器的正常反应，尤其是人体感应信号和干扰法注入相应通道各级的正常反应，便于进行故障的对照和比较。

3. 功能比较法

功能比较法就是合理利用机器面板上的开关旋钮，依据荧光屏的显示和扬声器的声响，来检查压缩故障的一种检修方法。它可以判断故障的大致范围，有时甚至可以确定到具体部位，这是一种简便易行、实用的检修方法。

4. 仪器仪表检查法

无线电整机维修主要使用的测试仪器有示波器、扫频仪及无线电整机信号发生器等。利用示波器可以较方便准确地观察各部分波形的有无及波形形状、脉冲宽度、频率和幅度等是否符合要求。扫频仪可用来检查频率特性。当这些电路出现故障时，特性曲线形状和幅度都将有明显的变化，检修中可以依据实测的特性曲线与正常特性曲线比较确定故障部位。

5. 对比代换法

对比代换法是采用正误对比的方法来检查判断故障。将有故障的机器和正常的机器进行比较；用已知正常的部件或元器件代换怀疑有故障的部件或元器件。因为有些元器件损坏时万用表不易判别，如行输出变压器局部短路、小电容容量减小、小电容内部开路等。注意：使用对比代换时要尽量选用同规格、同型号的元器件。

6. 直接感受法

直接感受法是利用人的感官，通过看、听、嗅、摸等方法观察故障。它是检修中不可缺少的辅助手段。例如，观看机器内有无打火，是否听到异常的声音，嗅到焦味，手摸变压器、晶体管、大功率电阻等是否烫手等。有时用此方法可迅速找出故障部位，它是一种快速有效的检修方法。

6.5 电视机调试实例

1. 长虹 H2123K 型彩色电视机电路分析

图 6-5-1 是彩色电视机的信号流程框图。长虹 H2123K 型彩电主芯片采用三洋公司 1999 年生产的 I^{2}C 总线控制的大规模集成电路 LA76810，它包括了图像中频、伴音中频、解码、PAL/NTSC 制转换及行/场偏转等小信号处理电路，控制电路由三洋公司 8 bit 单片微处理器 CHT0406、集成化场偏转输出电路 LA7840、5W 单声道音频功率放大器 LA4225、行扫描输出电路 V431～T432、视频放大电路 V901～V903 及开关稳压电源 V513、T511 等元器件组成。处理器 CHT0406 经 I^{2}C 总线完成。可由遥控器经总线来实现电视的各种控制和调整，可自动完成白平衡调整。

1）高中频信号处理流程

U101（TDG3B9F-1）为高频调谐器，送入调谐器 U101 内的高频电视信号经选台、高放和混频处理后，变成稳定的图像中频信号（38 MHz）、伴音中频信号（31.5 MHz）、色度中频信号（33.57 MHz），并从 U101 的 IF 引脚输出。

中频电视信号经耦合电容 C108 加到预中放电路（由 V101 周围电路组成），预中放电路为宽带放大器，其作用是补偿 Z101（SAWF）的增益损耗。经 Z101 滤波，满足其滤波特性的中频信号直接加到 N101（LA76810）的中频对称输入端 5、6 脚。经 N101 中频放大电路（增益受 AGC 电压控制）、检波解调后，彩色全电视信号 FBYS 从 46 脚输出，经电容 C248 送回到 N101 内，外 FBYS 由 42 脚输入，和内 FBYS 视频信号一起在 N101 进行解码处理。

高放 AGC 电压从 N101 的 4 脚输出，实现对 U101 的增益控制；中放 AGC 在 N101 内部对中放电路增益进行控制；10 脚输出的 AFT 电压，送入 CPU D701 的 14 脚，经 D701 处理后，由 8 脚输出，实现高频微调谐，以保证调谐器 U101 输出图像中频信号频率始终保持为 38 MHz。

D701 的 8 脚输出信号经接口电路变成 0～30 V 调谐电压，加到 U101 的 VT 端，实现调谐选台功能。D701 的 40～42 脚输出波段控制电压，实现波段切换，工作波段为高电平。

2）伴音信号处理流程

高频调谐器同时输出伴音中频信号 31.5 MHz，经 Z101 选频后送入 N101 的 5、6 脚。在 N101 内图像解调过程中图像中频和伴音中频解调产生第二伴音中频信号（6.5 MHz），经 N101 的 52 脚输出，再经 C238、L287、C240 组成的滤波器送回到 N101 的 54 脚。再经过 N101 内部的限幅放大电路、调频检波器后得到电视伴音信号，与 51 脚输入的外输入音频信号一起进入 N101，在内部送到音频放大器，经放大、音量控制后从 N101 的 1 脚输出。此音频信号经 C161 送到功放 N181 的 1 脚。经 N181 进行功率放大后从 N181 的 4 脚输出，通过 C186 后加到扬声器上，推动扬声器发声。

D701 的 2 脚输出静音信号加到静噪管 V183、V185 上控制静音。

3）视频信号处理流程

内外 FBYS 在 N101 内，经 PAL 解码电路还原为 R、G、B 三基色信号，从 N101 的 19～

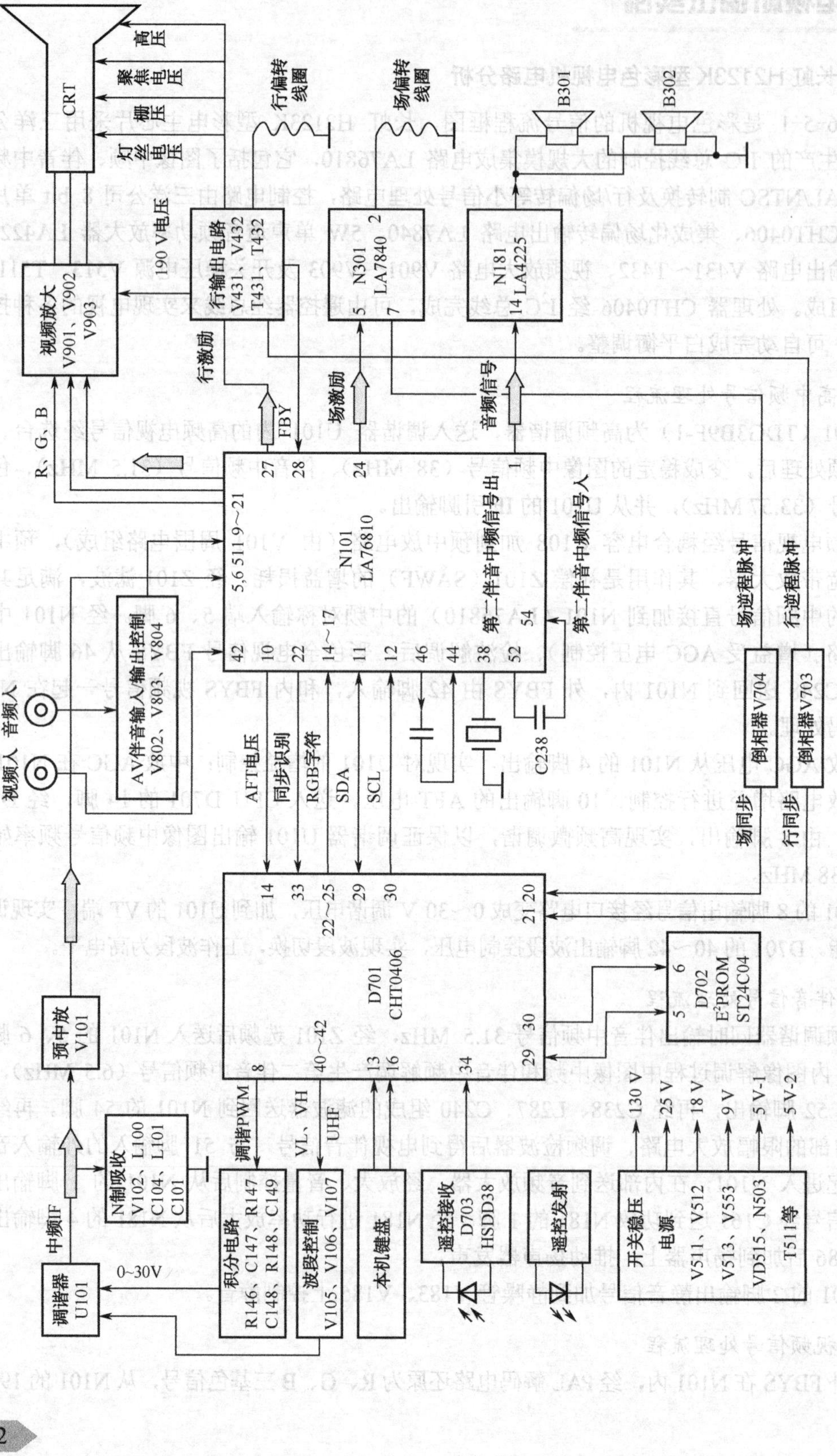

图6-5-1 H2123K型彩电信号流程框图

21 脚输出，分别送到 V901～V903 末级视放管放大，放大后的 R、G、B 信号分别加至彩色显像管 R、G、B 三个阴极，在显像管的荧光屏上显示出彩色图像。

4）行、场扫描电路信号流程

场扫描电路原理：N101 的 24 脚外接场锯齿波形成电容构成振荡电路，23 脚输出场锯齿波电压直流耦合加至场输出电路 N301（LA7840）的 5 脚，N301 主要作用是对该锯齿波进行功率放大，场锯齿波电压经 N301 放大后从 2 脚输出，直接为场偏转线圈提供线性变化的电流，形成偏转磁场，完成场扫描。N301 的 7 脚输出场扫描逆程脉冲，送至 D701 的 20 脚，用于屏显同步。行扫描电路原理：开机后 N101 内置的 4MHz VCO 电路产生振荡，经 1/256 分频产生 15 626 Hz 行频信号，完成行同步后产生行激励脉冲，从 N101 第 27 脚输出送入行推动管 V431。V431 输出的行频脉冲经行推动变压器耦合，将低电流、高电压行频信号变成可以激励行输出管 V432 的大电流、低电压的开关脉冲信号，使行输出管工作于开关状态。在行输出管开关控制，行输出管集电极形成锯齿波电流，流向行偏转线圈，形成线性变化的磁场，完成行扫描。

另外，利用行扫描逆程期间在行输出 V432 集电极产生的高压逆程脉冲，经行输出变压器 T432 后，为显像管提供 6.3 V 灯丝电压及阳极高压、加速极电压、聚焦极电压，并为视放提供 190 V 直流工作电压。聚焦极电压可在 4 000～9 000 V 间变化，加速极电压可以在 400～1 000 V 之间变化，调节它们可以调节聚焦与亮度。

5）开关电源电路

开关电源由 V511、V512、V513、V553、VD515、N503、T511 等元件构成，共有五组电压输出：

+130 V 为行输出电路供电与调谐电路供电；

+24 V 为行激励、场输出电路供电；

+18 V 为伴音输出电路供电；

+9 V 为预中放、末级视放电路、N101 内行扫描电路及总线接口电路供电；

+5 V-1（第一组 5 V 电源）为高频调谐器、N101 内视频、场振荡、解码等电路供电。

6）遥控电路

在长虹 H2123K 电路中，遥控电路采用的是 I^2C 控制方式，选用的微处理器芯片是 CHT0410。+5 V-2（第二组 5 V 电源）为遥控集成电路 CHT0406 供电。

2. 电视机拆装

1）测试前的准备

熟悉长虹 H2123K 彩电原理图与说明书，完成以下工作：

（1）对照说明书，熟悉电视面板旋扭与操作方法。

（2）对照电视机原理图与图 6-5-1 长虹 H2123K 型彩电框图把高频调谐器、中频公共信号通道、解码电路、视频放大电路、显像管电路、行扫描电路、场扫描电路和开关电源电路等在电路板上找出。

2）电视机的使用与操作

（1）将电视信号（VCD、有线电视或其他电视信号发生器）送至电视机天线输入端；

插上电源线，开机。

（2）阅读说明书，通过手动搜索操作将信号图像储存于频道 2 中；观测图像是否稳定、清晰，彩色是否逼真，伴音是否正常；调节音量、亮度、色度和对比度，熟悉各按钮的基本功能，能正常操作电视机。记住电视机正常工作情况下的各种状态。如一切正常则关机，并拔掉电源线。

3）拆卸电视机

彩色电视机的外观千差万别，内部使用的主要元器件也有差异，但是它们的基本结构是一样的。一台正常工作的彩色电视机必须具备光、图、声三个基本要素，其基本结构如图 6-5-2 所示。电视机主要由外壳、荧光屏、主机板等组成。

图 6-5-2　彩色电视机的基本结构

（1）拧掉电视机后盖上的所有螺钉，注意天线输入端与后盖衔接处的螺钉也要松开，然后用双手握住后盖向后轻轻使力，直至打开后盖。注意：①要打开后盖前清除电视机底板上的杂物，避免通电时引起底板短路；将后盖、螺钉放置于合适的地点。②卸除后盖时，后盖不能碰击显像管颈部。③卸除后盖后，电视机要搁置稳定，显像管颈部应朝向隐蔽处，以避免受到碰击。④拆卸底板时，要注意电视机的整机结构。⑤未经允许，不准调整底板及视放电路板上的开关和电位器，以免影响电视机整机性能。⑥电视机内部许多地方带有高压电，通电测试或维护时，不要随意用手触摸，以免触电。⑦如遇到整个底板均带电的电视机，开机检测时应采用 1∶1 的电源隔离变压器。

（2）观测主要部件，如显像管、偏转系统、电视主板等，注意显像管及偏转系统与主板及视放板之间相连的特点。

（3）仔细观察电路主板与显像管末级视放电路，见图 6-5-3 与图 6-5-4，对照图 6-5-1 H2123K 型彩电信号流程框图找到显像管、高频调谐器、行输出管、行输出变压器、场输出集成块、微处理器集成块、TV 小信号处理集成块、开关变压器、电源调整管、熔断器（俗称保险管）、视放管、偏转线圈、扬声器等主要部件，同时熟悉其他电路板与其他器件。

3. 电视机质量评价

1）工具、器材

长虹彩色电视机一台、彩条信号发生器或 VCD 信号源一台、维修工具等。

图 6-5-3　电视机主板电路

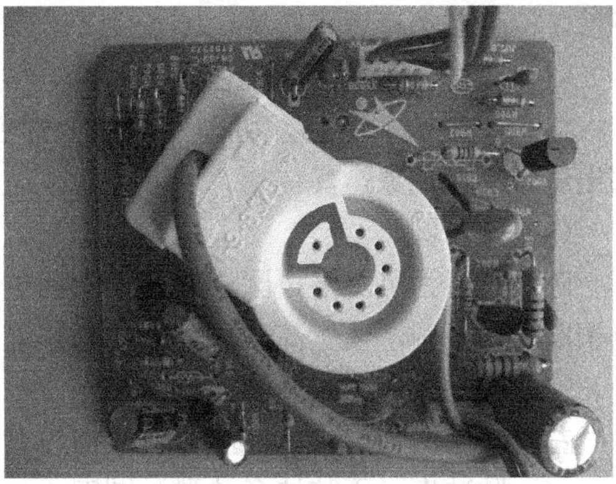

图 6-5-4　显像管末级视放电路

2）测试前的准备

电视广播接收机的技术指标及其测量方法是一个内容很丰富的课题。对电视机进行选购和维修后的质量评价主要采用电视测试卡检查方法。

电视测试卡见图 6-5-5，它是彩色电视机重现彩色图像质量好坏的一个具体衡量标准，它是包含有丰富信息的图像，综合了彩色电视机调试和检验所需的绝大部分信息。

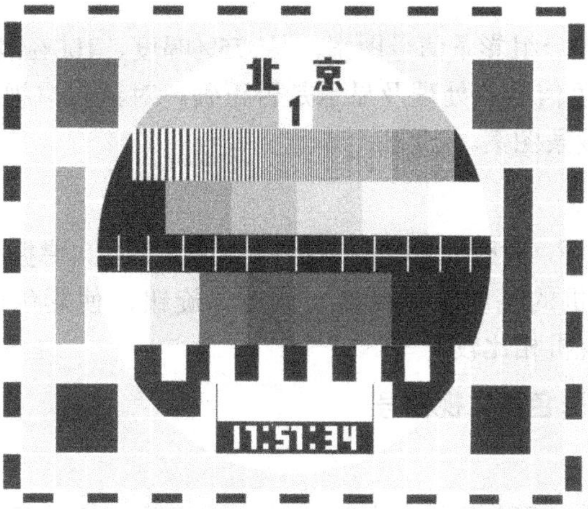

图 6-5-5　电视测试卡

电视测试卡分为两类：一类是由电视台播放的电视广播测试卡，供调整、维修电视机用；另一类是标准测试卡，供生产厂家进行调试、测量和鉴定用。测试卡图主要内容及评价标准如下。

（1）黑白格边框

在测试图的四周边沿，有一圈城墙状的黑白格边框，主要用于供检验和校正图像的大小，行、场扫描的幅度，校正图像的中心位置。

（2）白线条方格图案

整个测试卡画面由白线条正交组成水平方向 17 格、垂直方向 13 格的方格图案，横条和竖条都是白色直线，构成一个 4∶3 光栅。主要用于检验图像的几何失真、检查画面的中心部分和边沿部分的聚焦情况、检查显像管的静会聚或动会聚调整、检查电路的瞬时过渡特性、检查图像有无重影等。

（3）测试卡图案的灰底色

格子图案的灰底色，可以检验显像管色纯度是否良好，色纯度不好时灰底色不正或局部出现彩色斑现象。

（4）电子圆

圆的直径为 12 格，圆心就是图像的中心。调整行扫描和场扫描电路的幅度和线性，使电子圆成为正圆，使宽高比成为 4 : 3，就能使图像的比例正确。

（5）电子圆中的两条淡棕色带

左边较深的为男肤色，右边较浅的为女肤色。

（6）脉冲串（正弦波多波群）图案

在荧光屏上表现为五块粗细不同的垂直条纹方块，它们从粗到细分别对应于 1.8 MHz、2.8 MHz、3.8 MHz、4.8 MHz、6.25 MHz，后者相当于水平清晰度 140 线、220 线、300 线、380 线、500 线。

（7）灰度阶梯信号

共六级，分别为 0%、20%、40%、60%、80%、100%。也可以定为 10 级（每级 11.1%）或为五级（每级 25%）。还可用于检查亮度通道的线性和彩色电视机的白平衡等。

（8）彩条信号

位于电子圆内下部的一组彩条信号图案，是 75%幅度、100%饱和度的标准彩条，主要用于检查彩色电路对彩色信号的处理及显示是否正确。对黑白电视机来说，这一部分显示的是八个不同等级的灰度条图案。

3）电视机质量分析

（1）接收电视测试卡图，对照上述内容，熟练辨认各种图形，掌握图形意义和应用方法。

（2）调节彩色电视机的亮度、对比度、色度等旋钮，使彩色电视机达到最佳收看效果，并与其他已调好电视机相比较。

4. 测试彩条信号的彩色全电视信号

1）工具、器材

长虹彩色电视机一台、彩条信号发生器或 VCD 信号源一台、维修工具等。

2）测试步骤与内容

将电视信号发生器调在标准彩条，从射频接口用天线输出，使电视机接收彩条信号，示波器探头接至长虹 H2123K 型电视机主板 N101 集成块 LA76810 第 46 引脚端口，调节示波器使示波器显示稳定的波形，测试结果见图 6-5-6，绘制波形，分析实验中测出的彩色全电视信号数据，与理论值进行比较。

5. 维修模式的进入

维修模式的进入方法是：用遥控器将音量减到零，同时按下遥控器上的 MUTE 键和本机 AV/TV 键 2 s 以上。按 POWER 键退出维修模式。

调节的方法是用遥控器的上/下键选择项目，左/右键进行调节。

在维修模式下，遥控器的“POS+/−”、“−−/−”、UP/DOWN、RIGHT/LEFT、0～9 数字、

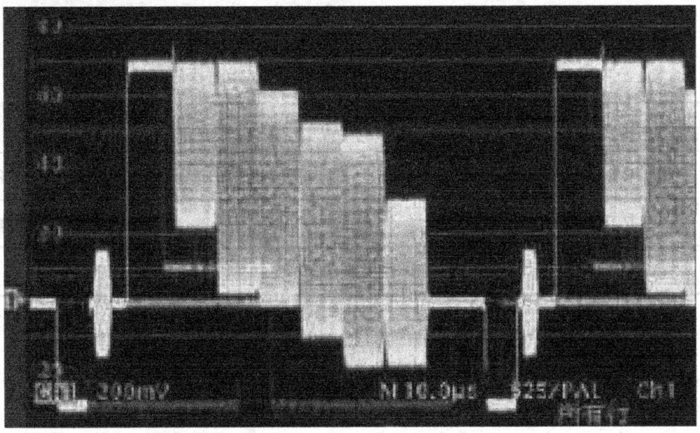

图 6-5-6　彩色全电视信号测试图

RECALL、“VOL+/−”、MUTE、POWER 和 AV 等键起作用。

维修模式可调节的项目如表 6-5-1 所示。

表 6-5-1　维修模式可调节的项目

项　目	功　能	项　目	功　能
V．POS/50 Hz（PAL）	场中心	SECAM　R DC	SECAM R-Y 色差
H．PHSE/50 Hz（PAL）	行中心	H．AFC GAIN	行 AFC
V．SIZE/50 Hz	场幅	SYNC．KILL	同步
V．POS/60 Hz（NTSC）	场中心	H．BLK．L	行左消隐
H．PH/60 Hz（NTSC）	行中心	H．BLK．R	行右消隐
V．SIZE/60 Hz	场幅	CROS B/W	维修信号选择
V．SC	S 校正	VIDEO　LVL	视频幅度
V．LINE	场线性	FM　LEVEL	FM 解调幅度
V．SIZE COP	场补偿	OPT．SIF	伴音中频预置
SUB-BRIGHT	副亮度	OPT．AUTO	彩色制式预置
SUB-CONT	副对比度	OPT．BASS	低音扩展预置
V．KILL	关场输出	OPT．T．TEXT	图文预置
RF．AGC	RF．AGC	OPT．H．S．X	红双喜预置
R．BIAS	红电子枪 CUT OFF	OPT．AV/TV	AV 预置
G．BIAS	绿电子枪 CUT OFF	OPT．SECAM	SECAM 预置
B．BIAS	蓝电子枪 CUT OFF	OPT．CLOCK	时钟预置
R．DRIVE	红电子枪 DRIVE	PTO．CALENDAR	日历预置
G．DRIVE	绿电子枪 DRIVE	OPT．GAME	游戏预置
B．DRIVE	蓝电子枪 DRIVE	SRCH　SPEED	搜索预置
SECAM－B DC	SECAM B-Y 色差	OPT．PW-OFF	关框模式预置

用户遥控器可用于粗调白平衡，对应键名如表 6-5-2 所示。

表 6-5-2 粗调白平衡对应的键名

键　名	功　能	键　名	功　能	键　名	功　能
1	R BIAS+	2	G BIAS+	3	B BIAS+
4	R BIAS−	5	G BIAS−	6	B BIAS−
MUTE	V−KILL				

单元测试题 6

一、选择题

1．电视机不用逐行扫描，而采用隔行扫描方式，主要原因是（　　）。

A．提高清晰度　　B．降低闪烁感

C．减少光栅失真　　D．节省频带资源

2．NTSC 制的相位失真敏感主要会引起（　　）。

A．以下都不对　　B．色饱和度失真

C．色强度失真　　D．色调失真

3．在亮度通道中，设置延迟线的目的是（　　）。

A．提高图像对比度　　B．提高图像清晰度

C．提高图像亮度　　D．保证亮度信号与色度信号同时到达末级矩阵

4．AGC 延迟起控是指（　　）。

A．高放先起控，中放后起控　　B．高放、中放同时起控

C．中放先起控，高放后起控　　D．以上都不对

5．色同步信号的脉冲宽度是（　　）。

A．2.35 μs　　B．5.6 μs　　C．2.25 μs　　D．4.7 μs

6．第二伴音中频放大器普遍采用（　　）放大器。

A．移相　　B．鉴频　　C．限幅　　D．钳位

7．屏幕上出现一条条向右下方倾斜的黑白相间的条纹是由于电视机（　　）。

A．场频稍高　　B．场频稍低　　C．行频稍高　　D．行频稍低

8．PAL 彩色电视制式的色同步信号与 NTSC 彩色电视制式的色同步信号（　　）。

A．相同　　B．U 分量不同　　C．V 分量不同　　D．完全不同

9．高频头输出图像信号载波为（　　）MHz。

A．8　　B．31.5　　C．38　　D．6.5

10．NTSC 彩色电视制式中副载频选择的要求不包括（　　）。

A．实现频谱交错　　B．尽量在视频较高频率端

C．减小视频带宽　　D．保证色度带宽不超出视频上限

11．色同步信号的位置在（　　）。

A．行消隐信号的后沿　　B．行同步脉冲上

C．行消隐信号的前沿　　D．场消隐信号的后沿

12．电视机中，AFC 电路的作用是（　　）。

A．控制行频实现同步　　B．稳定图像载频

C．稳定伴音载频　　D．稳定色副载波频率

13．轮廓校正电路的作用是（　　）。

A．提高视觉清晰度　　B．减少色调失真

C．改善色饱和度　　D．提高背景亮度

14．显像管内部结构中，加速电子是（　　）。

A．第一阳极　　B．灯丝　　C．阴极　　D．栅极

15．在彩色电视机亮度通道中设置了一个（　　）MHz 的彩色副载波吸收电路。

A．31.5　　B．4.43　　C．6　　D．6.5

16．我国采用的电视制式是（　　）。

A．NTSC　　B．PAL　　C．SECAM　　D．AFT

17．我国电视标准规定的色副载波频率为（　　）。

A．44.3 MHz　　B．4.43 MHz　　C．33.57 MHz　　D．6 MHz

18．彩色电视接收机中，ARC 代表的意义为（　　）。

A．自动消色电路　　B．自动清晰度控制电路

C．自动频率微调　　D．自动增益控制

19．彩色电视机中，高频放大器的 AGC 控制范围一般要达到（　　）。

A．20 倍　　B．20 dB　　C．40 dB　　D．40 倍

20．人眼对（　　）光最敏感。

A．黄光　　B．草绿光　　C．蓝光　　D．紫光

二、判断题

1．若 AFT 电路工作不稳定，则会出现跑台现象。（　　）

2．通常中放 AGC 控制范围为 40 dB。（　　）

3．由于 SAWF 具有小型化、可靠性高、稳定性好、不用调整等特点，因而被大量用在彩色机中频信号处理中。（　　）

4．高频调谐器的作用是选台、放大、混频，输出电视中频信号。（　　）

5．PAL 色同步信号的唯一作用是为彩色电视接收机的副载波恢复电路提供相位基准。（　　）

6．行、场消隐信号分别出现在行、场扫描的正程期间。（　　）

7．当显像管的某一阴极电压过高时，会出现单基色光栅现象。（　　）

8．色度信号和色同步信号都是在行扫描正程时间出现的。（　　）

9．电视机荧光屏上只有一条水平亮线，说明场行扫描电路一定有故障。（　　）

10．三基色原理说明：用 R、G、B 三种基色按相同比例混合时，可得到自然界中绝大多数的彩色。（　　）

三、简答计算题

1．我国第 27 频道的频率在 622～630 MHz 之间，试计算伴音载频 f_s、图像载频 f_p 及该频道的本振频率 f。

2．写出 PAL 制与 NTSC 制彩色全电视信号的异同（提示：从亮度信号、行场复合同步消隐信号、色度信号、副载波四个方面分析）。

3．一台彩色电视机无光栅，试述其可能发生故障的有关电路。

4．什么是数字电视？与模拟电视相比，数字电视有哪些技术特点和优点？

5．为什么要对数字图像信号进行压缩？压缩的依据是什么？

6．数字电视有几种传输方式？每种方式的调制方式是什么？

7．数字调制有哪三种基本调制方式？

8．画出数字电视系统的基本原理框图。

9．阐述数字机顶盒有哪些关键技术。

10．夏普 32L100 液晶电视结构剖析中，液晶电视机由哪些电路板构成？液晶显示屏由哪些部件构成？

第7章 单片机技术

7.1 单片机的发展

单片机是一种集成电路芯片，是采用超大规模集成电路技术把具有数据处理能力的中央处理器 CPU 随机存储器 RAM、只读存储器 ROM、多种 I/O 口和中断系统、定时器/计时器等功能（可能还包括显示驱动电路、脉宽调制电路、模拟多路转换器、A/D 转换器等电路）集成到一块硅片上构成的一个小而完善的微型计算机系统，在工业控制领域广泛应用。从 20 世纪 80 年代，由当时的 4 位、8 位单片机，发展到现在的 32 位、64 位单片机。

单片微型计算机简称单片机，是典型的嵌入式微控制器（Microcontroller Unit），常用英文字母的缩写 MCU 表示单片机，单片机又称单片微控制器，它不是完成某一个逻辑功能的芯片，而是把一个计算机系统集成到一个芯片上。它相当于一个微型的计算机，和计算机相比，单片机只缺少了 I/O 设备。概括地讲：一块芯片就成了一台计算机。它的体积小、质量轻、价格便宜，为学习、应用和开发提供了便利条件。同时，学习使用单片机是了解计算机原理与结构的最佳选择。它最早被用在工业控制领域。常见的单片机如图 7-1-1 所示。

单片机又称为单片微控制器。单片机系统结构简单、处理功能强、速度快、环境适应力强，更容易集成进复杂的而对体积要求严格的控制设备当中，在工业领域已有广泛的应用。

图 7-1-1 常见的单片机

Zilog 公司的 Z80 是最早按照这种思想设计的处理器，当时的单片机都是 8 位或 4 位的。其中最成功的是 Intel 公司的 8031，此后在 8031 基础上发展出了 MCS51 系列单片机系统，因为简单可靠而性能不错获得了很大的好评。尽管 2000 年以后已经发展出了 32 位的主频超过 300 MHz 的高端单片机，但是直到目前基于 8031 的单片机还在广泛地应用。在很多方面单片机比专用处理器更适合应用于嵌入式系统，因此它得到了广泛的应用。事实上单片机是世界上数量最多的处理器，随着单片机家族的发展壮大，单片机和专用处理器的发展便分道扬镳。

7.2 单片机的结构

在讲单片机的结构之前首先来了解一下大家都熟知的计算机。

7.2.1 计算机的经典结构

在设计计算机时，匈牙利籍数学家冯·诺依曼提出了“程序存储”和“二进制运算”的思想。

1）二进制运算决定了计算机的硬件结构

二进制运算包括二进制算术运算和逻辑运算（逻辑运算的基础是逻辑代数，又称布尔代数）。逻辑量只表示两种不同的状态，可以对应电子线路中的电阻高低，二极管、三极管的通断等。因此，二进制运算决定了计算机可以由电子元器件，特别是集成电路组成。

2）程序存储决定了软件控制硬件工作

计算机的基本结构包括硬件和软件两部分。计算机的工作原理是：由输入设备将软件送入存储器，然后由控制器逐条取出存储器中的控制软件并运行，再将运行结果送到输出设备。

根据以上思路，计算机的经典结构由运算器、控制器、存储器和输入设备、输出设备组成，如图 7-2-1 所示。

7.2.2 单片机的基本结构

将经典结构中的运算器、控制器组合在一起，再增加一些寄存器等，就构成了 CPU（Center Processing Unit）。将 CPU、存储器、I/O 接口电路集成到一块芯片上，这个芯片称为单片机，如图 7-2-2 所示。

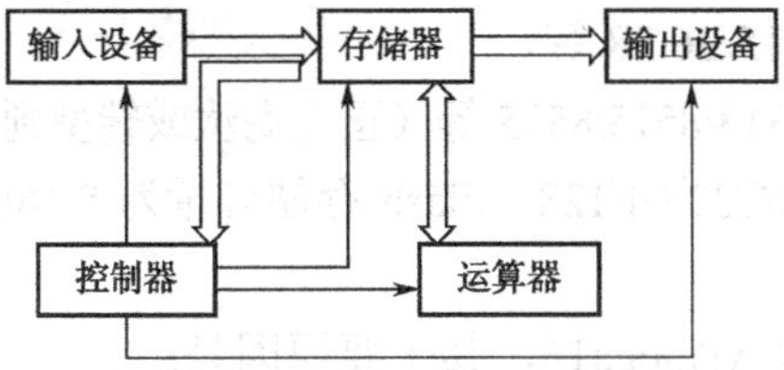

图 7-2-1　计算机经典结构

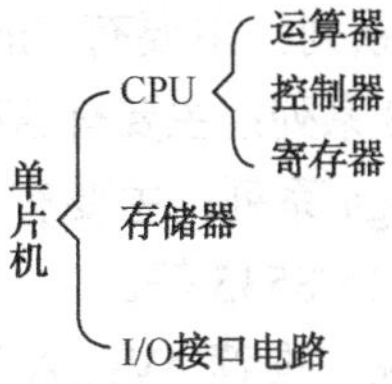

图 7-2-2　单片机基本结构

单片机作为一片集成了微型计算机基本部件的集成电路芯片，与通用计算机相比，自身不带软件，不能独立运行；存储容量小，没有输入、输出设备，不能将系统软件和应用软件存储到自身的存储器中并加以运行，它自身没有开发功能。所以，必须借助开发机（安装相应软硬件的计算机系统）来完成开发任务。

单片机的种类有很多，虽然型号不同，外观也有差异，但是单片机内部的资源种类都差不多，而且这些资源的使用方法也大同小异，可以说真正掌握一种单片机的使用，其他的单片机也就会融会贯通了。

7.3　AVR 单片机

AVR 单片机是 1997 年由 Atmel 公司的挪威设计中心的 A 先生和 V 先生，利用 Atmel 公司的 Flash 新技术，共同研发出的 RISC 精简指令集高速 8 位单片机，简称 AVR。AVR 单片机可以广泛应用于计算机外部设备、工业实时控制、仪器仪表、通信设备、家用电器等各个领域。

7.3.1　AVR 单片机的特点

高可靠性、功能强、高速度、低功耗和低价位，一直是衡量单片机性能的重要指标，也是单片机占领市场、赖以生存的必要条件。

早期单片机主要由于工艺及设计水平不高、功耗高和抗干扰性能差等原因，所以采取稳妥方案，即采用较高的分频系数对时钟分频，使得指令周期长，执行速度慢。以后的 CMOS 单片机虽然采用提高时钟频率和缩小分频系数等措施，但这种状态并未被彻底改观（51 以及 51 兼容）。

AVR 单片机的推出，彻底打破了这种旧设计格局，废除了机器周期，抛弃了复杂指令计算机（CISC）追求指令完备的做法；采用精简指令集，以字作为指令长度单位，将内容丰富的操作数与操作码安排在一字之中（指令集中占大多数的单周期指令都是如此），取指周期短，又可预取指令，实现流水作业，故可高速执行指令。当然这种速度上的升跃，是以高可靠性为其后盾的。

AVR 单片机技术体现了单片机集多种器件（包括 Flash 程序存储器、看门狗、EEPROM、同/异步串行口、TWI、SPI、A/D 模数转换器、定时器/计数器等）和多种功能（增强可靠性的复位系统、降低功耗抗干扰的休眠模式、品种多门类全的中断系统、具输入捕获和比较匹配输出等多样化功能的定时器/计数器、具替换功能的 I/O 端口等）于一身，充分体现了单片机技术从“片自为战”向“片上系统 SoC”过渡的发展方向。

7.3.2　AVR 单片机的选型

AVR 单片机系列齐全，可适用于各种不同场合。AVR 单片机主要有以下三个档次。

低档 Tiny 系列：主要有 Tiny11/12/13/15/26/28 等。

中档 AT90S 系列：主要有 AT90S1200/2313/8515/8535 等（正在淘汰或转型到 Mega 中）。

高档 ATmega 系列：主要有 ATmega8/16/32/64/128（Flash 存储容量为 8/16/32/64/128KB）以及 ATmega8515/8535 等。

就目前来说，推荐 AVR 入门级芯片为 ATmega16，其主要原因是：

（1）为目前的主流 AVR，是性价比最高的 AVR 芯片之一，货源充足。零售价不到 20 元，批量可降至 15 元甚至更低。

（2）16 KB 的 Flash，满足绝大部分的实验需要。内置丰富、强大的功能，几乎涉及 AVR 芯片的所有功能。

（3）支持 JTAG 仿真，不需要购买较昂贵的仿真器。

（4）有直插封装，方便实验焊接。

7.3.3 AVR 单片机的工具软件

目前比较常用的 AVR 单片机的工具软件介绍如下。

1）AVR Studio 集成开发环境

AVR Studio 集成开发环境是 ATmel 公司出品的 AVR 单片机的汇编级开发调试软件，完全免费。AVR Studio 集成开发环境包括了 AVR Assembler 编译器、AVR Studio 调试功能、AVR Prog 串行和并行下载功能及 JTAG ICE 仿真等功能。

2）ICC AVR 集成开发环境

ICC AVR 是一个综合了编辑器和工程管理器的集成工作环境，是 ATmel 公司推荐的第三方工具软件之一，但需要付费。

7.3.4 AVR 单片机的开发用具

AVR 单片机的开发用具介绍如下。

1）STK500 下载线

STK500 是 ATmel 官方目前唯一推荐的下载烧录方式。在 AVR Studio 集成开发环境中，它保持不断升级与更新，可以支持目前、将来的 AVR 芯片。下载速度比并口 ISP 快，并且更加稳定。

2）JTAG 仿真器

连接 JTAG 仿真器，使用 AVR Studio 集成开发环境打开 *.cof 或 *.elf 仿真文件后，就能进行仿真操作。方便开发时测试与调试。

7.4 单片机开发与使用

7.4.1 单片机最小系统

由于当今单片机集成度大大提高，现在的单片机只需要很少的外围器件，就可以独立完成一定的任务。

这种以单片机为核心，扩展少量外围器件的单片机系统称为单片机最小系统。由于单片机最小系统具有运用灵活、体积小、成本低的特点，得到了广泛的应用。

实际的单片机应用电路可以以单片机最小系统为基础，根据需要进行扩展。

由于 ATmega16 单片机内置了丰富、强大的功能，所以以 ATmega16 单片机最小系统为例来说明单片机最小系统的组成。

一般来说，ATmega16 单片机最小系统需要复位电路、晶振电路、A/D 转换滤波电路、串口电平转换电路、JTAG 仿真接口和电源等。

塑料双列直插封装（Plastic Dual Inline Package，PDIP）的 ATmega16 引脚如图 7-4-1 所示。

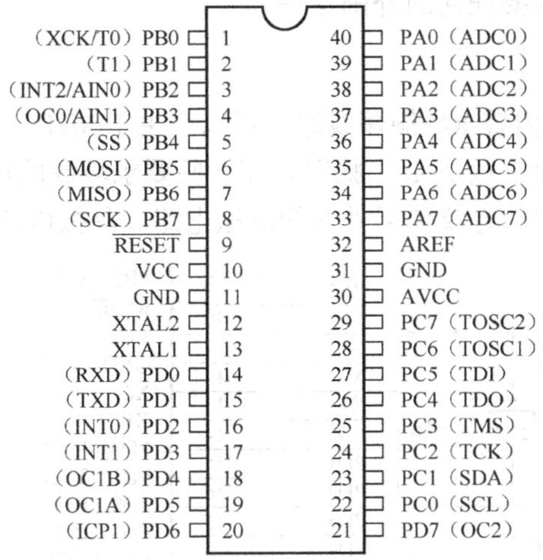

图 7-4-1　塑料双列直插封装的 ATmega16 引脚示意图

1. 复位电路

ATmega16 已经内置了上电复位设计，并且在熔丝位里可以设置复位时的额外时间，故 ATmega16 外部的复位电路可以设计得很简单：直接上拉一只 10 kΩ的电阻到 VCC 即可（Rrst），如图 7-4-2 所示。

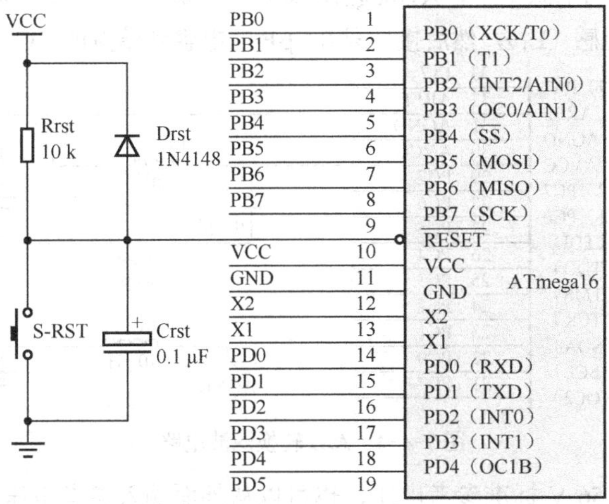

图 7-4-2　复位电路

为了可靠复位，再加上一只 0.1 μF 的电容（Crst）以消除干扰、杂波。

Drst（1N4148）的作用有两个：

（1）将复位输入的最高电压钳在 V_{CC}+0.5 V 左右。

（2）系统断电时，将 Rrst（10 kΩ）电阻短路，让 Crst 快速放电，从而当下一次通电时，能产生有效的复位。

当 ATmega16 单片机在工作时，按下 S-RST 开关，复位脚变成低电平，产生复位信号，使 ATmega16 单片机复位。

在实际应用时，如果不需要复位按钮，复位脚可以不接任何零件，ATmega16 单片机也能稳定工作。即这部分不需要任何的外围零件。

2. 晶振电路

ATmega16 单片机已经内置 RC 振荡线路，可以产生 1 MHz、2 MHz、4 MHz、8 MHz 的振荡频率。不过，内置的毕竟是 RC 振荡，在一些要求较高的场合，比如要与 RS232 通信需要比较精确的波特率时，建议使用外部的晶振电路。晶振电路如图 7-4-3 所示。

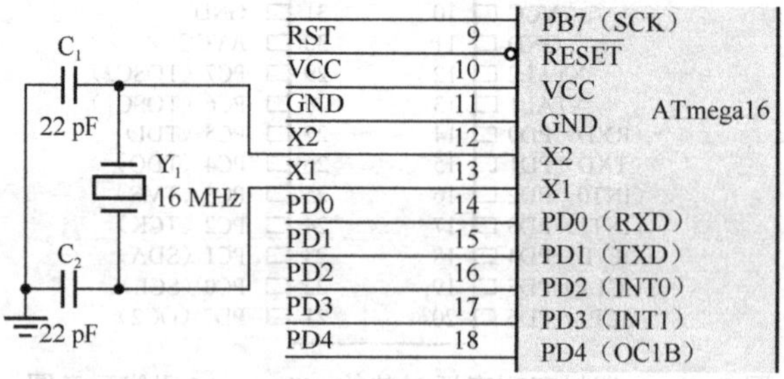

图 7-4-3　晶振电路

在实际应用时，如果不需要太高精度的频率，可以使用内部 RC 振荡。即这部分不需要任何的外围零件。

3. A/D 转换滤波电路

为减小 A/D 转换的电源干扰，ATmega16 单片机有独立的 A/D 电源供电。推荐在 VCC 上串上一只 10 μH 的电感（L_1），然后接一只 0.1 μF 的电容到模拟地（C_6），如图 7-4-4 所示。

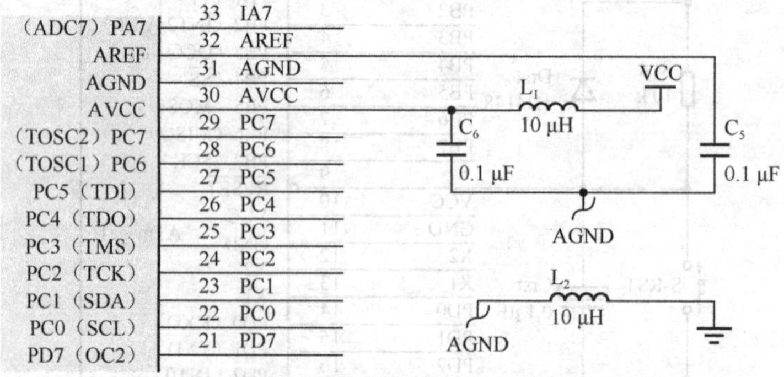

图 7-4-4　A/D 转换滤波电路

ATmega16 内带 2.56 V 标准参考电压，也可以从外面输入参考电压。不过一般的应用使用内部自带的参考电压已经足够。习惯上在 AREF 脚接一只 0.1 μF 的电容到模拟地（C_5）。

在实际应用时，可以将 AVCC 直接接到 VCC，AREF 悬空。即这部分不需要任何的外围零件。

4. 串口电平转换电路

串行通信协议有很多种，以 RS-232-C（又称 EIA RS-232-C，以下简称 RS232）的通信方式最为多见。

RS232 是一个全双工的通信协议，它可以同时进行数据接收和发送的工作。RS232 的端口通常有两种：9 针（DB9）和 25 针（DB25）。其接口定义如表 7-4-1 所示。

表 7-4-1　DB9 与 DB25 接口定义

信　　号	DB9	DB25
公共地	5	7
发送数据（TXD）	3	2
接收数据（RXD）	2	3
数据终端准备（DTR）	4	20
数据准备好（DSR）	6	6
请求发送（RTS）	7	4
清除发送（CTS）	8	5
数据载波检测（DCD）	1	8
振铃指示（RI）	9	22

RS232 接口的信号电平值较高，接口的电气特性在 RS232 中任何一条信号线的电压均为负逻辑关系。即逻辑“1”，−5～15 V；逻辑“0”，+5～+15 V；噪声容限为 2 V。因为与 TTL 电平不兼容，故需使用电平转换电路方能与 TTL 电路连接。在本设计中，电平转换芯片是 MAXIM 公司的 MAX232 芯片，电路设计参考了其典型应用。串口电平转换电路见图 7-4-5。

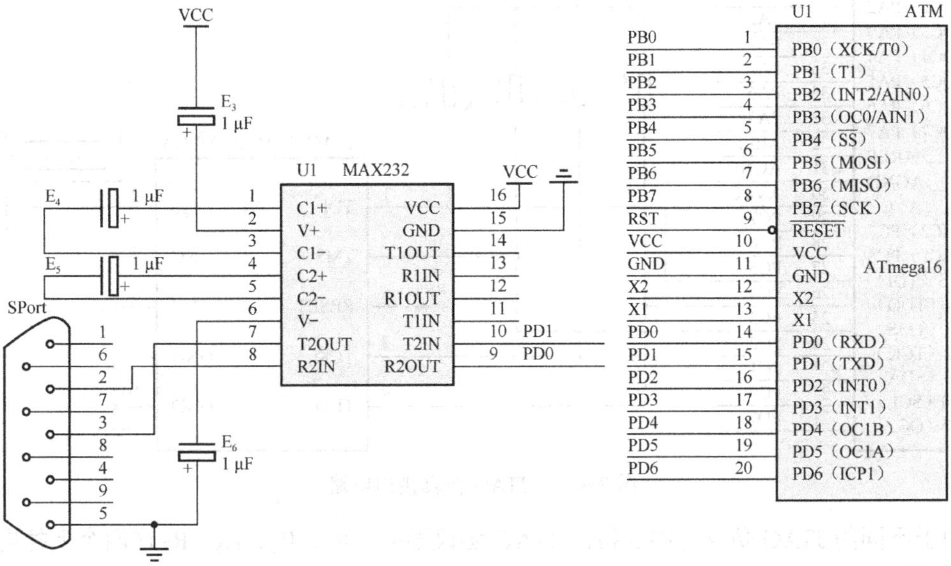

图 7-4-5　串口电平转换电路

5. I/O 端口

ATmega16 总共有 PA、PB、PC、PD 四个 8 位 I/O 端口，作为最小系统板需要将这四个I/O 口引出。其电原理图如图 7-4-6 所示（PB 端口与 PD 端口的接法请参考 PC 端口）。

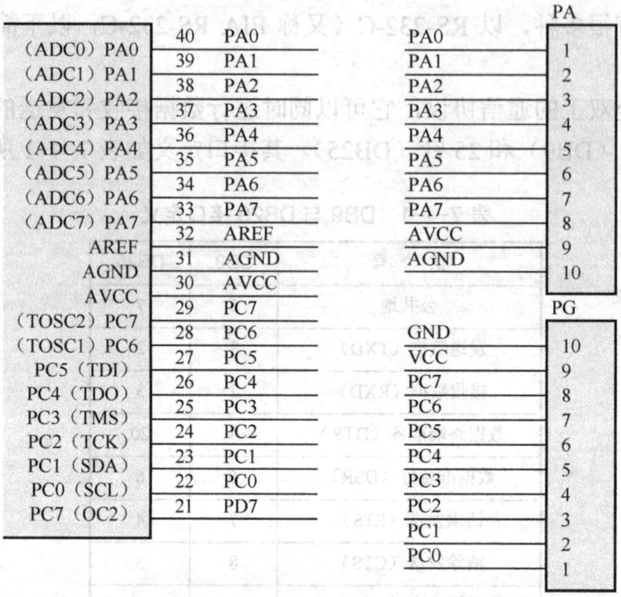

图 7-4-6　I/O 端口

6. JTAG 仿真接口电路

在图 7-4-7 中，V-S 是一个三端跳线，用来选择电源的供给方式：由 JTAG 仿真接口供电还是由 ATmega16 最小系统板上的电源模块供电。

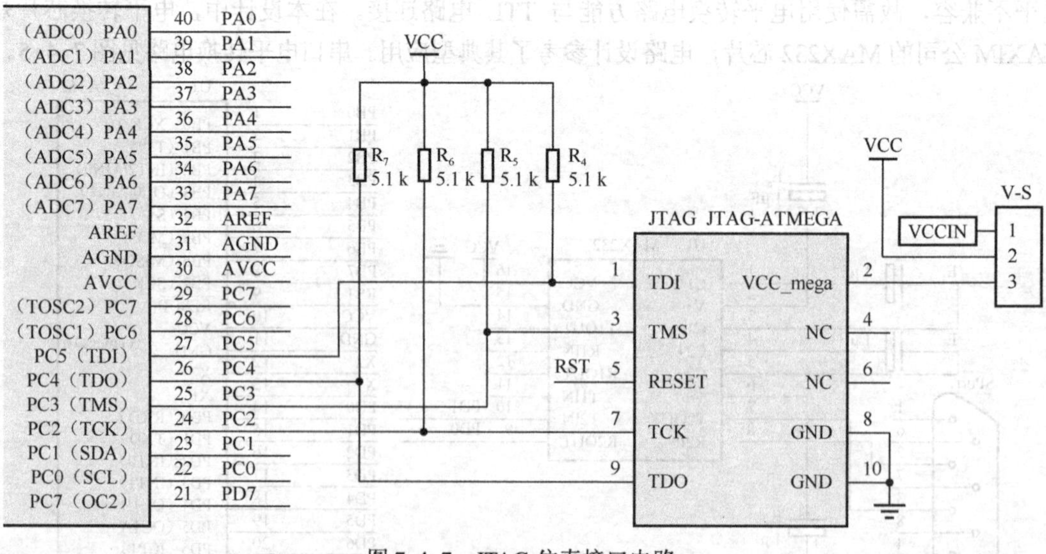

图 7-4-7　JTAG 仿真接口电路

由于不同的 JTAG 仿真电路支持的 JTAG 协议不同，R_4、R_5、R_6、R_7 这四个上拉电阻并不是必要的。

7. 电源电路

采用 7805 集成电压三端器件能满足系统的要求，输入电压要求 9～18 V，见图 7-4-8。

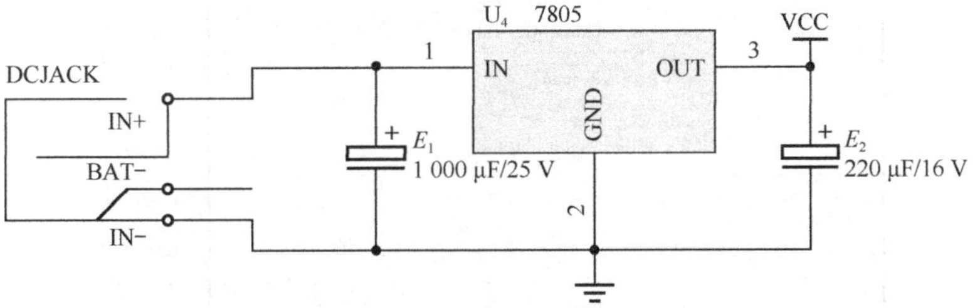

图 7-4-8　电源电路

根据各部分原理图，可以完成 ATmega16 单片机最小系统。

从图 7-4-9 中可以看出：PA、PB、PC、PD 四个 8 位 I/O 端口和 JTAG 接口采用了 DC3-10 脚简易牛角插座引出。

图 7-4-9　ATmega16 最小硬件系统

DC3 简易牛角插座在一侧有一个缺口，同时有一个三角标识。DC3-10 脚插座的接口定义如表 7-4-2 所示。

表 7-4-2　DC3-10 脚插座的接口定义

2	4	6	8	10
1	3	5	7	9
三角标识		缺口		

7.4.2 ICC AVR 开发编译环境

1. 新建工程文件

打开 ICC AVR 软件，选择 Project（工程）菜单，新建一个工程文件，并把它保存在一个文件夹中，见图 7-4-10、图 7-4-11。

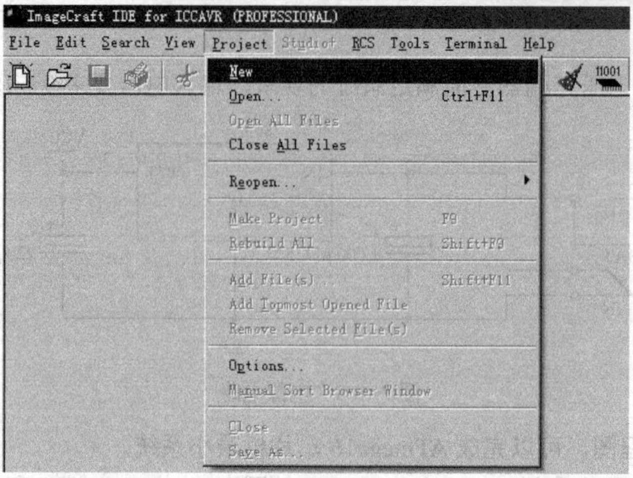

图 7-4-10 新建工程文件

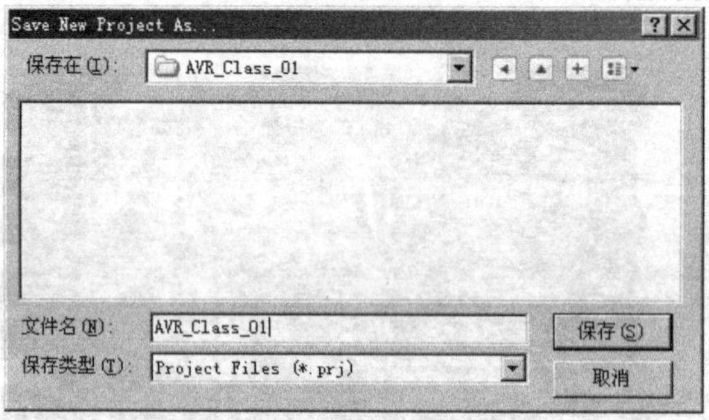

图 7-4-11 保存工程文件

之后选择 Compiler Options（编译选项）菜单，在 Target（对象）选项卡中的 Device Configuration（设备配置）下拉框中选择单片机类型，见图 7-4-12。

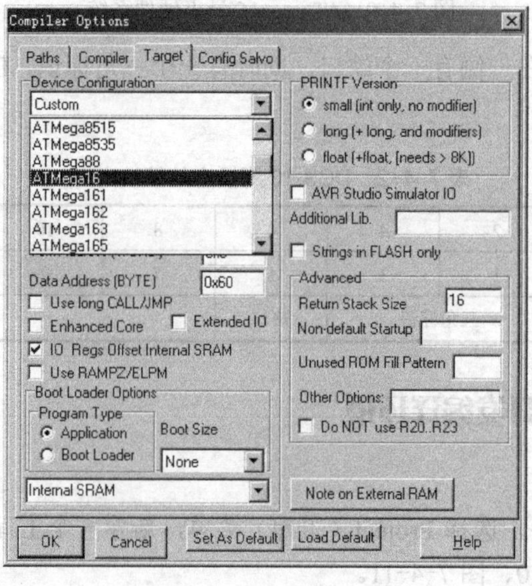

图 7-4-12 单片机类型选择

最后单击 Compiler（编译器）选项卡，在 Output Format（输出格式）下拉框中设置输出文件格式为 COFF/HEX 类型，见图 7-4-13。

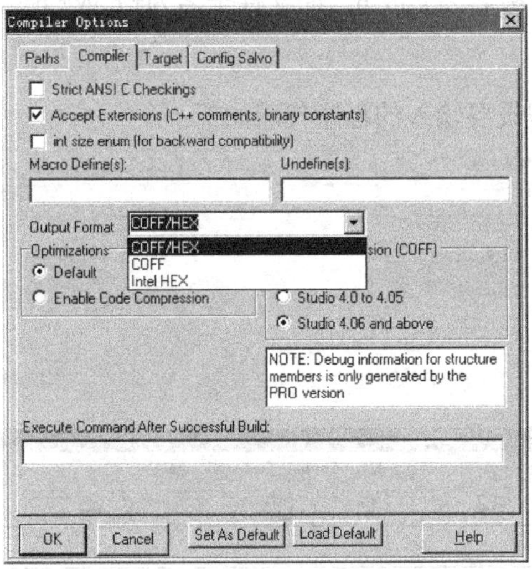

图 7-4-13　输出文件格式设置

2. 新建源代码文件

选择 File（文件）菜单，新建一个源代码文件，并把它保存在一个文件夹中（最好和工程文件在同一个文件夹），见图 7-4-14、图 7-4-15。

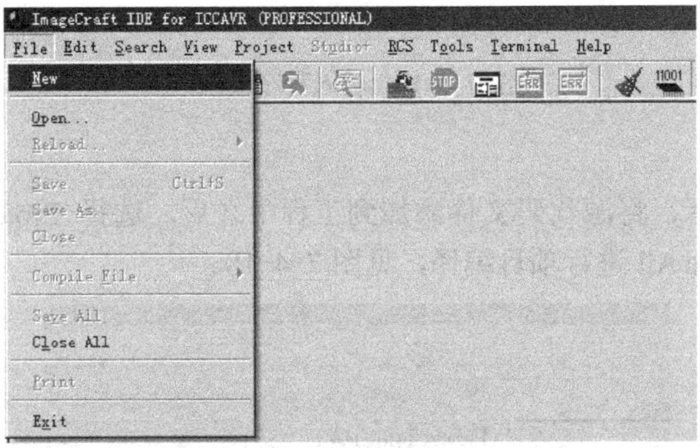

图 7-4-14　新建源代码文件

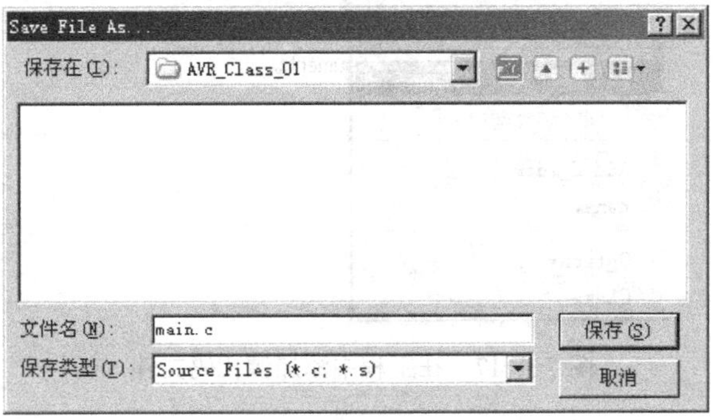

图 7-4-15　保存源代码文件

新建源代码文件主要有两类：

- 汇编语言源代码，后缀名为.s，即文件全名为*.s；
- C 语言源代码，后缀名为.c 或.h，即文件全名为*.c 或*.h。

3. 输入程序代码

如图 7-4-16 所示，假设要输入的程序代码如下：

```
#include "iom16v.h"
void main(void)
{
DDRB=0xff;
PORTB=0xff;
//PORTB=0x00;
}
```

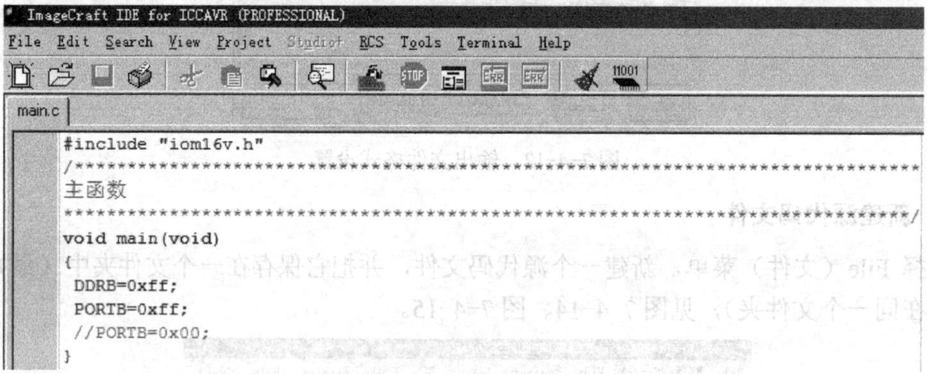

图 7-4-16　输入程序代码

4. 编译工程

如图 7-4-17 所示，将源代码文件添加到工程中之后，选择 Project（工程）菜单中的 Make Project 或 Rebuild All 进行项目编译，见图 7-4-18。

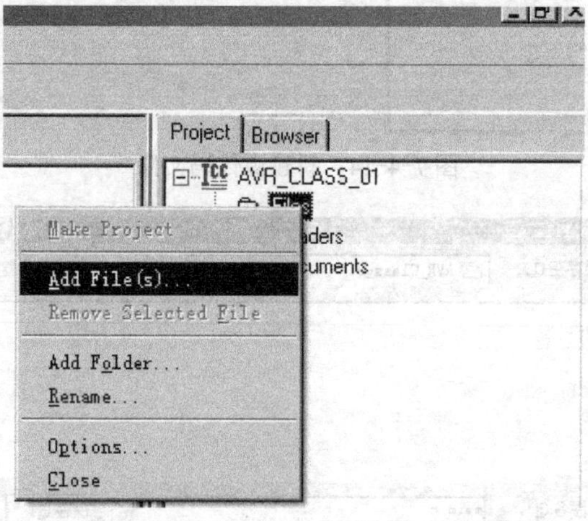

图 7-4-17　在工程中添加源代码文件

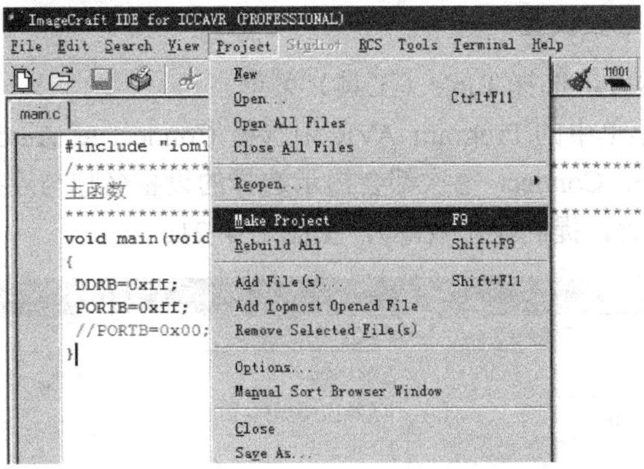

图 7-4-18　项目编译

编译结果如不正确，纠错后直到编译正确。工程编译信息窗见图 7-4-19。

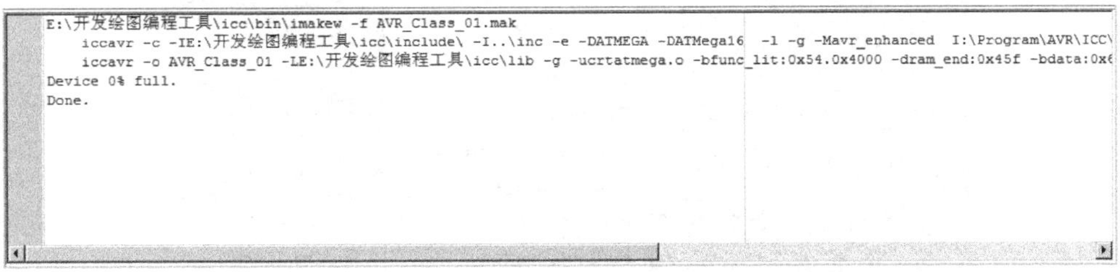
E:\开发绘图编程工具\icc\bin\imakew -f AVR_Class_01.mak
iccavr -c -IE:\开发绘图编程工具\icc\include\ -I..\inc -e -DATMEGA -DATMega16 -l -g -Mavr_enhanced I:\Program\AVR\ICC\
iccavr -o AVR_Class_01 -LE:\开发绘图编程工具\icc\lib -g -ucrtatmega.o -bfunc_lit:0x54.0x4000 -dram_end:0x45f -bdata:0x6
Device 0% full.
Done.

图 7-4-19　工程编译信息窗

7.4.3　AVR Studio 下载调试工具

AVR Studio 下载调试工具主要用来进行单片机程序的下载和调试。在进行调试之前，需要将开发机和单片机最小系统通过 AVR JTAG 工具连接好，见图 7-4-20。

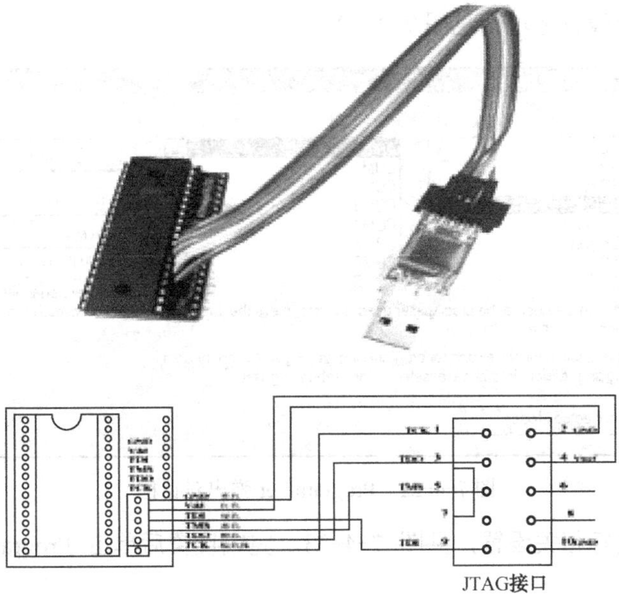

图 7-4-20　AVR JTAG 工具的连接

1. 连接AVR与熔丝位设置

打开 AVR Studio 软件，选择 Tools（工具）菜单。

在 Tools（工具）菜单中的 Program AVR 中选择 Connect 或 Auto Connect（Connect 与 Auto Connect 的区别是：Connect 每次都会提示选择的设备名称与连接端口；Auto Connect 会自动使用上一次的设置，提高操作效率），见图 7-4-21。

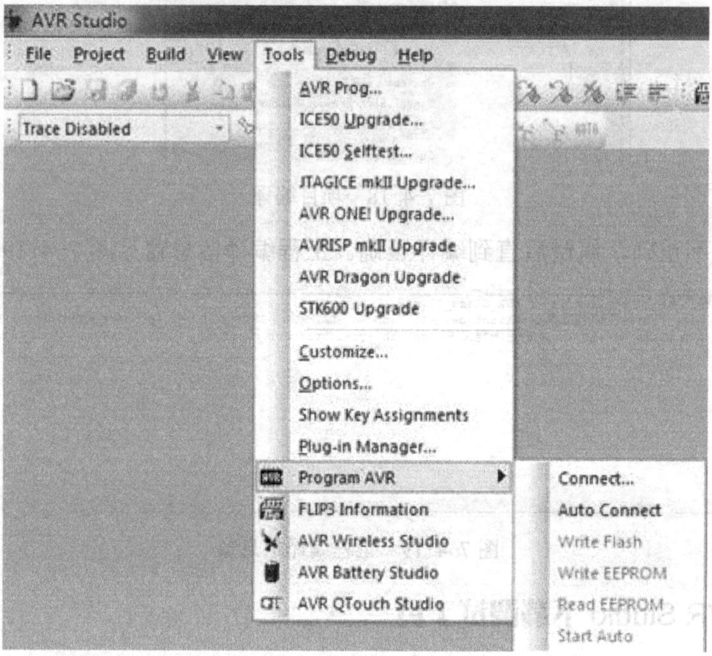

图 7-4-21　AVR Studio Tools 菜单

在弹出的对话框中，选择 JTAG ICE（因为使用的是 JTAG 工具）后单击 Connect 选项，就会进入熔丝位设置选项，见图 7-4-22。

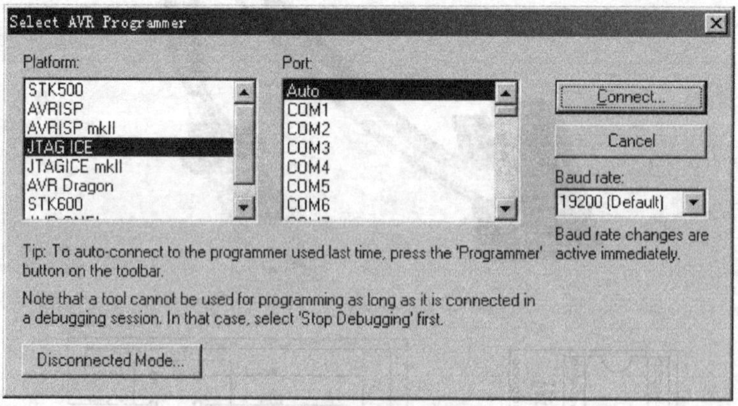

图 7-4-22　Programmer 弹出对话框

根据实际需要进行相关设置，见图 7-4-23。完成设置后单击 Program 进行编程，然后关掉该界面即可。

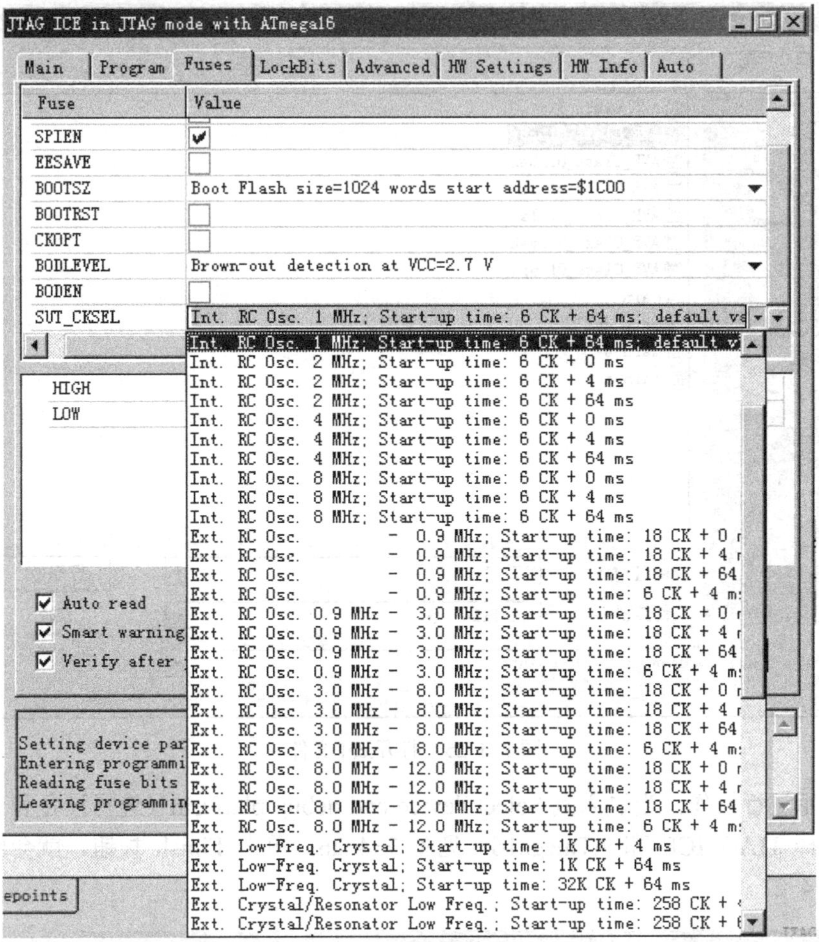

图 7-4-23　熔丝位设置

2. 下载与调试

在 File（文件）菜单中单击 Open File，打开由 ICC AVR 编译生成的.cof 文件，见图 7-4-24、图 7-4-25。

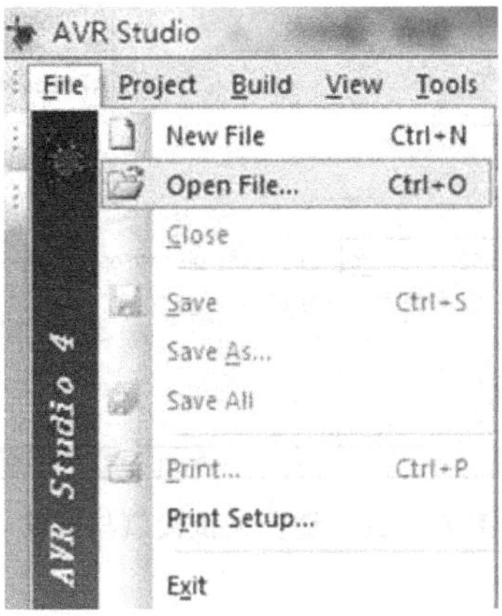

图 7-4-24　Open File 菜单

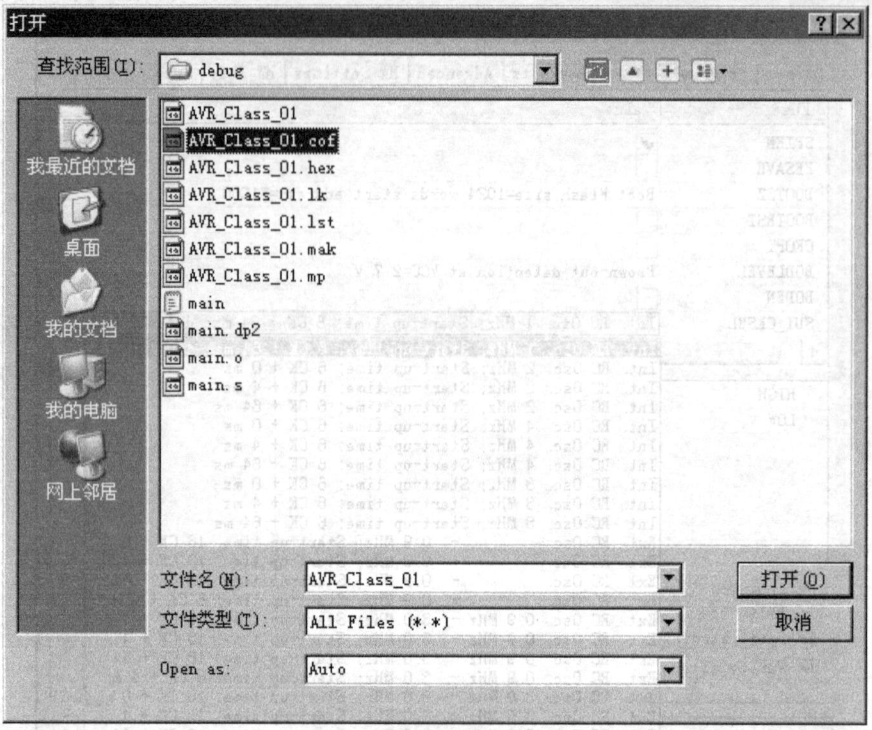

图 7-4-25　打开.cof 文件

按照提示进行操作，当进入到 Select device and debug platform（选择设备和调试平台）界面时，选择 JTAG ICE 和 ATmega16，见图 7-4-26，单击 Finish 按钮，就会出现调试界面，见图 7-4-27。

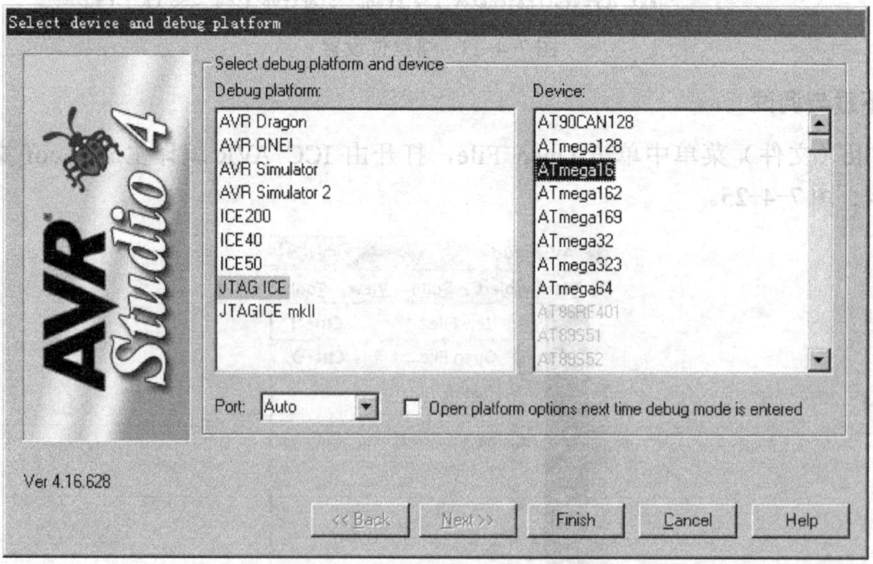

图 7-4-26　选择调试接口与器件

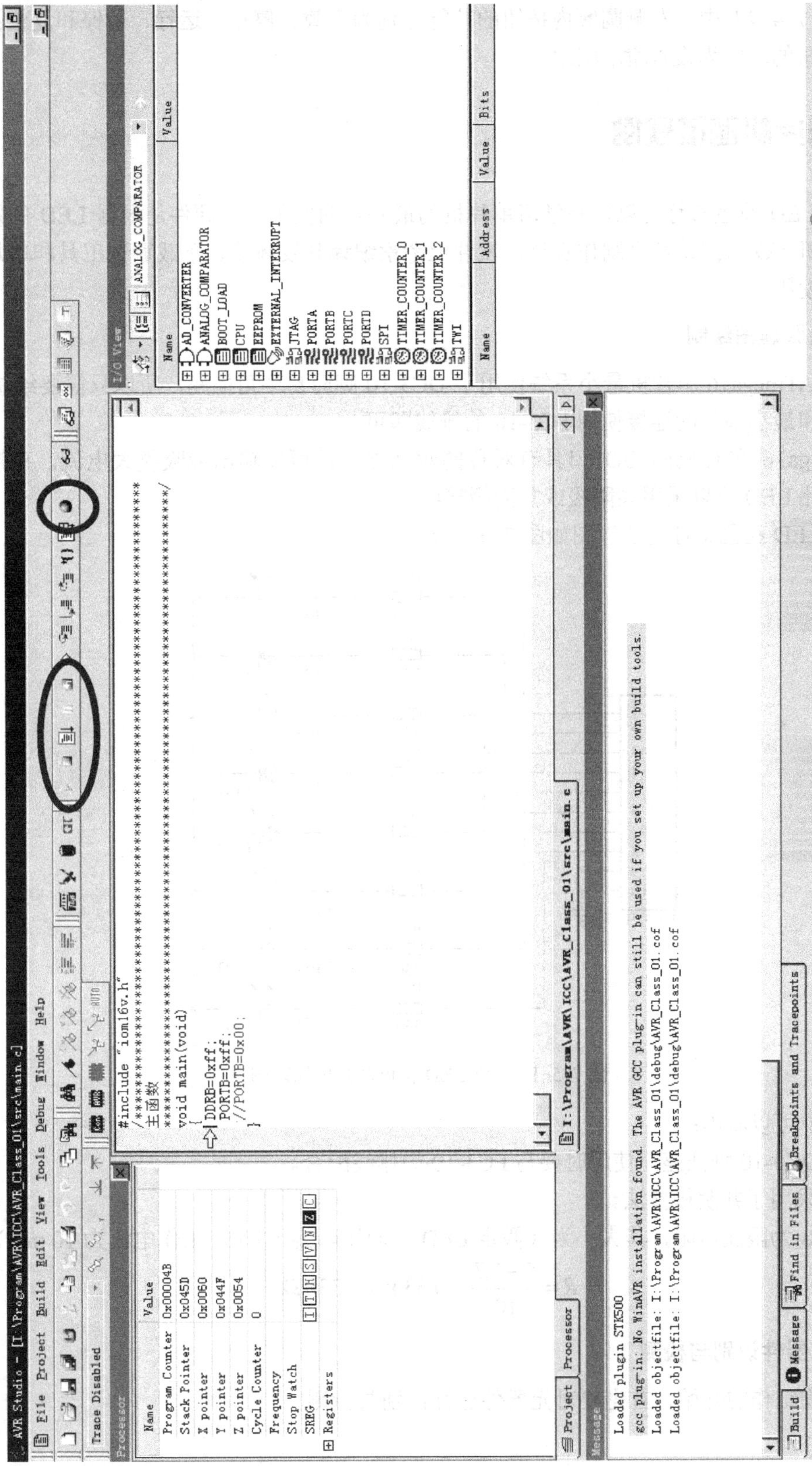
AVR Studio - [I:\Program\AVR\ICC\AVR_Class_01\src\main.c]
File Project Build Edit View Tools Debug Window Help
Trace Disabled
Processor
Name Value
Program Counter 0x00004B
Stack Pointer 0x045D
X pointer 0x0060
Y pointer 0x044F
Z pointer 0x0054
Cycle Counter 0
Frequency
Stop Watch
SREG I T H S V N Z C
Registers
#include "iom16v.h"
主函数
void main(void)
{
DDRB=0xff;
PORTB=0xff;
//PORTB=0x00;
}
I:\Program\AVR\ICC\AVR_Class_01\src\main.c
Project Processor
I/O View
ANALOG_COMPARATOR
Name Value
AD_CONVERTER
ANALOG_COMPARATOR
BOOT_LOAD
CPU
EEPROM
EXTERNAL_INTERRUPT
JTAG
PORTA
PORTB
PORTC
PORTD
SPI
TIMER_COUNTER_0
TIMER_COUNTER_1
TIMER_COUNTER_2
TWI
Name Address Value Bits
Message
Loaded plugin STK500
gcc plug-in: No WinAVR installation found. The AVR GCC plug-in can still be used if you set up your own build tools.
Loaded objectfile: I:\Program\AVR\ICC\AVR_Class_01\debug\AVR_Class_01.cof
Loaded objectfile: I:\Program\AVR\ICC\AVR_Class_01\debug\AVR_Class_01.cof
Build Message Find in Files Breakpoints and Tracepoints
ATmega16 JTAG ICE Auto Stopped Ln 7, Col 1

图7-4-27　调试界面

在图 7-4-27 中，左侧圆圈内按钮的功能分别为下载、停止、运行、暂停和复位；右侧圆圈内按钮的功能为设置/消除断点。

7.5 单片机调试实例

8 位 LED 花色彩灯可以说是学习单片机的最基本的例子，其硬件是根据 LED 的发光原理和单片机 I/O 口的特性来制作实物，软件上考察编译开发环境、下载调试工具和单片机编程语言的使用。

1. 电原理图绘制

由于 ATmega16 单片机最小系统使用了 DC3-10 脚简易牛角插座，所以只需要绘制 LED 的部分，和最小系统的连接使用 FC3-10 的排线即可。

ATmega16 单片机的 I/O 口具有对称的驱动能力，可以输出或吸收大电流，直接驱动 LED，因此 LED 可以采用共阳极或共阴极接法。

8 位 LED 花色彩灯电原理图如图 7-5-1 所示。

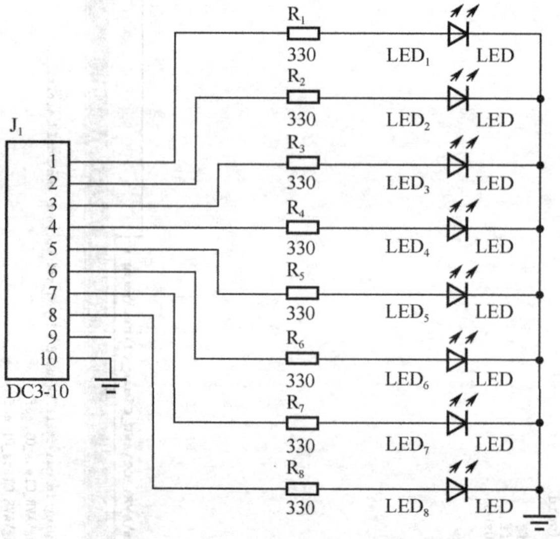

图 7-5-1　8 位 LED 花色彩灯电原理图

从图中可以看出：

J_1 为 DC3-10 脚插座，使用时要与 FC3-10 的排线配合。

LED 采用了共阴极接法。

R_1～R_8 为限流电阻，其大小为（假定 LED 正向压降为 1.7 V，工作电流为 10 mA）

$$R = \frac{5-1.7}{10} = 0.33\ \text{k}\Omega = 330\ \Omega$$

2. 元器件识别与检测

在实物制作的开始，首先要对元器件进行识别与检测。

1）色环电阻的识别与检测

电子产品广泛采用色环电阻，其优点是在装配、调试和修理过程中，不用拨动元件，即可在任意角度看清色环，读出阻值，使用方便。电阻色环主要有 4 环和 5 环两种。

4 环电阻的底色一般为浅黄色，第 1、2 环分别代表阻值的前两位数；第 3 环代表 10 的幂；第 4 环代表误差。

5 环电阻的底色一般为浅蓝色，第 1、2、3 环分别代表阻值的前三位数；第 4 环代表 10 的幂；第 5 环代表误差。

将万用表的红、黑表笔分别与电阻的两端引脚相接即可测出实际电阻值。

为了提高测量精度，应根据被测电阻标称值的大小来选择量程。由于欧姆挡刻度的非线性关系，它的中间一段分度较为精细，因此应使指针指示值尽可能落到刻度的中段位置，即全刻度起始的 20%～80%弧度范围内，以使测量更准确。根据电阻误差等级不同。读数与标称阻值之间分别允许有±5%、±10%或±20%的误差。如不相符，超出误差范围，则说明该电阻值变值了。

在进行电阻检测的时候需要注意以下几点：

（1）测试电阻时，特别是在测几十千欧姆以上阻值的电阻时，手不要触及表笔和电阻的导电部分。

（2）要将被检测的电阻从电路中焊下来，至少要焊开一个头，以免电路中的其他元件对测试产生影响，造成测量误差。

（3）色环电阻的阻值虽然能以色环标志来确定，但在使用时最好还是用万用表测试一下其实际阻值。

2）发光二极管的识别与检测

发光二极管的两根引线中较长的一根为正极，应接电源正极。有的发光二极管的两根引线一样长，但管壳上有一凸起的小舌，靠近小舌的引线是正极。

发光二极管的检测方法主要有：

用万用表检测：利用具有 R×10 kΩ 挡的指针式万用表可以大致判断发光二极管的好坏。正常时，二极管正向电阻阻值为几十至 200 kΩ，反向电阻的值为∞。如果正向电阻值为 0 或∞，反向电阻值很小或为 0，则易损坏。这种检测方法不能实质地看到发光管的发光情况，因为 R×10 kΩ 挡不能向 LED 提供较大正向电流。

如果有两块指针式万用表（最好同型号），则可以较好地检查发光二极管的发光情况。用一根导线将其中一块万用表的“+”接线柱与另一块表的“−”接线柱连接。余下的“−”笔接被测发光管的正极（P 区），余下的“+”笔接被测发光管的负极（N 区）。两块万用表均置 R×10 kΩ 挡。正常情况下，接通后就能正常发光。若亮度很低，甚至不发光，可将两块万用表均拨至 R×1 MΩ 挡，若仍很暗，甚至不发光，则说明该发光二极管性能不良或损坏。应注意，不能一开始测量就将两块万用表置于 R×1 MΩ 挡，以免电流过大，损坏发光二极管。

外接电源测量：用 3 V 稳压源或两节串联的干电池及万用表（指针式或数字式皆可）可以较准确地测量发光二极管的光、电特性。如果测得 V_F 在 1.4～3 V 之间，且发光亮度正常，可以说明发光正常。如果测得 V_F=0 或 V_F≈3 V，且不发光，说明发光管已坏。

3. 实物制作与检测

实物制作首先要考虑的是布局，即怎样使电路整齐好看。

其次是元器件的成形与插装。元器件在印制板上焊接前必须进行引线的成形与插装。良好的引线成形工艺不仅可以避免因焊接时（尤其是自动化焊接时）受到热冲击而损坏元器件及印制板，而且还可以起到防震、防变形、提高整机可靠性的作用。在本次制作中需要考虑轴向引线元器件的成形与插装（色环电阻）和径向引线元器件的成形与插装（发光二极管），同时还要考虑元器件在印制板上安装的一般原则。

最后是焊接。焊接工艺是电子产品装配的重要工艺。焊接质量的好坏直接影响电子产品的工作性能，良好的焊接质量可为电路提供良好的稳定性、可靠性；不良的焊接会导致元器件损坏，给测试带来很大困难，有时还会留下隐患，使电路不能正常工作。要注意手工焊接的工艺流程和方法。一个良好焊点的产生，除了焊接材料具有可焊性、焊接工具（即电烙铁）功率合适、采用正确的操作方法外，最重要的是操作者的技能。只有经过相当长时间的焊接练习，才能掌握焊接技术。有些人会认为用烙铁焊接非常容易，没有什么技术含量，这是非常错误的。只有通过焊接实践，不断用心领会、不断总结，才能掌握较高的焊接技能。

在实物制作完成后，需要进行电性能测试，以免出现短路等故障。

针对本次制作的特点，在进行一般检测后，还可以通过给 J_1 插座的引脚轮流通电观察发光二极管是否轮流发光来判断制作是否成功。

最后用 FC3-10 排线将 ATmega16 单片机最小系统与之连接起来，见图 7-5-2。

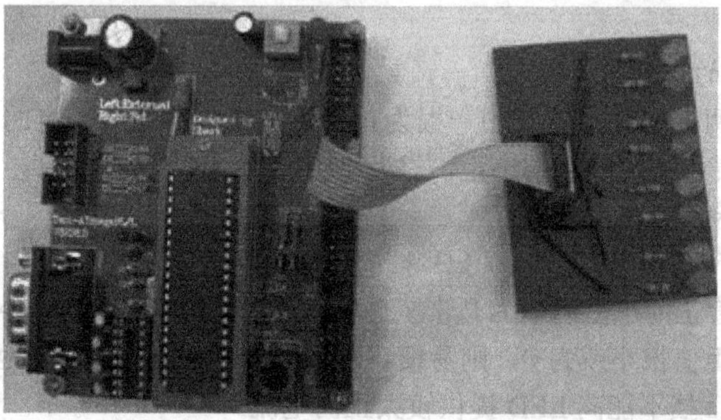

图 7-5-2　8 位 LED 花色彩灯

4. ATmega16 程序开发

在硬件制作完成并检测无误后，可以进行 ATmega16 程序开发。

现给出 8 位 LED 花色彩灯中的一种——跑马灯的代码。

```
    #include "iom16v.h"
    /*************************************************************************
*****
    函数功能：延时 1ms（4 MHz 晶振，0.25 μs 的指令执行周期）
    入口参数：无
    *************************************************************************
****/
```

```
void Delay_1_ms(void)
{
 unsigned char cnt_i, cnt_j;
 for(cnt_i=0;cnt_i<40;cnt_i++)
 {
  for(cnt_j=0;cnt_j<33;cnt_j++)
  {
  }
 }
}
/***************************************************************************
*****
函数功能：延时若干毫秒
入口参数：n_ms
****************************************************************************
****/
void Delay_n_ms(unsigned int n_ms)
{
 unsigned int cnt_i;
 for(cnt_i=0;cnt_i<n_ms;cnt_i++)
 {
  Delay_1_ms();
 }
}
/***************************************************************************
*****
主函数
****************************************************************************
****/
void main(void)
{
 unsigned char cnt_i;            //定义无符号字符型变量
 DDRB=0xFF;                      //设置方向寄存器为输出
 PORTB=0xFF;                     //上拉电阻使能
 while(1)                        //无限循环
 {
  for(cnt_i=0;cnt_i<8;cnt_i++)     //每隔200 ms PORTB端口的电平输出高，左移
  {
   PORTB=(1<< cnt_i);
   Delay_n_ms(200);
  }
  for(cnt_i=7;cnt_i>=0;cnt_i--)   //每隔200 ms PORTB端口的电平输出高，右移
  {
   PORTB=(1<<cnt_i);
   Delay_n_ms(200);
  }
```

```
    }
  }
```

5. 下载与调试

编译无误后，就可以下载与调试了，见图 7-5-3。

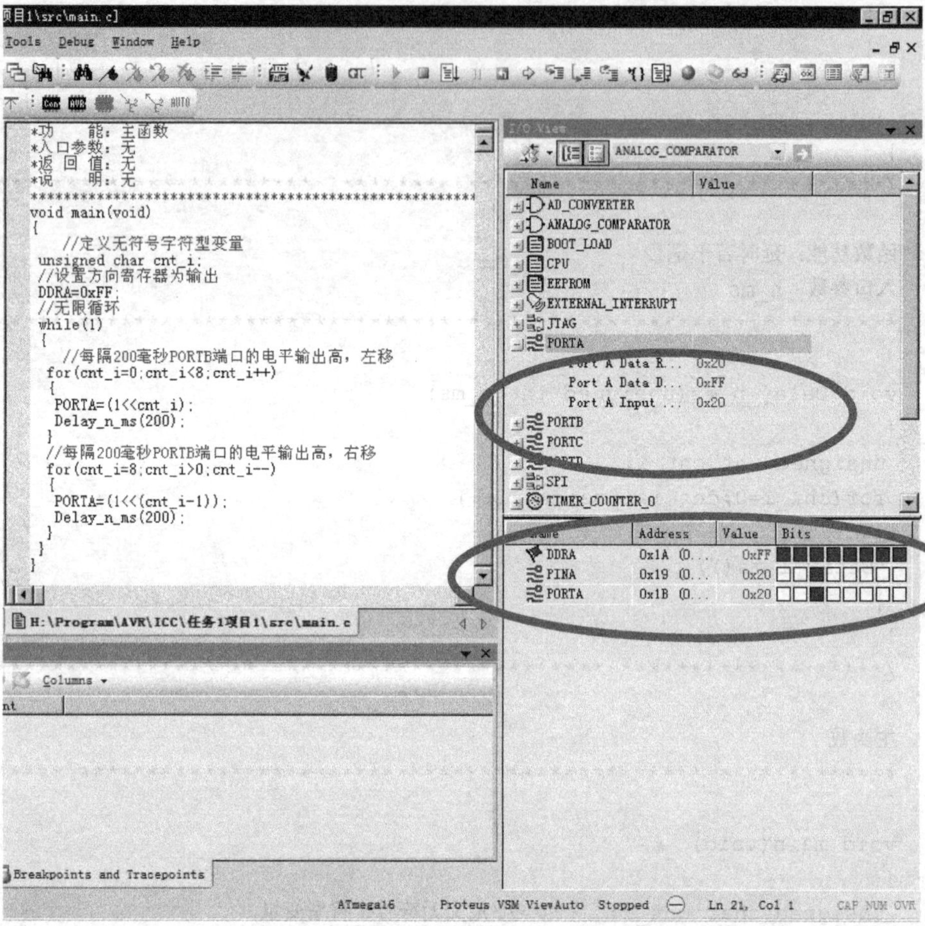

图 7-5-3　8 位 LED 花色彩灯下载与调试界面

观察 ATmega16 单片机运行结果和程序代码设想的是否一致，可以采用设置断点、观察寄存器和运行结果的方法。

将运行结果和寄存器的值进行对比和分析，可以判断整体设计是否成功；也可以判断出究竟是硬件故障还是软件问题。

至于 8 位 LED 花色彩灯的其他花色，则留待读者自行开发设计。

单元测试题 7

一、选择题

1. ATmel 公司生产的单片机以三大系列为主，其中 TinyAVR 属于（　　）。

A．低档单片机　　B．中档单片机　　C．高档单片机　　D．普通单片机

2．ATmega16 的 PDIP 封装共有（　　）根引脚。

A．40　　B．44　　C．32　　D．28

3．ATmega16 的 PDIP 封装共有（　　）根 I/O 口线。

A．40　　B．44　　C．32　　D．28

4．#pragma interrupt_handler timer0_ovf_isr:10 这句话中的 10 是（　　）中断。

A．TC0 溢出中断　　B．TC0 比较匹配中断

C．TC1 溢出中断　　D．TC1 比较匹配中断

5．#pragma interrupt_handler timer0_ovf_isr:10 这句话中的 10 是（　　）。

A．中断地址　　B．中断向量号　　C．计数 10 次　　D．中断函数

6．定时器 0 快速 PWM 模式的频率是（　　）。

A．$f=f_{clk}/256N$　　B．$f=f_{clk}/510N$

C．$f=f_{clk}/2N$（OCR0+1）　　D．$f=f_{clk}/2N$（满-初+1）

7．ATmega16 有（　　）程序存储器。

A．16 KB　　B．32 KB　　C．64 KB　　D．128 KB

8．ATmega16 有（　　）数据存储器。

A．512 B　　B．1 KB　　C．2 KB　　D．4 KB

9．ATmega16 有（　　）EEPROM。

A．512 B　　B．1 KB　　C．2 KB　　D．4 KB

10．ATmega16 的 8 位定时器/计数器有（　　）种工作方式。

A．1　　B．2　　C．5　　D．8

11．ATmega16 的定时器 0 的计数寄存器是（　　）。

A．TCNT0　　B．OCR0　　C．TCCR0　　D．TIMSK

12．数码管静态显示的缺点是（　　）。

A．硬件复杂　　B．程序复杂　　C．程序简单　　D．占用资源多

13．ATmega16 内部 ADC 的输入通道共有（　　）种组合。

A．8　　B．16　　C．32　　D．64

14．ATmega16 内部 ADC 的自动触发源有（　　）种。

A．2　　B．4　　C．8　　D．16

15．ATmega16 内部 USART 的数据位的位数不包含（　　）。

A．5　　B．8　　C．9　　D．10

16．ATmega16 外部中断 0 有（　　）种触发方式。

A．1　　B．2　　C．3　　D．4

17．ATmega16 外部中断 1 有（　　）种触发方式。

A．1　　B．2　　C．3　　D．4

18．ATmega16 外部中断 2 有（　　）种触发方式。

A．1　　B．2　　C．3　　D．4

19．ATmega16 内部 ADC 的内部参考电压值为（　　）V。

A．1.28　　B．2　　C．2.56　　D．5

20．ATmega16 内部预分频器最大分频数为（　　）。

A．256　　B．512　　C．1 024　　D．2 048

二、判断题

1．ATmega16 的中断向量表在 Flash 的最前端，中断的向量地址越小，中断的优先级越高。（　　）

2．清除中断标志位的方法是对其写 0。（　　）

3．外部中断的中断标志位会由硬件自动清 0。（　　）

4．全局中断使能位是 SREG 寄存器中的第 7 位，即 I 位。（　　）

5．定时器 0 的计数寄存器是 TCNT0，比较匹配寄存器是 OCR0。（　　）

6．定时器 1 的计数寄存器是 TCNT1，比较匹配寄存器是 OCR1。（　　）

7．PWM 波的参数有频率、占空比和相位，其中频率和占空比是主要参数。（　　）

8．定时器可以有两个时钟来源：一个是外部时钟，一个是内部时钟。（　　）

9．定时器做外部时钟来源时 N 的取值只有 1。（　　）

10．定时器做内部时钟来源时 N 的取值有 1、2、4、8。（　　）

三、简答计算题

1．ATmega16 单片机的 DDRx 和 PORTx 寄存器的作用是什么？

2．按需求配置下列端口：

（1）将 PA 口配成输出，且输出值为 0x05；

（2）将 PD 口配成不带上拉输入；

（3）将 PC 口配成带上拉输入。

3．当 ATmega16 内部 USART 采用奇校验时，指出下列待发送数据的校验位：

（1）0110 0101；

（2）0110 1101；

（3）1111 1111。

4．当 ATmega16 内部 USART 采用偶校验时，指出下列待发送数据的校验位：

（1）0110 0101；

（2）0110 1101；

（3）1111 1111。

5．ATmega16 内部 USART 波特率是如何计算的？

6．ATmega16 内部 TWI 总线 SCL 的频率是如何计算的？

7．ATmega16 定时/计数器 1 共有多少种波形产生模式？是怎样确定的？

8．当 ATmega16 内部 ADC 设置为 10 bit 模式时，其转换结果是怎样的？

9．当 ATmega16 内部 U_{SART} 波特率已定时，怎样计算 U_{BRR} 的值？

10．ATmega16 的看门狗定时器是怎样工作的？

第8章 安全文明生产

8.1 安全生产管理

生产过程中应保证各种电器、仪器和设备完好运行，保证操作人员安全，应特别注意安全用电。

8.1.1 安全用电

发生触电的原因一般是由于人们不遵守安全操作规程或者马虎大意，直接触及或过分靠近电体所致。尤其是有高压圈或高压电容器的产品设备或仪器，在调试修理过程中要特别当心。触电时电流对人体的伤害可分为电击和电伤两类，电击是电流通过人体内部破坏人的心脏、呼吸及神经系统的正常功能，乃至危及人的生命的伤害；电伤是指由于电流的热效应、化学效应、机械效应等使人体外部造成局部性伤害。触电对人体的伤害程度与通过人体电流的时间长短、电流流经的途径、电流的频率及人体电阻有关。如果通过人体（心脏）的电流在 50 mA 以上，就会有生命危险。人体电阻一般从 800 Ω到几千欧姆不等，皮肤潮湿或有污垢时会使人体电阻下降。触电的形式一般有如下几种：

单相触电：是指人体在地面或触及其他地体、机壳，身体另一部分触及一相带电体的触电事故。单相触电时，加在人体的电压为电源的对地电压，设备漏电造成的事故也属于单相触电。

两相触电：是指人体同时触及两根相线，两相间的电压为380V，这种触电危险性更大。

跨步电压触电：架空电力线段落在地面上，电流通过接地体流入大地，该接地附近的地面具有不同的电位，在两脚之间形成跨步电压，而引起触电事故。

8.1.2 安全用电措施

1. 概念

安全用电措施是为了确保电工电子设备的安全和使用人员的人身安全而采取的措施。

2. 分类

安全措施主要分为技术措施和组织措施两种。

（1）技术措施主要包括：①对建筑物和电工设备采取一定的保护措施。例如，电工设备的接地、保护接零；带电导体的遮拦、挂安全色标等。②对工作人员的防护措施。例如，在不停电情况下进行工作时，须使用安全工具，保持一定的安全距离和保证人体不触电的安全电压。③对高压电设备及附近的工作人员采取的保护措施。例如，采用接地、屏蔽等措施，防止静电感应和高压电场对人体的影响。④对生产中的各种设备产生静电的防护措施。

（2）组织措施指用电人员在进行操作、检修、试验电工制度、监护制度、操作制度以及工作许可证、技术培训等，要制定用电安全规程。

1）安全规程

安全规程又称安全法规，是电气设计、安装、运行和检修人员必须共同遵循的准则。中华人民共和国颁布的《电业安全工作规程》和《电力工业技术管理法规》是各电业单位和用电单位制定各自安全规程的依据。各单位在上述两个规程的基础上根据自己的特点增加相应内容。安全规程内容包括安全技术措施和安全组织措施。

（1）安全技术措施主要内容有：①电工设备安全技术；②厂房和工作场所安全技术；③电工设备操作安全技术；④电工设备运行维护和检修试验安全技术；⑤防雷防火安全技术；⑥触电紧急救护方法。

（2）安全组织措施主要内容有：①安全措施计划；②建立安全工作制度；③建立安全资料；④进行安全教育和培训；⑤组织事故分析。

2）安全色标

为了保证人身安全和设备不受损坏、提醒工作人员对危险或不安全因素的注意、预防发生意外事故而采用的标志。安全色标是一门科学技术，属于人机工程学范畴。近年来国际上组织了研究讨论并提出了国际标准草案（ISO）。中国的安全色标采用的标准基本与国际标准相同，分为安全色和安全牌两种。

安全色：用不同颜色表示不同信息，使人们能迅速发现或分辨出安全标志和不安全因素，预防发生事故。①红色：表示禁止，如紧急停机按钮，禁止触动，禁止靠拢。②黄色：标志注意危险，如“当心触电”、“注意安全”等。③绿色：标志安全无事，运行正常，如“在此工作”、“已接地”等。④黑色：标志文字、图像、符号和警告的几何图形。

电网中母线和引下线规定 A 相为黄色，B 相为绿色，C 相为红色，也是为了防止运行和检修人员的误操作。

3）安全距离

在各种工作条件下，带电导体和周围的接地体、地面、不同相的带电导体以及工作人员之间，必须保持的最小距离。这个距离考虑到可能产生最大工作电压或过电压时，不会出现导体放电，保证工作人员在维修设备和操作时绝对安全。

安全距离大小与施加于导体的放电特性及电压等级密切相关。对于雷电过电压（又称大气过电压），安全距离要根据避雷器的特性决定；对于操作过电压，安全距离根据电网可能出现的过电压倍数决定。电网允许的最高工作电压，因为其值不会超过 110%，可以不考虑。在电工专业规程中规定的各种情况下的安全距离，是电工设计电器、运行和检修人员在工作中必须遵守的依据。

4）安全电压

人体接触到的对人体各部分组织（皮肤、心脏、神经等）没有任何损坏时的电压。人体触电时，电压的高低关系着对人体的伤害程度。通常很难确定一个对人体完全适合的最高安全电压，因为人体电阻因人而异，而且同一个人的电阻也是变化的。在比较干燥没有尘埃的环境中工作，并考虑必要的逾度，许多国家采用 36 V 为安全电压；但在潮湿、有导电尘埃、高湿和金属容器内工作时，则以 12 V 为安全电压；在无高压触电危险地区的安全电压为 24 V；有高压触电危险地区以 36 V 为安全电压。

5）安全工具

为确保人身安全，在进行电工设备操作、检修时所用的工具。

绝缘安全工具能长期承受电工设备的工作电压，可与带电部分直接接触，如绝缘棒、绝缘夹钳、验电器和携带型电压/电流指示器等。有的绝缘安全工具本身的绝缘强度较低，不能保证安全，但与前者配合使用时能保证工作人员免受接触电压或跨步电压的危险；在低电压设备上工作时使用这种安全工具也能保证安全，如橡胶绝缘手套、绝缘垫、绝缘台和绝缘靴等。

绝缘垫和绝缘台：绝缘垫用特种橡胶制成，铺在配电装置地上时，操作人员站在绝缘垫上操作可增强对地绝缘，防止接触电压和跨步电压对人体的伤害；铺在低压开关设备附近地面时，操作人员站在上面操作。绝缘台用木纹直而无节的木条拼成，用绝缘瓷瓶做台脚，可用于室内或室外，代替绝缘垫或绝缘靴。

验电器又称携带型电压指示器，是一种用来检验设备或导体是否带电的轻便仪器。其主要部件是氖灯指示器。当验电器上的氖灯发亮时，表明被验设备带电。根据被验设备的电压高低，可分为高压验电器和低压验电器两种。

验电笔用于 380 V 及以下电压，使用时笔尖接触低压电工设备或导体，手指拿住笔的另一端并触及笔钩。氖灯发光，表示被测导体带电。发光越亮，电压越高；发光暗，电压低。还可以用验电笔来区别交流电压与直流电压，当交流电流通过验电笔时，氖灯的两端同时发亮。而直流电流通过时，氖灯的电极只有一端发亮。

非绝缘的安全工具是指不具有绝缘性能的安全工具，主要用来防止停电工作的设备突然来电或出现感应电压，防止误碰带电设备，防止电弧灼伤等，如携带型接地线、隔离板、临时遮栏、安全工作牌和护目眼镜等。

8.2 生产技术管理

生产管理（Production Management）是对企业生产系统的设置和运行的各项管理工作的总称，又称生产控制。

1. 任务

生产管理的任务：通过生产组织工作，按照企业目标的要求，设置技术上可行、经济上合算、物质技术条件和环境条件允许的生产系统；通过生产计划工作，制定生产系统优化运行的方案；通过生产控制工作，及时有效地调节企业生产过程内外的各种关系，使生产系统的运行符合既定生产计划的要求，实现预期生产的品种、质量、产量、出产期限和生产成本的目标。生产管理的目的就在于，做到投入少、产出多，取得最佳经济效益。而采用生产管理软件的目的，则是提高企业生产管理的效率，有效管理生产过程的信息，从而提高企业的整体竞争力。

2. 模块

生产管理的主要模块：计划管理、采购管理、制造管理、品质管理、效率管理、设备管理、库存管理、士气管理及精益生产管理共九大模块。

3. 目标

高效、低耗、灵活、准时地生产合格产品，为客户提供满意服务。

高效：迅速满足用户需要，缩短订货、提货周期，为市场营销提供争取客户的有利条件。

低耗：人力、物力、财力消耗最少，实现低成本、低价格。

灵活：能很快适应市场变化，生产不同品种和新品种。

准时：在用户需要的时间，按用户需要的数量，提供所需的产品和服务。

高品质和满意服务：是指产品和服务质量达到顾客满意水平。

4. 手法

1）标准化管理

将企业里各种各样的规范，如规程、规定、规则、标准、要领等，形成文字化的东西统称为标准（或称标准书）。制定标准，而后依标准付诸行动则称为标准化。那些认为编制或改定了标准即已完成标准化的观点是错误的，只有经过指导、训练才能算是实施了标准化。

2）目视管理

所谓目视管理，就是通过视觉导致人的意识变化的一种管理方法。目视管理实施得如何，很大程度上反映了一个企业的现场管理水平。无论是在现场还是在办公室，目视管理均大有用武之地。在领会其要点及水准的基础上，大量使用目视管理将会给企业内部管理带来巨大的好处。

在日常活动中，我们是通过视觉、嗅觉、听觉、触摸、味觉来感知事物的。其中，最常用的是“视觉”。据统计，人的行动的 60%是从“视觉”的感知开始的。因此，在企业管理中，强调各种管理状态、管理方法清楚明了，达到“一目了然”，从而容易明白、易于遵守，让员工自主地完全理解、接受、执行各项工作，这将会给管理带来极大的好处。

3）管理看板

管理看板是管理可视化的一种表现形式，即对数据、情报等的状况一目了然的表现，主要是对于管理项目，特别是情报进行的透明化管理活动。它通过各种形式，如标语、现况板、图表、电子屏等把文件上、脑子里或现场等隐藏的情报揭示出来，以便任何人都可以及时掌握管理现状和必要的情报，从而能够快速制定并实施应对措施。因此，管理看板是发现问题、解决问题的非常有效且直观的手段，是优秀的现场管理必不可少的工具之一。

4）绩效考核

生产管理绩效是指生产部所有人员通过不断丰富自己的知识、提高自己的技能、改善自己的工作态度，努力创造良好的工作环境及工作机会，不断提高生产效率、提高产品质量、提高员工士气、降低成本以及保证交期和安全生产的结果和行为。 生产部门的职能就是根据企业的经营目标和经营计划，从产品品种、质量、数量、成本、交货期等市场需求出发，采取有效的方法和措施，对企业的人力、材料、设备、资金等资源进行计划、组织、指挥、协调和控制，生产出满足市场需求的产品。

生产管理绩效主要分为效率（P：Productivity）、品质（Q：Quality）、成本（C：Cost）、交货期（D：Delivery）、安全（S：Safety）、士气（M：Morale）六大要素，要想考核生产管理绩效，就应该从以上六个方面进行全面考核。

8.3　6S 管理

“6S 管理”由日本企业的 5S 扩展而来，是现代工厂行之有效的现场管理理念和方法，其作用是：提高效率，保证质量，使工作环境整洁有序，预防为主，保证安全。6S 的本质是一种执行力的企业文化，强调纪律性的文化，不怕困难，想到做到，做到做好，作为基础性的 6S 工作落实，能为其他管理活动提供优质的管理平台。

1．6S 的内容

（1）整理（SEIRI）——将工作场所的任何物品区分为有必要和没有必要的，除了有必要的留下来，其他的都消除掉。目的：腾出空间，空间活用，防止误用，塑造清爽的工作场所。

（2）整顿（SEITON）——把留下来的必要物品依规定位置摆放，并放置整齐加以标识。目的：工作场所一目了然，消除寻找物品的时间，保持整整齐齐的工作环境，消除过多的积压物品。

（3）清扫（SEISO）——将工作场所内看得见与看不见的地方清扫干净，保持工作场所干净、亮丽的环境。目的：稳定品质，减少工业伤害。

（4）清洁（SEIKETSU）——将整理、整顿、清扫进行到底，并且制度化，经常保持环境处在美观的状态。目的：创造明朗现场，维持上面 3S 成果。

（5）素养（SHITSUKE）——每位成员养成良好的习惯，并遵守规则做事，培养积极主动的精神（也称习惯性）。目的：培养有好习惯、遵守规则的员工，营造团队精神。

（6）安全（SECURITY）——重视成员安全教育，每时每刻都有安全第一观念，防患于未然。目的：建立起安全生产的环境，所有的工作应建立在安全的前提下。

用以下的简短语句来描述6S，也能方便记忆。

整理：要与不要，一留一弃；

整顿：科学布局，取用快捷；

清扫：清除垃圾，美化环境；

清洁：清洁环境，贯彻到底；

素养：形成制度，养成习惯；

安全：安全操作，以人为本。

因前5个内容的日文罗马标注发音和后一项内容（安全）的英文单词都以“S”开头，所以简称6S现场管理。

2．6S的关系

“6S”之间彼此关联，整理、整顿、清扫是具体内容；清洁是指将上面的3S实施的做法制度化、规范化，并贯彻执行及维持结果；素养是指培养每位员工养成良好的习惯，并遵守规则做事，开展6S容易，但长时间的维持必须靠素养的提升；安全是基础，要尊重生命，杜绝违章。

3．6S管理实施原则

（1）效率化：定置的位置是提高工作效率的先决条件。

（2）持久性：人性化，全员遵守与保持。

（3）美观性：做产品—做文化—征服客户群。管理理念适应现场场景，展示让人舒服、感动。

4．6S精益管理对象

（1）人：对员工行动品质的管理。

（2）事：对员工工作方法、作业流程的管理。

（3）物：对所有物品的规范管理。

5．执行6S的好处

（1）提升企业形象：整齐清洁的工作环境能够吸引客户，并且增强自信心。

（2）减少浪费：由于场地杂物乱放，致使其他东西无处堆放，这是一种空间的浪费。

（3）提高效率：拥有一个良好的工作环境，可以使个人心情愉悦；东西摆放有序，能够提高工作效率，减少搬运作业。

（4）质量保证：一旦员工养成了做事认真严谨的习惯，他们生产的产品返修率会大大降低，提高产品品质。

（5）安全保障：通道保持畅通，员工养成认真负责的习惯，会使生产及非生产事故减少。

（6）提高设备寿命：对设备及时进行清扫、点检、保养、维护，可以延长设备的寿命。

（7）降低成本：做好6个S可以减少跑冒滴漏和来回搬运，从而降低成本。

（8）交期准：生产制度规范化使得生产过程一目了然，生产中的异常现象明显化，出现问题可以及时调整作业，以达到交期准确。

6. 6S 推行步骤：

（1）决策——誓师大会。

（2）组织——文件“学习”、推委会、推行办、推行小组成立，各级部门组织动员。

（3）制定方针、目标——6S 方针是规范现场现物，提高全员素质，需做标识牌。

7. 推行 6S 的实现工具

6S 管理只是一种管理方式，要真正实现 6S 的目的，还必须借助些工具，来更好地达成 6S 管理的目的。6S 管理主要的工具有以下两个：

1）看板管理

看板管理可以使工作现场人员都能一眼就知道何处有什么东西，有多少的数量，同时也可将整体管理的内容、流程以及订货、交货日程与工作排程制作成看板，使工作人员易于了解，以进行必要的作业。

2）Andon 系统

安灯系统（也称暗灯）是一种现代企业的信息管理工具。Andon 系统能够收集生产线上有关设备和质量管理等与生产有关的信息，加以处理后，控制分布于车间各处的灯光和声音报警系统，从而实现生产信息的透明化。

8. 6S 售后服务

微笑（smiling）、清洁（seiketsu）、整理（seiri）、高效（speedy）、专业（special）、安全（safely）六个项目，因均以“S”开头，简称 6S。用它来始终贯穿售后服务的全过程，包括送货上门、安装调试、使用培训、维护维修、上门回访、信息反馈等。

1）微笑

微笑是一门艺术，给人亲切友好之感，是对客户尊重的表现。日本人把微笑服务称作“精神卫生”，它可以使自己和客户都获得快乐，从而提高服务质量。所有员工任何时间、任何地点、任何情况下面对客户都要致以真诚的微笑。

2）清洁

无论是安装还是维护维修，工作人员都自备手套、鞋套，工具、用具、物品要求整洁，施工完毕必须清扫、清洁现场。

3）整理

维护维修完毕，必须整理好现场，物品、家具按客户要求归位，并调试到最好的使用效果。

4）高效

及时到达安装或维修地点，保质保量，高效工作，决不拖延客户一分钟。不准接受客户的任何礼物和馈赠，包括喝水、抽烟。

5）专业

不经专业培训不上岗。除了自己专业操作外，还要求对客户进行专业培训，教会客户使用维护，填写客户反馈信息。售后服务部定期对客户进行电话回访、上门回访，让客户享受最优质的专业服务。

6）安全

服务的文明安全，包括保护客户和自己的财物安全、人身安全。规范过程，消除隐患。销售只能分天下，服务才能定江山。服务就是要感动客户，“服”是让客户心服口服，“务”是要务实。

9．6S 管理方法

1）6S 现场管理精益管理推行的三部曲

（1）建立正确的意识：地、物明朗有序，管理状态清清楚楚。

（2）明确岗位规范：运作流程明确，监控点得以控制。

2）6S 现场管理建立明确的责任链

（1）创建人人有事做，事事有人管的氛围，落实一人一物一事的管理的法则，明确人、事、物的责任。

（2）分工明确是为了更好地合作。

3）公司如何形成有效的生产管理网络

（1）让主管主动担负起推行的职责的方法。

（2）如何让牵头人员有效地运作。

（3）让员工对问题具有共识。

4）计划的制订和实施

（1）方针、目标、实施内容的制定。

（2）主题活动的设定和开展。

（3）活动水准的评估方法。

（4）主题活动的设定和开展。

5）6S 现场管理各项内容的推行要点

抓住活动的要点和精髓，才能取得真正的功效，达到事半功倍的效果。

6）目视生产管理和看板生产管理

（1）将希望管理的项目（信息）做到众人皆知、一目了然。

（2）现场、工装、库房目视管理实例的说明。

（3）目视生产管理和看板生产管理的实施要领。

附录A　无线电调试工国家职业标准

1．职业概况

1.1 职业名称

无线电调试工。

1.2 职业定义

使用测试仪器调试无线通信、传输设备，广播视听设备和电子仪器、仪表的人员。

1.3 职业等级

本职业共设四个等级，分别为中级（国家职业资格四级）、高级（国家职业资格三级）、技师（国家职业资格二级）、高级技师（国家职业资格一级）。

1.4 职业环境

室内、外，常温。

1.5 基本文化程度

高中毕业（或同等学力）。

1.6 职业能力特征

具有较强的计算、分析、推理和判断能力；形体感、空间想象力强；手指、手臂灵活，动作协调性好。

1.7 培训要求

1.7.1 培训期限：全日制职业学校教育，根据其培养目标和教学计划确定。晋级培训期限：中级不少于 360 标准学时；高级不少于 280 标准学时；技师不少于 240 标准学时；高级技师不少于 200 标准学时。

1.7.2 培训教师：培训中级的教师应具有本职业高级以上职业资格证书或相关中级以上专业职务任职资格；培训高级的教师应具有本职业技师以上职业资格证书或相关专业高级专业技术职务任职资格；培训高级技师的教师应具有本职业高级技师职业资格证书 4 年以上或相关专业高级专业职务任职资格。

1.7.3 培训场地设备：理论知识培训在标准教室；技能操作培训在具有必备的教学设备、仪器、仪表、工具的技能训练场地。

1.8 鉴定要求

1.8.1 适用对象：从事或准备从事本职业的人员。

1.8.2 申报条件：

中级（具备以下条件之一者）

（1）连续从事或见习本职业工作 5 年以上（含 5 年），经本职业中级正规培训达规定标准学时数，并取得结业证书。

（2）连续从事本职业工作 7 年以上。

（3）取得经劳动保障行政部门审核认定，以中级技能为培养目标的中级以上职业学校本职业（专业）毕业证书。

高级

（1）取得本职业资格证书后，连续从事本职业工作 4 年以上，经本职业中级正规培训达到规定标准学时数，并取得结业证书。

（2）取得本职业中级职业资格证书后，连续从事本职业工作 7 年以上。

（3）取得经劳动保障行政部门审核认定，以高级技能为培养目标的高等以上职业学校本职业（专业）毕业证书。

（4）取得本职业中级职业资格证书的大专以上本专业或相关专业毕业生，连续从事本职业工作 2 年以上。

技师

（1）取得本职业高级职业资格证书后，连续从事本职业工作 5 年以上，经本职业技师正规培训达到规定标准学时数，并取得结业证书。

（2）取得本职业高级职业资格证书后，连续从事本职业工作 8 年以上。

（3）取得本职业高级职业资格证书的高级技工学校本职业（专业）毕业生，连续从事本职业满 3 年。

（4）取得本职业高级职业资格证书的相关专业高等职业学校毕业生，且连续从事本职业（专业）工作 2 年以上。

高级技师

（1）取得本职业技师职业资格证书后，连续从事本职业工作 3 年以上，经本职业高级技师正规培训达规定标准学时数，并取得结业证书。

（2）取得本职业技师资格证书后，连续从事本职业工作 5 年以上。

1.8.3 考评人员与考生配比：

理论知识考试为 1∶20，每个标准教室不少于 2 名考评人员；技能操作考核考评员与考生配比为 1∶5，且不少于 3 名考评员；综合评审委员不少于 5 人。

1.8.4 鉴定时间：

各等级理论知识考试时间不少于 90 分钟；各等级技能操作考核按实际需要规定，考核时间不少于 120 分钟；综合评审时间不少于 30 分钟。

1.8.5 鉴定场所设备：

理论知识考试为标准教室；技能操作考核在具有调试仪器、仪表和调试样机的现场进行。

2. 基本要求

2.1 职业道德

2.1.1 职业道德基本知识

2.1.2 职业守则

（1）遵守国家法律、法规和有关规章制度。

（2）热爱本职工作，刻苦钻研技术。

（3）遵守劳动纪律，爱护仪器、仪表与工具设备，安全文明生产。

（4）谦虚谨慎，团结协作，主动配合。

（5）服从领导，听从分配。

2.2 基础知识

2.2.1 专业基本理论知识

（1）机械、电气识图知识。

（2）常用电工、电子元器件基础知识。

（3）电工基础知识。

（4）有关电工（无线电）测量基本原理。

（5）模拟、数字电路基础知识。

（6）电子技术基础知识。

（7）电工、无线电测量基础知识。

（8）计算机应用基础知识。

（9）电子设备基础知识。

（10）安全用电知识。

2.2.2 相关法律、法规知识

（1）《中华人民共和国质量法》的相关知识。

（2）《中华人民共和国标准化法》的相关知识。

（3）《中华人民共和国环境保护法》的相关知识。

（4）《中华人民共和国计量法》的相关知识。

（5）《中华人民共和国劳动法》的相关知识。

3. 工作要求

本标准对中级、高级、技师和高级技师的技能要求依次递进，高级别涵盖低级别的要求。

3.1 中级

职业技能	工作内容	技能要求	相关知识
一、调试前准备	（一）调试工艺文件准备	1. 能按功能单元的调试要求准备好电路图、功能单元连线图、安装图调试说明等工艺文件； 2. 能读懂功能单元调试工艺中的调试目标和调试方法	设计文件管理制度
	（二）调试工艺环境设置	1. 能合理选用调试工具； 2. 能按工艺文件要求准备好功能单元测量用仪器、仪表及必要的附件，合理地连接成系统	1. 常用调试工具用途和使用方法； 2. 功能单元测量仪器使用方法
二、装接质量复检	（一）安装质量复检	1. 能准确查出功能单元的安装错误处； 2. 能准确发现功能单元安装松动处	1. 机械、电气安装图； 2. 一般安装质量要求
	（二）连线和焊接质量检查	1. 能从外观上判断焊接质量不合格处； 2. 能用三用表或蜂鸣器查出连线不正确处	1. 不合格焊点判断方法； 2. 电气接线图表示法
三、调试	（一）产品安全检查	1. 能判断功能单元裸露处电压的安全性； 2. 能分辨功能单元安全防护的合理性； 3. 能用绝缘测试仪和耐压测试仪对功能单元中的市电进线和AC/DC电源模块进行绝缘和耐压的测试； 4. 能判断漏电和绝缘电阻的合格性	1. 电气安全性能常识； 2. 绝缘测量仪、耐压测试仪使用方法
	（二）功能调试	1. 能通过硬和/或软键、触屏、模拟方法检查功能单元对技术要求中功能要求的符合性； 2. 能发现功能单元的故障所在，并及时予以排除	1. 硬、软键操作电路原理； 2. 一般开关元器件基本概念

续表

职业技能	工 作 内 容	技 能 要 求	相 关 知 识
三、调试	（三）指标调试	1. 能对功能单元的静态参数进行设置或调整； 2. 能使用仪器、仪表对功能单元的各项指标逐项进行测试和调整	1. 相关功能单元的工作原理； 2. 电子产品一般调试方法
	（四）调试结果记录与处理	能填写调试记录	功能单元调试记录填写要求

3.2 高级

职 业 技 能	工 作 内 容	技 能 要 求	相 关 知 识
一、调试前准备	（一）调试工艺文件准备	1. 能按整机调试要求准备整机原理方框图、连线图，各分单元原理图、连线图； 2. 能识读整机调试说明	产品技术文件
	（二）调试工艺环境设置	能准备好整机测量用仪器、仪表及必要的附件、转接件，并能合理码放、连成系统	整机测试用仪器使用方法
二、装接质量复检	（一）安装质量检查	1. 能准备判断整机功能单元安装位置不合适处； 2. 能及时发现整机中安装松脱处； 3. 能根据需要进行改装	1. 安装连接结构要求； 2. 电磁兼容（EMC）、电磁干扰（EMI）基本知识； 3. 装接基本知识
	（二）连线和焊接质量检查	1. 能准确判断整机功能单元间互连和焊接质量； 2. 能发现连接错误或不妥，并进行改接	电子设备安装连接工艺要求
三、调试	（一）产品安全检查	1. 能发现整机安全防护要求不合适处； 2. 能对整机进行漏电和绝缘测试	电子设备安全防护要求
	（二）功能调试	1. 能检查电源系统的电压、电流和供电位置对使用要求的符合性，并能处理出现的差错； 2. 能检查监控、保护系统对产品的监控和保护能力及对动能要求的符合性，并能通过调试达到预期的要求； 3. 能对整机音、视频，射频信号通路的正常工作予以调整，并能发现和排除故障； 4. 能对功能单元出现的异常或故障原因进行分析、判断和提出排除方法； 5. 能指导中级人员对功能单元进行操作	1. 单片机原理与应用； 2. 编程一般原理
	（三）指标调试	1. 能按工艺文件的规定使用仪器、仪表及 PC，对整机性能指标逐项进行测试和调整； 2. 能发现功能单元互连时出现的异常或故障，并能迅速予以排除； 3. 能根据整机要求调校各分功能单元； 4. 能指导中级人员对功能单元进行指标调校	整机调试知识
	（四）调试结果记录与处理	能对整机调试全过程进行记录，对异常故障原因有一定分析	整机调试记录有关要求

3.3 技师

职业技能	工作内容	技能要求	相关知识
一、调试前准备	（一）调试工艺文件准备	1. 能按复杂整机调试要求准备好技术条件，调试说明及装配图、接线图、电路图； 2. 能看懂进口元器件英文标识	1. 图样管理制度； 2. 英语专业词汇
	（二）调试工艺环境设置	能选择适合于复杂整机测量用的仪器、仪表及必要的附件、转接件，并能合理组成测试系统	1. 安全接地和屏蔽接地； 2. 复杂整机调试用测试仪器用途和一般原理
二、装接质量复检	（一）安装质量检查	能准确判断复杂整机系统中安装不合适处，并能正确改装	电磁兼容（EMC）、电磁干扰（EMI）知识
	（二）连接和焊接质量检查	1. 能准确检查复杂整机中功能单元或分系统间互连和焊接质量； 2. 能发现系统连接错误或不妥，并进行改接	1. 电子设备安装连接原则； 2. 质量管理一般知识
三、调试	（一）产品安全检查	能对复杂整机系统安全防护、漏电、绝缘不合适处提出改进意见	电子设备安全要求
	（二）功能调试	1. 能发现复杂整机系统中电源分系统，监控、保护分系统的不合适处，并提出改进建议； 2. 能对复杂整机主信号通路的正常工作进行调校； 3. 能对数字器件加载和进行功能正确性检查	1. 复杂整机的电源和电控知识； 2. 逻辑分析仪使用方法
	（三）指标调试	能用仪器、仪表、PC对复杂整机各项指标分别予以调校和测试	1. 复杂整机技术要求； 2. 复杂整机中系统指标分配和连接特性（阻抗、匹配、电平等）
	（四）调试结果记录与处理	能编写复杂整机调机报告	调机报告编写方法
四、培训与管理	（一）培训	1. 能结合生产实际编写无线电调试人员工艺技能操作培训计划； 2. 能指导中、高级无线电调试人员的调试和对他们进行业务培训	职业培训教学方法
	（二）质量管理	能制定各项工位质量管理措施	1. 生产现场工艺管理技术； 2. ISO9000质量标准
	（三）生产管理	能协调生产部门优化调试工艺流程	1. 电子产品生产管理基本知识； 2. 电子产品生产工艺流程知识

3.4 高级技师

职业技能	工作内容	技能要求	相关知识
一、调试前准备	（一）调试工艺文件准备	1. 能编制功能单元、整机调试工艺说明； 2. 能拟制大型设备系统或复杂整机样机调试方案； 3. 能将产品中用到的进口元器件英文资料，编或摘译为中文使用说明； 4. 能看懂进口设备英文使用说明	调试方案内容和编制原则

续表

职业技能	工作内容	技能要求	相关知识
一、调试前准备	（二）调试工艺环境设置	能为功能单元、整机的调试设计和组装简单的专用测试设备	仪器、仪表的结构及原理
二、装接质量复检	安装质量检查	能组织、协调大型设备系统或复杂整机样机安全检查要求	大型设备系统或复杂整机样机安装质量检测的人员分工与合作及安装质量要求
	连线和焊接质量检查	能组织、协调大型设备系统或复杂整机样机的连接和焊接质量的检测	大型设备系统或复杂整机样机连接和连接质量检查人员的分工与合作及连接、焊接质量要求
三、调试	（一）产品安全检查	1. 能编制大型设备系统或复杂整机样机安全检查要求； 2. 能组织、协调大型设备系统或复杂整机样机安全检查	安全操作规程
	（二）功能调试	1. 能组织、协调大型设备系统或复杂整机样机电源，监控、保护、冷却系统和主信号通路的功能正常性调校； 2. 能解决功能单元、整机功能调试功能联调时的技术问题； 3. 能解决功能单元、整机功能调试中的技术难题	1. 大型设备系统复杂整机样机技术要求和工作原理； 2. 系统监测接口，设备间通信接口物理层规定； 3. 信号处理新理论、新技术
	（三）指标调试	1. 能组织、协调对大型设备系统或复杂整机样机各项指标分别予以调试和测试； 2. 能对所用各种测试仪器、仪表进行校正； 3. 能设计比较特殊的测试以判断问题和解决疑义； 4. 能解决设备系统调试时的技术问题； 5. 能解决功能单元、整机和复杂整机样机调试中出现的技术难题	1. 大型设备系统或复杂整机样机和其分系统技术要求； 2. 大型设备系统或复杂整机样机各设备间连接特性
	调试文件及记录	能对功能单元，整机、复杂整机样机和大型设备系统的调试提出分析报告	分析报告编写方法
四、培训与管理	（一）培训	1. 能编写无线电调试工培训讲义； 2. 能指导技师工作	培训讲义编写方法
	（二）管理	1. 能配合设计人员和工艺人员进行产品的开发、研制工作 2. 能提出和应用新技术	1. 生产技术管理基础； 2. 行业技术发展动态

4. 鉴定比重

4.1 初级

鉴定项目		鉴定范围	鉴定比重
知识要求	1. 基本知识	（1）有关基础电工知识	16
		（2）有关脉冲数字电路知识	18
		（3）有关无线电技术基础	8
		（4）有关电工（无线电）测量基本原理	8

续表

鉴定项目		鉴定范围	鉴定比重
知识要求	2. 专业知识	（1）一般产品的工作原理	18
		（2）一般产品的技术要求、调试方法及常见故障排除方法	15
		（3）仪器、仪表的使用方法和维护保养知识	7
	3. 相关知识	计算机基础、简单应用知识	10
合　计			100
技能要求	1. 操作技能	（1）看懂一般产品的技术文件	25
		（2）一般产品的整机调试	55
	2. 工具设备的使用和维护	（1）正确使用仪器、仪表 （2）正确维护仪器、仪表	10
	3. 安全及其他	安全生产	10
合　计			100

4.2 中级

鉴定项目		鉴定范围	鉴定比重
知识要求	1. 基本知识	（1）有关基础电工知识	8
		（2）有关脉冲数字电路知识	14
		（3）有关无线电技术基础	16
		（4）有关电工（无线电）测量基本原理	12
	2. 专业知识	（1）较复杂产品的工作原理	10
		（2）较复杂产品的技术要求、调试方法及常见故障排除方法	25
		（3）仪器、仪表的使用方法和维护保养知识	5
	3. 相关知识	计算机基础、简单应用知识	10
合　计			100
技能要求	1. 操作技能	（1）看懂较复杂产品的技术文件	15
		（2）较复杂产品的整机调试和复杂产品的部分调试及故障排除	65
	2. 工具设备的使用和维护	（1）正确使用仪器、仪表 （2）正确维护仪器、仪表	10
	3. 安全及其他	安全生产	10
合　计			100

4.3 高级

鉴定项目		鉴定范围	鉴定比重
知识要求	1. 基本知识	（1）有关无线电技术基础	24
		（2）有关无线电测量与仪表	20
	2. 专业知识	（1）掌握较复杂被测产品的工作原理	10
		（2）掌握复杂被测产品的技术要求、调试方法及常见故障排除方法	25
		（3）精密复杂仪器、仪表的结构、性能、使用维护方法	5
	3. 相关知识	计算机一般应用知识	16
合　计			100

续表

鉴定项目		鉴定范围	鉴定比重
技能要求	1. 操作技能	（1）看懂复杂被测产品技术文件	15
		（2）完成复杂被测产品或较复杂被测产品试制样机的调试，并能解决复杂的技术问题	55
		（3）能组织较复杂被测产品修理、调试能力	15
	2. 工具设备的使用和维护	正确使用先进的、智能化的仪器、仪表	10
	3. 其他	工作指导能力	5
合计			100

附录B　单元测试题答案

单元测试题1答案

一、选择题

1	2	3	4	5	6	7	8	9	10
B	A	B	C	B	C	A	A	C	C
11	12	13	14	15	16	17	18	19	20
A	A	A	B	A	B	C	B	B	C

二、判断题

1	2	3	4	5	6	7	8	9	10
√	√	√	√	√	×	×	×	×	×

三、简答计算题

1．答：

$Q=It=10\times20=200$ C

2．答：

$P=UI$　$I=P/U=1\,000/220=4.5$ A

3．答：

感抗、容抗在阻碍电流的过程中没有损耗，电阻则有损耗。这是它们的不同之处。相同之处在于三者都是电压和电流的比值，单位相同，都是欧姆。

4．答：

电源内阻 $R_O=U_O/I_C=100\text{ V}/10\text{ A}=10\ \Omega$

负载电流 $I_L=U_O/(R_O+R_L)=100\text{ V}/(10\ \Omega+10\ \Omega)=5$ A

负载功率 $P_L=I^2\times R_L=250$ W

5．答：

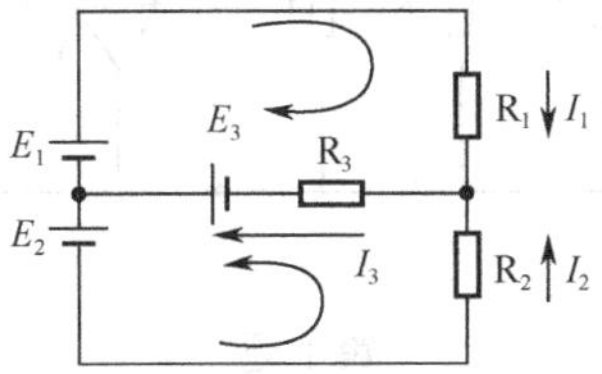

第5题

根据图中标出的电流方向与绕行方向，可得出下列方程组：

$I_1+I_2=I_3$

$I_1R_1+I_3R_3=E_3+E_1$

$I_2R_2+I_3R_3=E_3-E_2$

数据代入解得

$I_1=133/12$ A，$I_2=-47/12$ A，$I_3=23/6$ A

电流 I_2 为负值，说明实际电流方向与图中标注的电流方向相反。

单元测试题 2 答案

一、选择题

1	2	3	4	5	6	7	8	9	10
A	A	B	A	A	D	D	A	C	D
11	12	13	14	15	16	17	18	19	20
D	C	B	D	A	A	A	C	A	B

二、判断题

1	2	3	4	5	6	7	8	9	10
×	√	×	×	√	√	×	×	√	√

三、简答计算题

1．答：

（1）$U_{BQ}=-\dfrac{V_{CC}R_{B2}}{R_{B1}+R_{B2}}=-\dfrac{12\times6.2}{6.2+15}\text{ V}\approx-3.51\text{ V}$

$I_{CQ}\approx I_{EQ}=\dfrac{-U_{BQ}-0.2\text{ V}}{R_E}=\dfrac{3.51-0.2}{2}\text{ mA}\approx1.66\text{ mA}$

$I_{BQ}\approx I_{CQ}/\beta=16.6\ \mu\text{A}$

$U_{CEQ}=-[V_{CC}-I_C(R_C+R_E)]=-[12-1.66\times(2+3)]\text{ V}=-3.7\text{ V}$

（2）

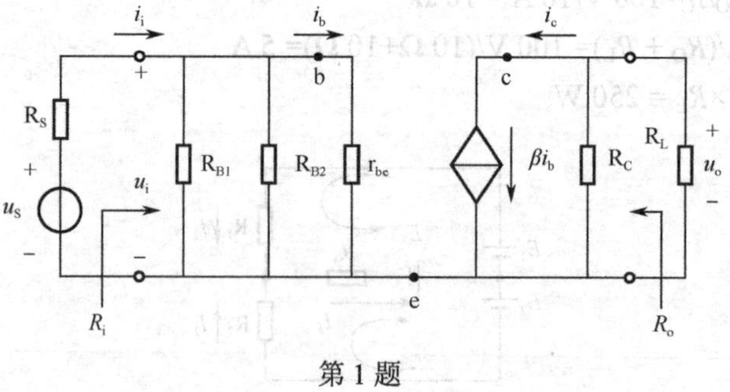

第 1 题

（3）$r_{be}=\left[200+101\times\dfrac{26}{1.66}\right]\Omega\approx1.78\text{ k}\Omega$　　　$A_u=-\dfrac{100\times1.5}{1.78}=-84.3$

$R_i=R_{B1}//R_{B2}//r_{be}=1.27\text{ k}\Omega$　　　$A_{uS}=\dfrac{R_i}{R_i+R_S}A_u\approx-47.2$　　　$R_o=3\text{ k}\Omega$

2．答：

（1）$I_{BQ}=\dfrac{10-0.7}{300+81\times 2}\text{ mA}\approx 20\ \mu\text{A}$　I_{CQ}=1.6 mA　U_{CEQ}=6.8 V

（2）小信号等效电路如图所示，图中 $r_{be}=200\ \Omega+81\times\dfrac{26}{1.6}\ \Omega\approx 1.52\ \text{k}\Omega$

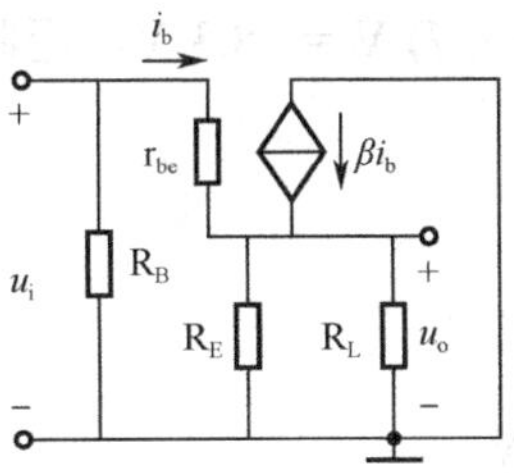

第2题

（3）$A_u=\dfrac{81\times 1}{1.52+81\times 1}\approx 0.98$

$R_i=[300\,//(1.52+81\times 1)]\ \text{k}\Omega\approx 64.7\ \text{k}\Omega$

$R_o=\left[2\,//\dfrac{1.52}{81}\right]\text{k}\Omega\approx 18.8\ \Omega$

3．答：

最大输出功率和效率分别为

$$P_{om}=\frac{(V_{CC}-|U_{CE(sat)}|)^2}{2R_L}=24.5\ \text{W}$$

$$\eta_m=\frac{\pi}{4}\cdot\frac{V_{CC}-|U_{CE(sat)}|}{V_{CC}}\approx 69.8\%$$

4．答：

（1）当开关 S 闭合时，$U_{DZ}=30\times\dfrac{2}{5+2}\ \text{V}\approx 8.57\ \text{V}<U_Z$，所以稳压管截止。电压表读数 U_V=8.57 V，而

$$I_{A1}=I_{A2}=\frac{30\ \text{V}}{(5+2)\ \text{k}\Omega}=4.29\ \text{mA}$$

（2）当开关 S 断开时，$I_{A2}=0$，稳压管能工作于稳压区，故得电压表读数 U_V=12 V，A_1 读数为

$$I_{A1}=\frac{(30-12)\ \text{V}}{5\ \text{k}\Omega}=3.6\ \text{mA}$$

5．答：

（1）低

（2）−3

（3）$\dot{A}_u=\dfrac{1}{1+\text{j}\dfrac{f}{2\times 10^6}}$

6．答：

（a）首先假定二极管 VD_1、VD_2 断开，求得 $U_{PN1}=(0+9)\ V=9\ V$，$U_{PN2}=(-12+9)\ V=-3\ V$，所以 VD_1 管导通，$U_o=-0.7\ V$，此时 $U_{PN2}=(-12+0.7)\ V=-11.3\ V$，所以 VD_2 管截止。

（b）首先假定二极管 VD_1、VD_2 断开，求得 $U_{PN1}=(12-0)\ V=12\ V$，$U_{PN2}=(12+9)\ V=21\ V$，所以 VD_2 管先导通，$U_o=(-9+0.7)\ V=-8.3\ V$，而此时 $U_{PN1}=(-8.3-0)\ V=-8.3\ V$，所以 VD_1 管截止。

7．答：

（1）见图。

（2）$U_o=+9\ V$，极性见图。

（3）$U_E=1.2U_I=1.2\times11=13.2\ V$

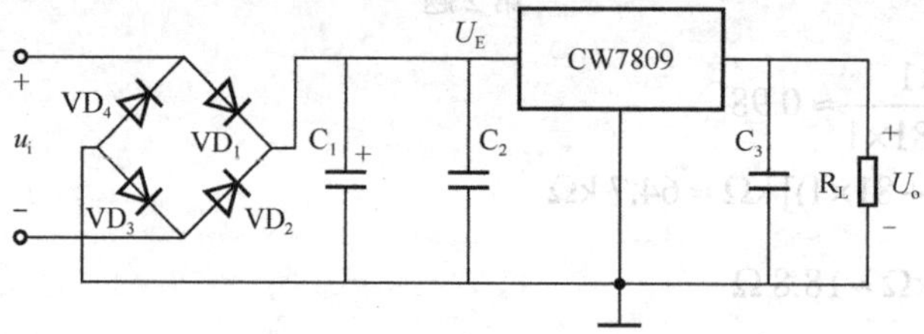

第 7 题

8．答：

（1）因电路对称，VT_1 与 VT_2 的静态电流相等，所以静态（$u_i=0$）时，流过 R_L 的电流等于零。

（2）R_1、R_2、VD_1、VD_2 构成功率管 VT_1、VT_2 的正向偏压电路，用以消除交越失真。

（3）为保证输出波形不产生饱和失真，则要求输入信号最大振幅为 $U_{im}\approx U_{om}\approx V_{CC}=12\ V$。管耗最大时，输入电压的振幅为 $U_{im}=U_{om}\approx0.6V_{CC}=7.2\ V$。

（4）$P_{om}=\dfrac{V_{CC}^{\ 2}}{2R_L}=0.72\ W$

$\eta_m\approx78.5\%$

9．答：

（1）输出电压 U_o 的平均值

$U_o=1.2U_2=1.2\times15\ V=18\ V$

（2）流过二极管的平均电流

$$I_D=\frac{1}{2}I_o=\frac{1}{2}\frac{U_o}{R_L}=\frac{1}{2}\times\frac{18\ V}{50\ \Omega}=0.18\ A$$

（3）二极管承受的最高反向电压

$$U_{RM}=\sqrt{2}U_2=\sqrt{2}\times15\ V=21.2\ V$$

（4）取 $R_LC=4\times\dfrac{T}{2}$，因为 $T=\dfrac{1}{f}$，故 $T=\dfrac{1}{50\ Hz}=0.02\ s$，所以

$$C=\frac{4\times\frac{T}{2}}{R_L}=\frac{4\times 0.02\ \text{s}}{2\times 50\ \Omega}=800\ \mu\text{F}$$

10．答：

（1）电流并联负反馈。

（2）稳定输出电流。

（3）$A_{uf}=-\frac{R_L}{R_1}\left(1+\frac{R_f}{R_2}\right)=-\frac{10}{20}\times\left(1+\frac{40}{10}\right)=-2.5$

单元测试题3答案

一、选择题

1	2	3	4	5	6	7	8	9	10
C	A	C	C	B	C	A	C	B	A
11	12	13	14	15	16	17	18	19	20
D	B	B	B	B	A	C	A	C	B

二、判断题

1	2	3	4	5	6	7	8	9	10
×	×	√	×	×	√	√	√	√	√

三、简答计算题

1．答：

$(460)_{10}=(111001100)_2=(714)_8=(1CC)_{16}$

2．答：

$Y=A+B=\overline{\overline{A+B}}=\overline{\overline{A}\cdot\overline{B}}$

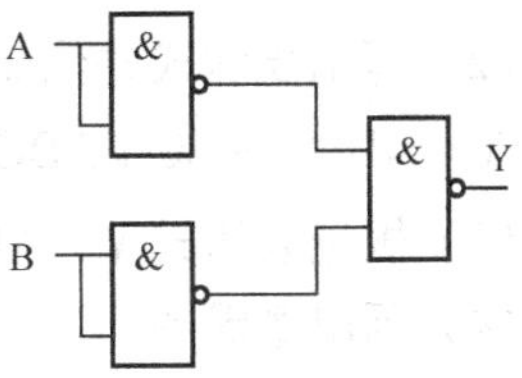

第2题

3．答：

n 位二进制译码器有 n 个输入端和 2^n 个输出端。

4．答：

将题图的波形图上不同段中 A、B、C 与 Y 的取值对应列表，即得到如表所示的真值表。

A	B	C	Y	A	B	C	Y
0	0	0	0	1	0	0	1
0	0	1	1	1	0	1	0
0	1	0	0	1	1	0	0
0	1	1	0	1	1	1	1

5．答：

（1）列真值表

A	B	C	Y	A	B	C	Y
0	0	0	0	1	0	0	1
0	0	1	1	1	0	1	1
0	1	0	0	1	1	0	0
0	1	1	1	1	1	1	0

（2）用卡诺图化简

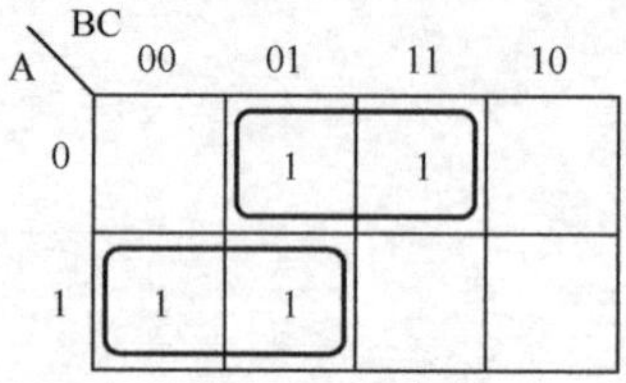

（3）逻辑图

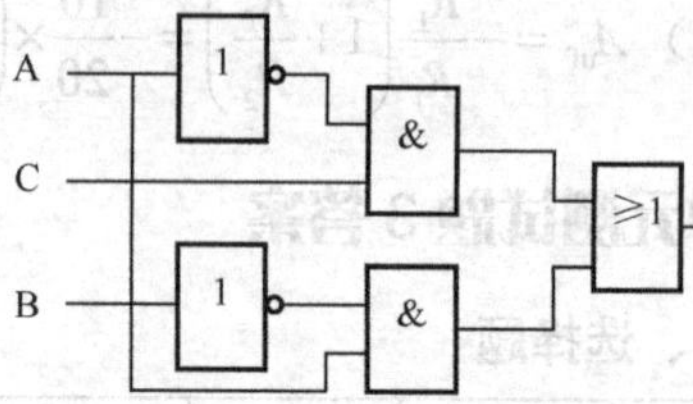

第 5 题

化简表达式为 $Y=A\overline{B}+\overline{A}C$

6．答：

（1）根据题意列真值表

A	B	C	Y	A	B	C	Y
0	0	0	0	1	0	0	0
0	0	1	0	1	0	1	1
0	1	0	0	1	1	0	1
0	1	1	1	1	1	1	1

（2）写出表达式并化简

$Y=\overline{A}BC+A\overline{B}C+AB\overline{C}+ABC=AB+BC+AC$

（3）规划表达式 $Y=AB+BC+AC=\overline{\overline{AB}\cdot\overline{BC}\cdot\overline{AC}}$

（4）画出逻辑图

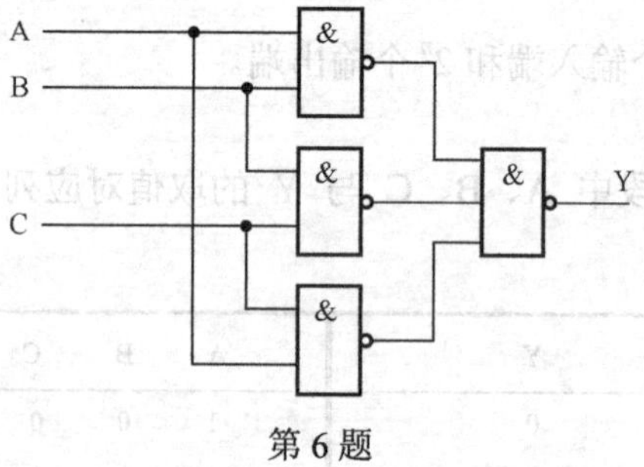

第 6 题

7．答：

（1）J、K 触发器连接到一起，即构成 T 触发器。

（2）J 通过一反相器接到 K 端，即构成 D 触发器。

8．答：

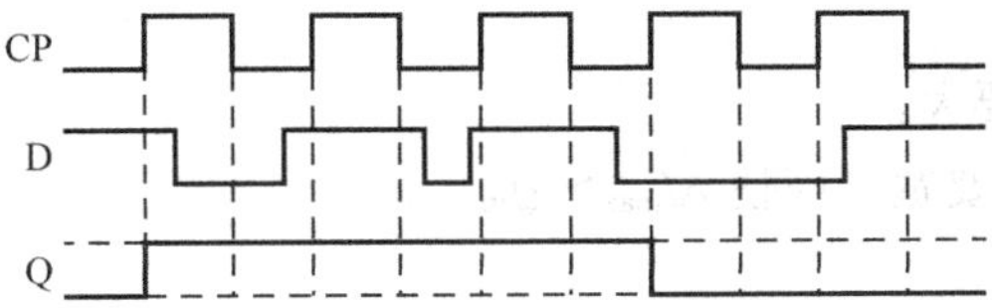

第8题

9．答：

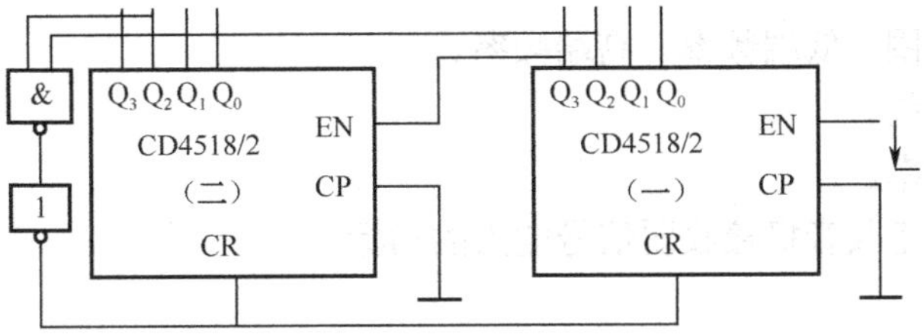

第9题

10．答：

（1）该电路为多谐振荡器。

（2）

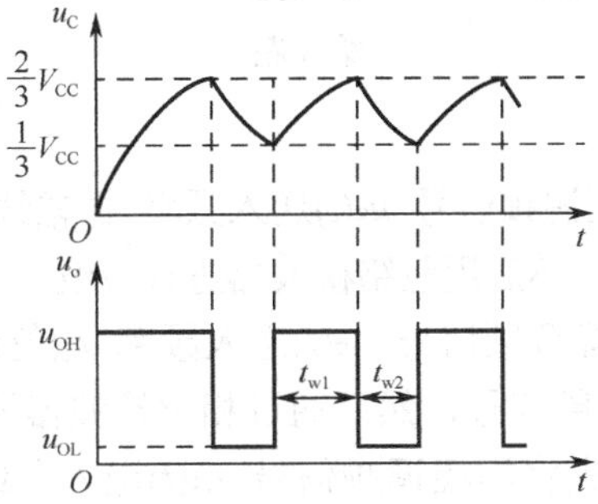

第10题

（3）t_{w1}=700 ms　　t_{w2}=350 ms　q=2/3

单元测试题4答案

一、选择题

1	2	3	4	5	6	7	8	9	10
C	D	B	D	B	A	A	D	A	B
11	12	13	14	15	16	17	18		
C	D	B	B	C	C	C	C		

二、判断题

1	2	3	4	5	6	7	8	9	10
√	×	×	×	×	√	√	√	×	×

三、简答计算题

1．答：

（1）鉴频灵敏度 S_D 要大。

（2）线性范围 $2\Delta f_{max}$ 要宽，应使 $\Delta f_{max} > \Delta f_m$。

（3）非线性失真要小。

通常要求在满足线性范围和非线性失真的条件下，提高鉴频灵敏度 S_D。

2．答：

（1）中频频率，465 kHz。

（2）覆盖频率范围：低端频率、高端频率。

（3）跟踪频率范围。

（4）接收信号功率。

（5）灵敏度：衡量收音机接收弱信号能力的指标。

3．答：

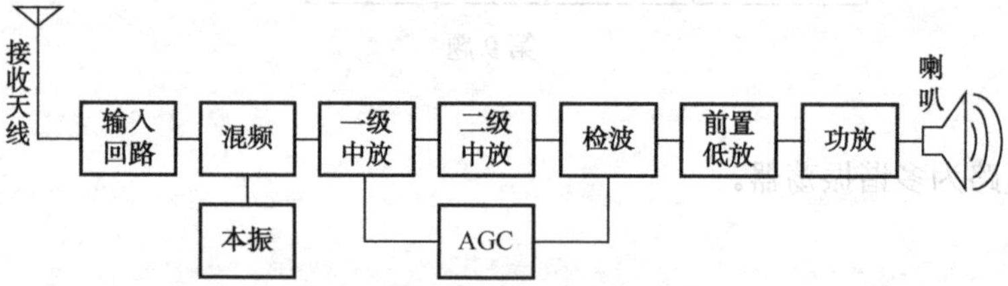

第 3 题

4．答：

（1）斜率鉴频器：先将等幅调频信号 $u_S(t)$送入频率-振幅线性变换网络，变换成幅度与频率成正比变化的调幅-调频信号，然后用包络检波器进行检波，还原出原调制信号。

（2）相位鉴频器：先将等幅调频信号 $u_S(t)$送入频率-相位线性变换网络，变换成相位与瞬时频率成正比变化的调相-调频信号，然后通过相位检波器还原出原调制信号。

（3）脉冲计数式鉴频器：先将等幅调频信号 $u_S(t)$送入非线性变换网络，将它变为调频等宽脉冲序列，该等宽脉冲序列含有反映瞬时频率变化的平均分量，通过低通滤波器就能输出反映平均分量变化的解调电压。

（4）锁相鉴频器。利用锁相环路进行鉴频，这种方法在集成电路中应用甚广。

5．答：

锁相环路是一个相位误差控制系统，是利用相位的调节以消除频率误差的自动控制系统，它由鉴相器（PD）、环路滤波器（LF）及压控振荡器（VCO）等组成。其中鉴相器 PD 是相位比较部件，它能够检出两个输出信号之间的相位误差，输出反映相位误差的电压 $u_D(t)$；环路滤波器 LF 为低通滤波器，用来消除误差信号中的高频分量及噪声，提高系统的稳定性；压控振荡器 VCO 是振荡频率受环路滤波器输出电压 $u_C(t)$控制的振荡器，它是电压-频率变换器。

6．答：

调高频信号发生器的载波频率为 465 kHz，调制信号频率为 465 kHz，调制度为 30 %，幅度为 0.2 V；将收音机的调谐指针指向约 525 kHz 位置。用无感

起子按 B_5 、 B_4 、B_3 顺序调节中频变压器，重复若干次使示波器显示幅度最大。

7．答：

（1）低端：调节高频信号发生器的载波频率为 525 kHz，调制信号频率为 1 kHz，调制度为 30 %，幅度为 0.2 V；将收音机调谐指针指向最 低 端约 525 kHz 位置。用无感起子调节 B_2 ，使示波器显示幅度最大。

（2）高端：调节高频信号发生器的载波频率为 1 605 kHz，调制信号频率为 1 kHz，调制度为 30 %，幅度为 0.2 V；将收音机调谐指针指向最 高 端约 1 605 kHz 位置。调节 C_{1B} ，使示波器显示幅度最大。

8．答：

（1）低端：调节高频信号发生器的载波频率为 600 kHz，调制信号频率为 1 kHz，调制度为 30 %，幅度为 0.2 V；将收音机调谐指针指向约 600 kHz 位置。调节 B_1 ，使示波器显示幅度最大。

（2）高端：调节高频信号发生器的载波频率为 1 000 kHz，调制信号频率为 1 kHz，调制度为 30 %，幅度为 0.2 V；将收音机调谐指针指向约 1 605 kHz 位置。调节 C_{1A} ，使示波器显示幅度最大。

单元测试题5答案

一、选择题

1	2	3	4	5	6	7	8	9	10
B	C	D	B	D	D	B	C	C	C

二、判断题

1	2	3	4	5	6	7	8	9	10
√	√	×	×	×	×	×	√	√	√

三、简答计算题

1．答：

（1）绝对误差=102-100=2，相对误差=2/100=2%；

（2）绝对误差=11-10=1，相对误差=1/100=1%。

2．答：

用 10 V、2.5 级的表相对误差小。

3．答：

示波管由电子枪、偏转系统和荧光屏组成。作用略。

4．答：

示波器探极用来引入信号。通常有 ×1 挡和×10 挡。用示波器自带的校正信号，将探极打在×10 挡，如果脉冲波形规则，则好，不用调节；如果有塌尖和翘沿，则用小螺丝刀调节，使方波横平竖直即可。

5．答：

（1）周期=5×0.1=0.5 ms，频率 f=2 000 Hz；

（2）峰-峰值=6×0.5=3 V，有效值 U_{rms}=3/2.828=1.06 V。

6．答：

（1）周期=4×5=20 ms，频率=50 Hz；

（2）相位差=1/4×360° =90°。

7．答：

双踪示波器两种显示方式：交替和断续。交替：以一个扫描周期为间隔，轮流接通两路信号；断续：在一个扫描周期内，高速地轮流接通两路信号，将两个被测信号分成很多小段显示出来。“交替”显示适用于频率较高的场合；“断续”显示适用于频率较低的场合。

8．答：

（1）常态：是指有触发信号时扫描电路才能产生扫描锯齿波电压，荧光屏才有扫描线。

（2）自动：没有触发脉冲时，扫描系统处于自激状态，有扫描线显示。

9．答：

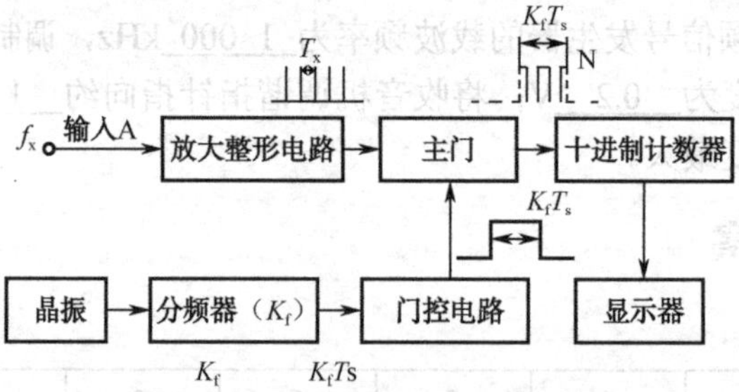

$NT_x=K_fT$s；$f_x=N/K_fT$s$=N/T$；$T=K_fK$s，称为闸门时间

第 9 题

10．答：

25−3=22 dB

是放大器，放大倍数为 22 dB。

单元测试题 6 答案

一、选择题

1	2	3	4	5	6	7	8	9	10
D	d	d	C	C	C	C	C	C	C
11	12	13	14	15	16	17	18	19	20
A	A	A	A	B	B	B	B	B	B

二、判断题

1	2	3	4	5	6	7	8	9	10
√	√	√	√	×	×	×	×	×	×

三、简答计算题

1．答：

伴音载频 f_s 为 629.75 MHz；

图像载频 f_p 为 623.25 MHz；

本振频率 f 本为 661.25 MHz。

2．答：

不同：色度信号不同、调制方式不同、色同步信号不同、选取副载波频率不同；

PAL：逐行倒相正交平衡调幅，采用四分之一行频间置方式，频率 4.44 MHz；

NTSC：正交平衡调幅，采用二分之一行频间置方式，频率 3.57 MHz。

3．答：

彩色电视机无光栅，其可能发生故障的电路为：

（1）显像管与显像管附属电路；

（2）行扫描电路；

（3）电源电路；

（4）亮度通道；

4．答：

数字电视是指包括节目摄制、编辑、发送、传输、存储、接收和显示等环节全部采用数字处理的全新电视系统，也可以说数字电视是在信源、信道、信宿三个方面全面实现数字化和数字处理的电视系统。

优点或特点：

（1）图像传输质量较高，距离远；

（2）频率资源利用率高；

（3）提供全新的业务，实现高速数据传输；

（4）信号稳定可靠，设备维护、使用简单；

（5）节省发射功率，覆盖范围广；

（6）灵活友好的人机界面；

（7）易于实现条件接收。

5．答：

图像的信息量太大，不压缩传输不易，例如一幅图像的像素数为 1 024×768，如果每一个像素单元的量化数为 16 比特，则一幅图像的数据量为 1 024×768×16=125 829 12。目前在传输图像信号时，每秒钟传输 25 帧图像，则每秒钟传输的数据量为 1 024×768×16×25=314 572 800（314 Mbps），如果再加上所要传输的辅助数据，它的总数据量就更大了。要传输如此之高的数据量则需要很高的速度以及足够的带宽，而且记录该信号需要庞大的空间，因此需要对其进行压缩。

由于图像存在时间冗余、空间冗余、结构冗余、视觉冗余，可以实现压缩。

6．答：

三种，为数字电视地面广播、数字电视有线广播、数字电视卫星广播；目前数字电视广播有三个相对成熟的标准制式：欧洲 DVB、美国 ATSC、日本 ISDB，三种方式调制方式见下表。

	美国地面 ATSC	欧洲 DVB			日本地面 ISDB
		地面 DVB-T	有线 DVB-C	卫星 DVB-S	
调制方式	8VSB	COFDM	QAM	QPSK	QPSK

7．答：

数字信号调制则是用载波信号的某些离散状态来表征所传送的调制信号，因此数字信号的调制又被称作键控调制，三种基本调制方式及其派生的其他调制方式又分别称为幅度键控（ASK）、频移键控（FSK）和相移键控（PSK）及组合。

8．答：

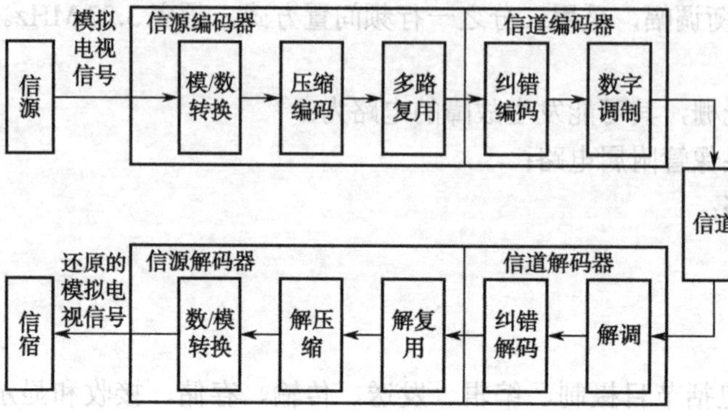

第8题

9．答：

（1）信道解调技术；

（2）信源解码技术；

（3）大规模集成芯片技术；

（4）嵌入式系统技术；

（5）信号处理技术；

（6）有条件接收技术；

（7）机顶盒上信道的实现。

10．答：

（1）电路板：电源板、主板、逆变板或高压板（也叫背光板电源）、接口板，上面装有各种信号出入口，包括高频头、按键板；

（2）液晶显示屏包括液晶面板和背光模组；液晶面板包括偏光片（Polarizer）、玻璃基板（Substrate）、彩色滤色膜（Color Filters）、电极（TFT）、液晶（LC）、定向层（Alignment layer），背光模组由冷阴极荧光灯（CCFL）、导光板（Wave guide）、扩散板（Diffuser）、棱镜片（Lens）等组成。背光模组的作用是将光源均匀地传送到液晶面板。

单元测试题7答案

一、选择题

1	2	3	4	5	6	7	8	9	10
A	A	C	A	B	C	A	B	A	C
11	12	13	14	15	16	17	18	19	20
A	D	B	C	D	D	D	B	C	C

二、判断题

1	2	3	4	5	6	7	8	9	10
√	×	√	√	√	×	√	√	√	√

三、简答计算题

1．答：

DDRx 寄存器的作用是：控制 I/O 口的输入、输出方式。

PORTx 寄存器的作用是：当 I/O 口为输入时，确定是否使用上拉电阻；当 I/O 口为输出时，设置 I/O 口输出电平。

2．答：

（1）DDRA=0xFF;PORTA=0x05;

（2）DDRD=0x00;PORTD=0x00;

（3）DDRC=0x00;PORTC=0xFF;

3．答：

（1）0110 0101 奇校验位：1；

（2）0110 1101 奇校验位：0；

（3）1111 1111 奇校验位：1。

4．答：

（1）0110 0101 偶校验位：0；

（2）0110 1101 偶校验位：1；

（3）1111 1111 偶校验位：0。

5．答：

异步正常模式（U2X=0）	$BAUD=\frac{f_{osc}}{16(U_{BRR}+1)}$
异步倍速模式（U2X=1）	$BAUD=\frac{f_{osc}}{8(U_{BRR}+1)}$
同步主机模式	$BAUD=\frac{f_{osc}}{2(U_{BRR}+1)}$

6．答：

$$f_{SCL}=\frac{f_{MCU}}{16+2\times TWBR\times 4^{TWPS}}$$

TWBR=TWI 比特率寄存器的数值；

TWPS=TWI 状态寄存器预分频的数值。

7．答：

16 种。

模式	WGM13	WGM12	WGM11	WGM10
0	0	0	0	0
1	0	0	0	1
2	0	0	1	0

续表

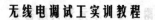

模式	WGM13	WGM12	WGM11	WGM10
3	0	0	1	1
4	0	1	0	0
5	0	1	0	1
6	0	1	1	0
7	0	1	1	1
8	1	0	0	0
9	1	0	0	1
10	1	0	1	0
11	1	0	1	1
12	1	1	0	0
13	1	1	0	1
14	1	1	1	0
15	1	1	1	1

8．答：

$$\text{ADC}=\frac{V_{\text{IN}}\times 1\,024}{V_{\text{REF}}}$$

V_{IN}为被选中引脚的输入电压；

V_{REF}为参考电压。

9．答：

异步正常模式（U2X=0）	$U_{\text{BRR}}=\frac{f_{\text{osc}}}{16\text{BAUD}}-1$
异步倍速模式（U2X=1）	$U_{\text{BRR}}=\frac{f_{\text{osc}}}{8\text{BAUD}}-1$
同步主机模式	$U_{\text{BRR}}=\frac{f_{\text{osc}}}{2\text{BAUD}}-1$

10．答：

看门狗定时器由独立的片内振荡器驱动，通过设置看门狗定时器的预分频器可以调节看门狗复位的时间间隔。

如果没有及时复位定时器，一旦时间超过复位周期，ATmega16 单片机就复位，并执行复位向量指向的程序。

参考文献

[1] 韩广兴，等．电子测量技能上岗实训．北京：电子工业出版社，2008.
[2] 梁长垠，等．电视技术．北京：清华大学出版社，2008.
[3] 梁长垠，等．家用电子产品维修工（高级）．北京：清华大学出版社，2007.
[4] 李怀甫，等．彩色电视机原理与维修．北京：人民邮电出版社，2008.
[5] 古天祥，等．电子测量原理．北京：机械工业出版社，2010.
[6] 吕刚，等．彩色电视维修技术．北京：武汉大学出版社，2009.
[7] 管莉．电子测量与产品检验．北京：机械工业出版社，2008.
[8] 杨永，等．ATmega16 单片机项目驱动教程．北京：电子工业出版社，2011.
[9] 杨永，等．模拟电子技术设计、仿真与制作．北京：电子工业出版社，2012.
[10] 陈超，等．电子制造业从业指南．北京：人民邮电出版社，2010.

反侵权盗版声明